PROTOPLASMATOLOGIA

HANDBUCH DER PROTOPLASMAFORSCHUNG

BAND VI

D

RIESENCHROMOSOMEN

WIEN
SPRINGER-VERLAG
1962

RIESENCHROMOSOMEN

VON

WOLFGANG BEERMANN
TÜBINGEN

MIT 113 TEXTABBILDUNGEN

WIEN
SPRINGER-VERLAG
1962

ISBN-13: 978-3-211-80611-1 e-ISBN-13: 978-3-7091-5468-7
DOI: 10.1007/978-3-7091-5468-7

Protoplasmatologia
VI. Kern- und Zellteilung
D. Riesenchromosomen

Riesenchromosomen

Von

Prof. Dr. **Wolfgang Beermann**
Max-Planck-Institut für Biologie, Tübingen

Mit 113 Textabbildungen

Inhaltsübersicht

Seite

A. Einleitung 2
B. Zur Entdeckungsgeschichte der Riesenchromosomen 3
C. Größe und Aufbau polytäner Kerne 6
D. Morphologie der Riesenchromosomen im euchromatischen Zustand 13
1. Definition 13
2. Größe und Gestalt der euchromatischen Riesenchromosomen 13
a) Dimensionen 13
b) Gestalt 16
c) Der Streckungszustand der Riesenchromosomen 19
d) Einschnürungen 20
3. Die polytäne Struktur der Riesenchromosomen 22
a) Die Zusammenhänge zwischen Polytänstruktur, Spiralstruktur. Querscheibengliederung und äußerer Gestalt 22
b) Morphologische Hinweise auf den fibrillären Feinbau 27
c) Übergänge zwischen Polytänie und Polyploidie 32
d) Mitotischer Zerfall von Riesenchromosomen 39
e) Experimentelle Demonstration der Polytänie 41
4. Wachstum und Entwicklung 44
a) Der Ablauf der Polytänisierung 44
b) Das Längenwachstum 47
c) Der Formwandel der Riesenchromosomen während der Polytänisierung 49
5. Somatische Paarung 52
a) Allgemeines 52
b) Der Paarungsmodus und seine Varianten 54
c) Ablauf der Paarung 61
6. Der Chromomerenbau 64
a) Die Querscheibe als morphologische Einheit 64
b) Die Querscheibe als genetische Einheit 76
c) Die Konstanz des Querscheibenmusters 83

7. Aktivitätsbedingte Modifikationen der Chromosomenstruktur 95
a) Puffs und Balbiani-Ringe, Morphologie 95
b) Puffing und Genaktivität 104
c) Nukleolenbildungsorte 109
E. Heterochromatin und Heteropyknose in Riesenchromosomen 113
1. Allgemeines 113
2. Konstante Heteropyknose 116
a) Die Kinetochoren-Bereiche und ihre Ausdehnung 116
b) Die verschiedenen Typen des Kinetochoren-Heterochromatins 118
c) Chromocentren (Sammelchromocentren) 123
d) Telomeren-Heterochromatin 124
e) Interkalares Heterochromatin 127
f) Total heteropyknotische Chromosomen 132
g) Wachstum der konstant heteropyknotischen Chromosomenabschnitte 132
3. „Allocyklische" Riesenchromosomen 135
a) Geschlechtschromosomen 135
b) Kurze Autosomen 138
c) Andere Fälle 140
F. Die stoffliche Zusammensetzung der Riesenchromosomen 141
1. Physikalische und morphologische Grundlagen 141
2. Nukleinsäuren 144
3. Proteine 146
G. Der Ursprung der Riesenchromosomen 149
Literatur 152

A. Einleitung

Im Jahre 1881 entdeckte Balbiani in den riesigen Zellkernen der Speicheldrüse von *Chironomus*-Larven eigenartige Chromatinstrukturen — „cordons nucléaires" oder „quergeschichtete Fäden", wie sie Flemming (1882) treffend bezeichnet hat. Die Chromosomennatur dieser Kernfäden in Dipteren-Zellkernen haben erst Heitz und Bauer (1933), Painter (1933) und King und Beams (1934) sichergestellt. Ihrer Dimensionen und ihrer inneren Vielwertigkeit wegen werden sie den mitotischen und meiotischen Chromosomen als Riesenchromosomen oder Polytän-Chromosomen gegenübergestellt. Riesenchromosomen kommen nicht nur in den Speicheldrüsen, sondern auch in vielen anderen Dipteren-Organen vor; die geläufige Bezeichnung „Speicheldrüsen-Chromosomen" ist daher nicht ganz korrekt.

Riesenchromosomen sind Interphase-Chromosomen (Bauer 1935, Caspersson 1940 a); ihre besonderen Eigenschaften gründen sich auf den Aufbau aus ungewöhnlich zahlreichen Längselementen, wie im einzelnen noch zu zeigen sein wird. Die Polytänie ist nur in Ausnahmefällen unmittelbar als solche erkennbar (z. B. wenn polytäne Chromosomen bei mitotischer Kontraktion in ihre Längselemente zerfallen, vgl. S. 39). Andernfalls darf als Kriterium für Polytänie das Auftreten der charakteristischen Querscheibenstruktur gelten. Ist auch der Querscheibenbau nicht sicher nachzuweisen, so bildet die Vergrößerung des Chromosomenquerschnittes unter gleichzeitiger

Zunahme der Chromosomenlänge ein weiteres Indiz [1]. Riesenchromosomen mit Querscheibenstruktur sind bisher nur bei den Dipteren, also einer einzigen Ordnung im Organismenreich, gefunden worden [2]. Vorstufen der Polytänie sind bei Blütenpflanzen verbreitet (Tschermak-Woess 1956, vgl. S. 150).

Die Literatur über Riesenchromosomen bis 1922 ist ausführlich bei Alverdes (1912) und Tänzer (1922) referiert. Neuere zusammenfassende Darstellungen geben Bauer (1935, 1936 a, b), Geitler (1938), Painter (1939) und Metz (1941). In jüngerer Zeit sind die Referate von Alfert (1954) und White (1954) erschienen; Alfert hat seinen Aufsatz vorwiegend cytochemisch ausgerichtet, während White ausführlich über seine Untersuchungen an *Cecidomyiden* referiert.

B. Zur Entdeckungsgeschichte der Riesenchromosomen

Die Chromosomennatur der „Kernfäden" in den Zellkernen der Dipteren ist seit ihrer Entdeckung durch Balbiani länger als ein halbes Jahrhundert unerkannt geblieben. Ein Rückblick über die ältere Literatur ergibt, daß die einmal von Balbiani (1881) ausgesprochene Meinung, die Knäuelkerne enthielten im typischen Fall einen einzigen, einheitlichen „Kernfaden" („continu dans toute sa longueur"), von fast allen späteren Autoren kritiklos und gegen den eigenen Augenschein übernommen worden ist. Wenn dieses Fehlurteil auch ziemlich nahelag in einer Zeit, als das mitotische „Spirem" ebenfalls als unbestrittene Tatsache galt, wenn weiterhin, wie Bauer (1935) ausführt, sein Aufkommen durch die gelegentlich zu beobachtete zufällige Verkettung der Chromosomenenden (vgl. S. 126) zweifellos begünstigt wurde, so bleibt es trotzdem unbegreiflich, daß die späteren Untersucher, von zwei Ausnahmen abgesehen (s. u.), „diese förmlich aufdringliche Gesetzmäßigkeit im Aufbau der Kernschleifen nicht erkannt haben" (Bauer, l. c.). Die „Knäuelkerne" blieben damit karyologisch zu einem Kuriosum abgestempelt, dessen Analyse für die Chromosomenforschung keine Aufschlüsse von allgemeiner Gültigkeit zu versprechen schien.

Balbiani hatte die Speicheldrüsen und andere Organe von *Chironomus*-Larven lebend und nach Einwirkung von Methylgrün-Essigsäure untersucht; nach ihm enthalten die Speicheldrüsenkerne „un corps pâle, qui a la forme d'un cordon cylindrique diversement enroulé sur lui même. Le diamètre de ce cordon est de 0,015 mm, en moyenne ...". Bei den älteren Larven allerdings ist der Faden „souvent interrompu, divisé en fragments plus ou moins long" (Abb. 1 *a*). Es wird also der zusammenhängende Fadenverlauf als typisch bewertet. eine Ansicht, die sich durchsetzen konnte ungeachtet der Mahnung Leydigs (1883), welcher betont: „Man kann zuerst der Meinung sein, daß ein einziges walzenförmiges Stück sämtliche Windungen erzeuge, während man später die Überzeugung gewinnt, daß

[1] Alfert (1954) bezeichnet auch die nicht-polytänen Lampenbürstenchromosomen als „giant chromosomes", weil sie ungewöhnlich lang sind; dem soll hier nicht gefolgt werden.

[2] Vgl. jedoch hierzu S. 149.

mehrere und in gewissem Sinn selbständige Cylinder zugegen sind". Schon Korschelt (1884) interpretiert den gleichen Sachverhalt wieder mit den Worten: „Die Bänder ... können innerhalb eines Kernes in mehrere Stücke zerfallen", und ähnlich äußern sich Kulagin (1905), van Herwerden (1910, 1911), Erhard (1910), Alverdes (1912), Faussek (1913), Tänzer (1922), Tamura (1923), Dawydoff (1930) und Kostoff (1930), schließlich auch noch Kaufmann (1931). Tamura und Dawydoff leugnen sogar ausdrücklich jegliche Homologie des Kernfadens mit Chromosomen. Dabei zeigen die Abbildungen, z. B. bei Alverdes (Abb. 1 *b*), oft ganz deutlich den charakteristischen Chromosomenbestand der untersuchten Spezies.

Nach Leydig (1883) und Flemming (1882) sind nur drei der älteren Autoren von Balbianis Vorstellungen unbeeinflußt geblieben: Van Gehuchten (1889, 1890) findet in den Kernen der Anhangdrüsen des Mitteldarmes von *Ptychoptera*-(*Liriope*-) Larven stets „un nombre variable de tronçons distincts", allerdings „il n'y a absolument rien de régulier ni dans leur nombre, ni dans leur longueur" (die gefundenen Anzahlen 5, 7 oder 9 kommen wahrscheinlich durch den sehr lockeren Zusammenhalt der Chromosomenschenkel im proximalen Heterochromatin zustande, denn nach Wolf, 1941, besitzt *Liriope* vier V-förmige Autosomen und ein stabförmiges X). Bolsius (1911) dagegen scheint bemerkt zu haben, daß — in den Speicheldrüsen von *Chironomus*-Larven — regelmäßig die gleiche Anzahl von „tronçons" auftritt (vgl. die Abbildungen von Bolsius, in welcher die „tronçons" mit I—IV beziffert sind, Abb. 1 *e*).

Den Schluß, daß die quergestreiften Fäden in den Riesenkernen der Dipteren nichts anderes als Chromosomen sein können, zieht zuerst Rambousek (1912, Übersetzung aus dem Tschechischen): „Keiner der Autoren hat es bisher auszusprechen gewagt, daß jene eigentümlichen Gebilde in den Kernen der Speicheldrüsen der *Chironomus*-Larven Chromosomen sind. Der Grund dafür liegt wohl einmal darin, daß niemand bisher die konstante Anzahl dieser Fäden festgestellt hat ... und zum zweiten, daß es bisher niemandem gelungen ist, irgendwelche kinetischen Figuren aufzufinden." Rambousek und auch sein Lehrer Vejdovsky haben es bei dieser kurzen Mitteilung, noch dazu in einer für ihre Zeitgenossen unverständlichen Sprache, bewenden lassen, ohne aus ihrem Befund Konsequenzen zu ziehen oder ihn weiter auszubauen. Die naheliegende Frage, ob die in den Speicheldrüsenkernen beobachtete Chromosomen-Anzahl mit der mitotischen Chromosomenzahl von *Chironomus* übereinstimmt, wird gar nicht angeschnitten. Auch vermißt man einen Hinweis auf die deutlich unpaare Zusammensetzung des Chromosomenbestandes der Speicheldrüsen (3 lange Chromosomen und 1 oder 2 kurze, je nach dem Paarungszustand des vierten Chromosoms bei *C. plumosus*, Abb. *1 f*), woraus sich ganz zwangsläufig die Paarnatur jedes Einzelelementes hätte ergeben müssen.

Der Nachweis, daß die Kernfäden wirklich Riesenchromosomen sind, hat noch weitere 20 Jahre auf sich warten lassen. Inzwischen konnte sich in der Genetik die Chromosomentheorie der Vererbung in allen wesentlichen Punkten durchsetzen. Durch die Verknüpfung des genetischen Experiments mit cytologischen Beobachtungen war das Chromosom als Träger der Mendelfaktoren erkannt worden. In den Experimenten von Stern (1931) bestätigten sich die theoretischen Vorstellungen von Morgan über den Zusammenhang zwischen dem crossing-over und dem Austausch von Chromo-

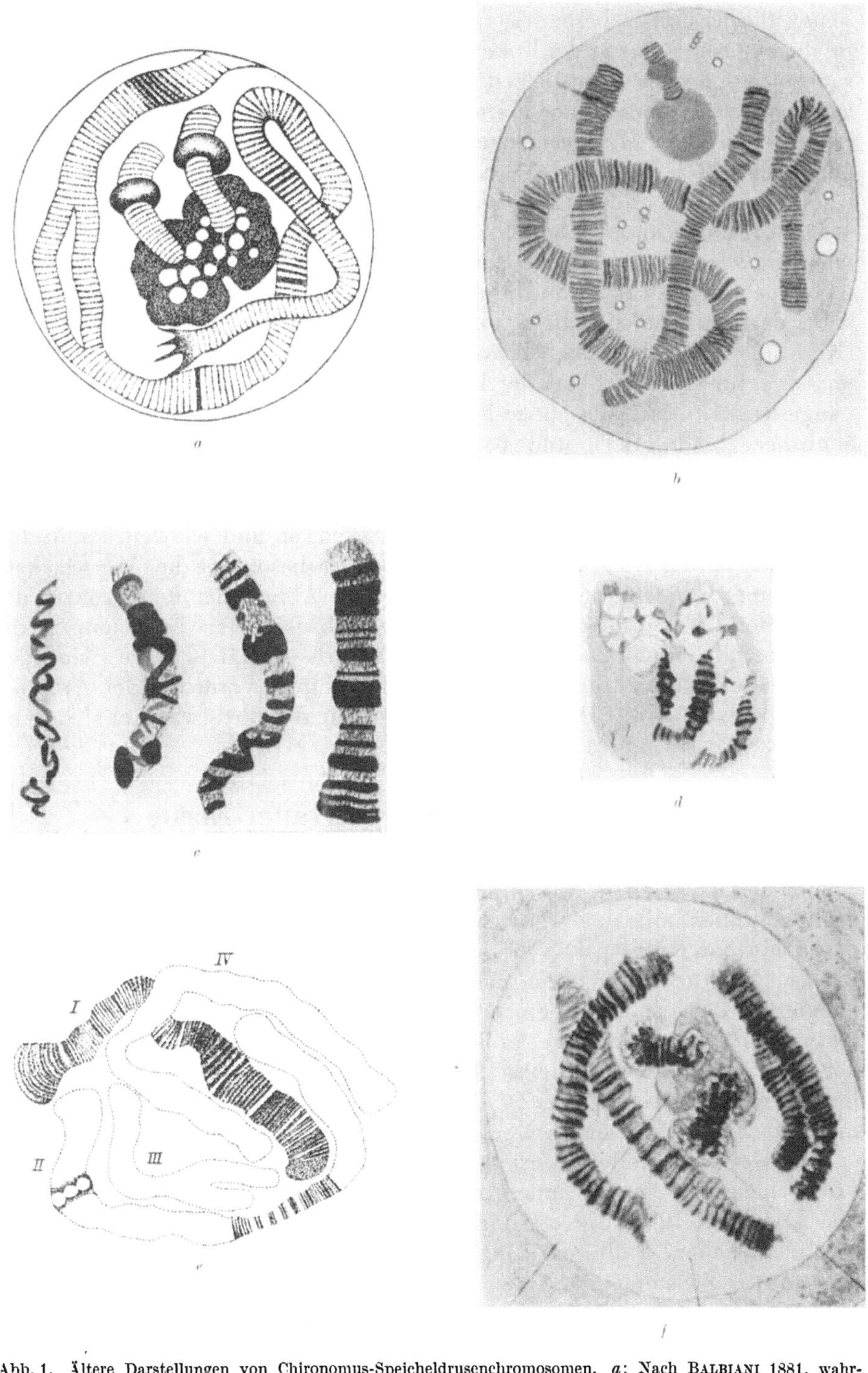

Abb. 1. Ältere Darstellungen von Chironomus-Speicheldrüsenchromosomen. *a*: Nach BALBIANI 1881, wahrscheinlich *Chironomus plumosus*. Nukleolen und Balbianiringe in den ungepaarten kurzen Chromosomen. *b*: Nach ALVERDES 1912. *c*: Verschiedene Entwicklungsstadien, nach ALVERDES 1912. *d*: Nach VAN HERWERDEN 1910. *e*: Nach BOLSIUS 1911. *f*: Nach RAMBOUSEK 1912. (Näheres im Text.)

somenstücken und insbesondere die These der linearen Anordnung der Gene in den Chromosomen. Auch kompliziertere Annahmen, wie die Verlagerung von Chromosomenstücken (Translokationen, Inversionen), waren in cytologischen Untersuchungen am Mais (McClintock 1931) bereits als richtig erwiesen worden. Mit der Neuentdeckung der Riesenchromosomen (Heitz und Bauer 1933, Painter 1933, King und Beams 1934) bot sich nunmehr die Aussicht auf eine außerordentliche Vertiefung dieser Erkenntnisse, insbesondere, weil das Standardobjekt der klassischen Vererbungsforschung, *Drosophila melanogaster,* zu den Dipteren mit gut analysierbaren Riesenchromosomen gehört. Daß es zu der erhofften Vertiefung der Erkenntnisse wirklich kam, dazu bildete allerdings der Nachweis der Chromosomen-Natur der „Kernfäden" nur die erste, selbstverständliche Voraussetzung. Die Chromosomen-Natur ergab sich aus der Konstanz der Anzahl und der Konstanz der Längenverhältnisse, der Lage-Konstanz der Nukleolenbildungsorte oder ähnlicher „landmarks", und besonders auch aus der Tatsache, daß die Riesenchromosomen paarweise vereinigte Homologen darstellen (Heitz und Bauer, l. c., Painter, l. c., King und Beams, l. c.). Für die Cytogenetik mußte sich darüberhinaus vor allem die Frage stellen, ob und wieweit der in den Riesenchromosomen zutage tretende Feinbau, insbesondere die Querscheiben-Gliederung, in allen Einzelheiten als getreues Abbild der Feinstruktur der mitotischen Chromosomen gelten kann, und ob das Querscheibenmuster die zu fordernde genetische Konstanz tatsächlich besitzt. Diesen wichtigen Nachweis erbracht zu haben, ist das hauptsächliche Verdienst der Arbeiten von 1933 bis 1935. Mit ihm war der Grund für die physische Lokalisierung von einzelnen Genen gelegt.

C. Größe und Aufbau polytäner Kerne

Polytäne Zellkerne besitzen ebenso wie polyploide ein vergrößertes Volumen. Die größten Riesenchromosomen sind selbstverständlich in den größten Zellen mit den größten Zellkernen zu finden. Bei den meisten daraufhin untersuchten Dipteren sind dies die Zellen der larvalen Speicheldrüsen. Speicheldrüsenkerne mancher *Cryptochironomus*-Arten erreichen im vierten Larvenstadium einen Durchmesser von etwa 150 μ; bei anderen *Chironomus*-Arten und bei *Simulium* (Geitler 1934) liegt das Maximum bei 100 μ, während die Speicheldrüsenkerne von *Drosophila-* oder *Sciara-*Larven wohl nur selten über 50 μ dick werden. In einzelnen Fällen besitzen nicht die Speicheldrüsen, sondern die Malpighischen Gefäße (manche *Culiciden*) oder auch andere Organe (Anhangdrüsen des Darmes bei *Liriope,* van Gehuchten 1889, besondere epidermale Drüsenbildungen bei *Mycetobia,* Dawydoff 1930) die größten Zellkerne. Weshalb gerade Organe mit besonders hohem Stoffumsatz aus wenigen sehr großen Zellen aufgebaut sind (dieser Zusammenhang von Zellgröße und -funktion ist nicht auf die Dipteren beschränkt), muß physiologisch noch geklärt werden.

Kerne mit polytänen Chromosomen behalten auch bei sehr hohen Polytäniestufen ungefähr die *Kugelgestalt.* Dies widerspricht den Erfahrungen mit den hochpolyploiden Zellkernen anderer Organismen: so sind

z. B. die Spinndrüsen- oder Speicheldrüsenkerne der meisten Schmetterlinge und Wanzen sehr stark lappig, verzweigt oder verästelt (Abb. 2). Eine solche Vergrößerung der Oberfläche relativ zum Volumen ist offensichtlich nur dann zweckmäßig, wenn die einzelnen endomitotisch vermehrten Elemente des Genoms die Möglichkeit haben, sich gleichmäßig auf alle Regionen des Kernes zu verteilen; diese Möglichkeit ist bei der Bildung von polytänen Chromosomen nicht gegeben, und zwar umso weniger, je weiter

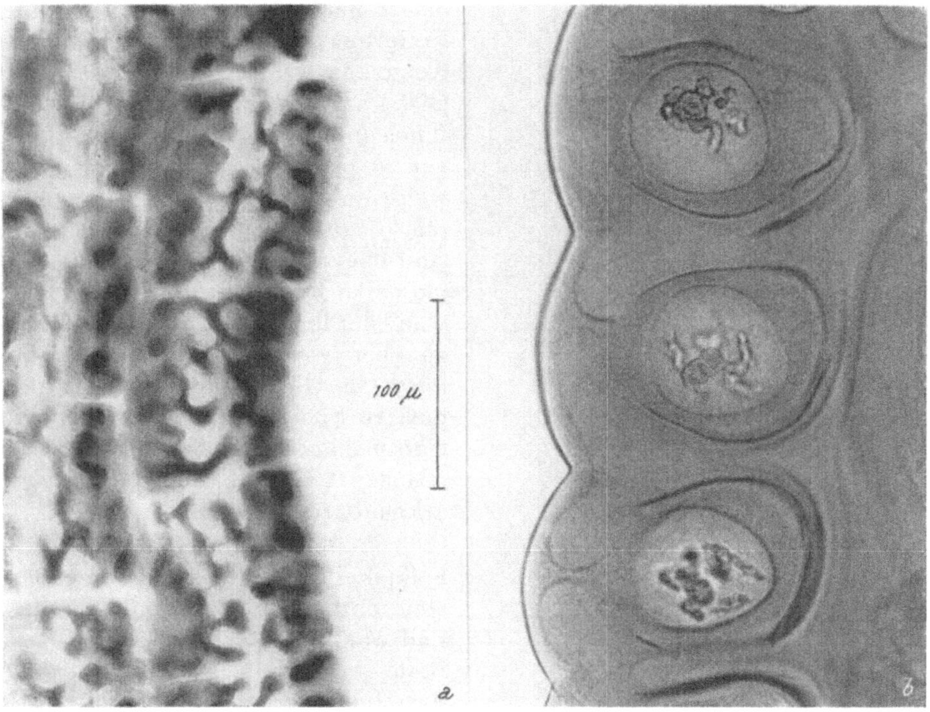

Abb. 2. Kernstruktur bei Polyploidie (*a*) und bei Polytanie (*b*). *a*: Spinndrüsen von *Galleria* (Lepidoptera). *b*: Speicheldrüsen von *Chironomus*.

mit zunehmendem Wachstum die verschiedenen Abschnitte der Chromosomen auseinanderrücken. Natürlich sind auch polytäne Kerne nicht immer streng kugelförmig. Manche Abweichungen, z. B. ovaler Umriß, Abplattung usw., mögen von der jeweiligen Zellform bestimmt sein, andere, z. B. die bereits von Korschelt (1887) beschriebenen Faltung bzw. Pseudopodienbildung der Kernmembran (Abb. 3) lassen eher an einen Zusammenhang mit dem nukleo-cytoplasmatischen Stoffaustausch denken, denn bei längere Zeit überlebend gehaltenen Speicheldrüsen rundet sich die Membran der *Chironomus*-Kerne schließlich allseitig ab (Vonwiller und Audova 1933).

Die Kerne der riesigen Spezialzellen in der Speicheldrüse von *Lestodiplosis* (*Cecidomyidae,* White 1946) enthalten polytäne Chromosomen in polyploider Anzahl (vgl. S. 38) und zeigen demgemäß einige Ausbuchtungen. Die Beobachtung von White, daß in diesen Ausbuchtungen bevorzugt homologe Chromosomen beieinander liegen, bedarf noch der Nachprüfung.

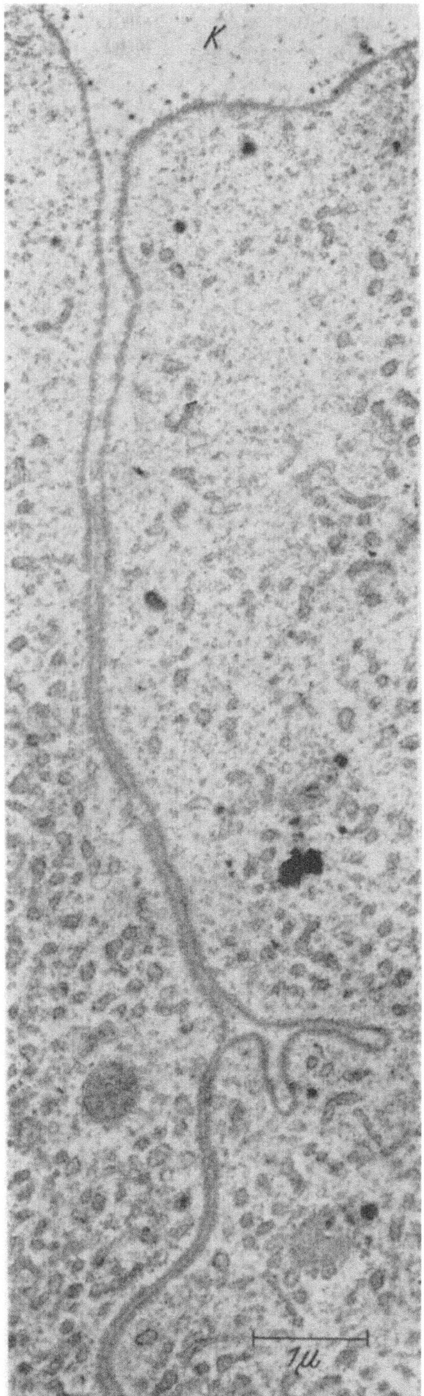

Abb. 3. Lakunen der Kernmembran im Cytoplasma der Speicheldrüsenzellen von *Chironomus*. K = Kernlumen.

Lebende polytäne Zellkerne können optisch leer erscheinen, z. B. in den Malpighischen Gefäßen von *Corethra* (GROSS 1916) und in den Speicheldrüsen von *Sciara* (DOYLE und METZ 1935). Die Chromosomen werden in diesen Fällen erst in hypertonischer Ringer-Lösung (bei *Sciara* nach 4—5 sec) oder nach der Fixierung als Individuen erkennbar. KORSCHELT (1884) und HEIDENHAIN (1907) haben das gleiche für die von ihnen untersuchten *Chironomus*-Larven angegeben. Bei den üblicherweise untersuchten *Chironomus*-Arten (*C. thummi, C. plumosus* usw.) sind aber die Speicheldrüsen-Chromosomen bereits durch die Körperwand der lebenden Larven hindurch zu sehen (VAN HERWERDEN 1910). Auch frisch in Hämolymphe herauspräparierte Speicheldrüsen besitzen bei *Chironomus* und bei *Drosophila* (BAUER 1935 nach HEITZ) deutlich erkennbare Riesenchromosomen.

Von einer allgemeinen Gesetzmäßigkeit, wonach lebende Kerne stets optisch leer sein müßten (RIS und MIRSKY 1949) kann also keine Rede sein. Vielmehr muß, wie bei den Heuschrecken (BELAR 1929), auch bei den Dipteren mit genetischen Unterschieden im spezifischen Hydratisierungszustand der Zellkerne nahe verwandter Arten gerechnet werden. An überlebenden Speicheldrüsen von *Chironomus* läßt sich das „Verschwinden" der Riesenchromosomen leicht durch hypotonische Ringer-Lösung zustandebringen. Die Integrität der Einzelchromosomen wird dabei aber nicht aufgehoben, wie man durch die Injektion von Tusche in den lebenden Zellkern zeigen kann (GLANCY 1946, entgegen STEFANELLI 1939).

Eine Schädigung liegt dem „Verschwinden" bzw. Viskoswerden der Chromosomen nach mechanischer Verletzung der Speicheldrüsenzellen von *Chironomus* zugrunde (VONWILLER und AUDOVA 1933, GLANCY 1946). Hierbei schwillt der Kern in wenigen Minuten an und wird optisch leer, selbst wenn die Drüse in hypertonischen Lösungen liegt (VONWILLER und AUDOVA, l. c.); durch Fixierung wird die Auflockerung der Chromosomen nicht aufgehoben (eig. Beob.). Sind die Zellen ungeschädigt, so schrumpfen die Chromosomen im überlebenden Zustand (in Hämolymphe unter Paraffinöl)

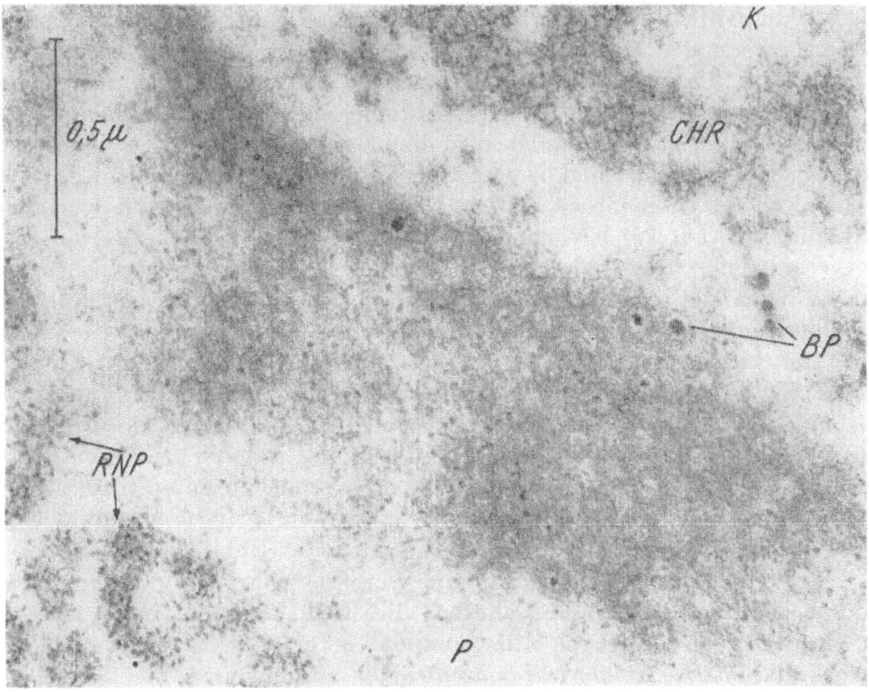

Abb. 4. Feinstruktur der Kernmembran in den Speicheldrusen von *Chironomus*, tangentialer Schnitt. K = Kernlumen, CHR = Chromosomen, BP = Balbianiring-Partikel, z. T. in den Poren der Kernmembran, P = Cytoplasma, RNP = Ribosomen, z. T. auch in den Poren der Kernmembran.

allmählich etwa um 10% in der Querrichtung zusammen und werden dadurch optisch deutlicher (BAUER 1935).

Die *Kernmembran* von polytänen Kernen weist die gleiche Feinstruktur auf wie die gewöhnlicher Interphasekerne (Abb. 4). Die Membran der Speicheldrüsen- oder Mitteldarmkerne von *Chironomus*-Larven besteht aus zwei sehr dünnen Schichten (unter 80 Å) im Abstand von etwa 150 Å und ist von zahlreichen kreisrunden Poren von 350 bis 500 Å Durchmesser durchbrochen, deren Mittelpunkte im Durchschnitt etwa 900 Å auseinander liegen (BAHR und BEERMANN 1954). Nach den elektronenoptischen Untersuchungen von GAY (1956) neigt die Membran von *Drosophila*-Speicheldrüsenkernen zur Bildung von winzigen blasigen Protuberanzen („blebs"), besonders an solchen Stellen, wo sie an der Innenfläche mit den Chromosomen Kontakt hat. Die Bedeutung dieser Erscheinung ist unklar; GAY nimmt an, daß durch die „blebs“ Kernmaterial in das Cytoplasma abgegeben wird.

Die *Anordnung der Chromosomen* in den Kernen der niedrigsten Polytäniestufen (etwa bis zur Wertigkeit von 64 bis 128 n) ist „retikulär“, mit je nach der untersuchten Spezies in verschiedener Weise ausgeprägten Chromozentren. Daß diese Kerne echte Polytän-Chromosomen enthalten, verrät sich durch Andeutungen des Querscheibenbaues: Auch die feinsten chromatischen „Körnchen“ erscheinen stets wie auf (unsichtbaren) Fäden aufgereiht (Abb. 5 *a*, GEITLER 1934).

Als Individuen beginnen die Riesenchromosomen erst erkennbar zu werden, wenn der Durchmesser der Kerne (bei *Chironomus* oder *Drosophila*) über 15 μ ansteigt. Mit zunehmender Polytänie und zunehmendem Kernwachstum „finden die Bündel (Chromosomen) Platz und können sich aus einer anfangs vielgewundenen in eine mehr gestreckte Lage ausdehnen“ (BAUER 1936 a). Sie durchziehen gewöhnlich den ganzen Kernraum (Abb. 5 *b*—*d*). In manchen Fällen wird aber anscheinend die periphere Anordnung (Abb. 5 *e*) bevorzugt, die VAN GEHUCHTEN (l. c.) bei *Liriope* entdeckt hat. Die euchromatischen Anteile der Chromosomen verkleben niemals miteinander, auch wenn sie sich zufällig berühren; dagegen kann man in überlebenden Kernen gelegentlich fädige Verbindungen zur Kernmembran erkennen (möglicherweise vitale Artefakte). Die heterochromatischen Anteile des Chromosomensatzes neigen zur Verschmelzung und Verklebung, so insbesondere die Chromosomenenden und bei vielen Spezies die Kinetochor-Bereiche (vgl. Abb. 84). Auch die Chromosomenenden heften sich gerne unter leichter Auffaserung, an die Kernmembran an (BAUER 1935). Die Verkettung der Chromosomenenden kann im Extrem das Bild eines einheitlichen „Kernfadens“ („Spirem“) vortäuschen (S. 126).

Die Verschmelzung der Kinetochor-Bereiche führt zu den polytänen Chromozentren-Kernen. Hier liegen die Chromosomen nicht frei im Kernraum, sondern hängen alle proximal in einer gemeinsamen Heterochromatin-Masse (*„Sammelchromozentrum“*) zusammen (Abb. 5 *d*, 6 *a*, *b*, vgl. S. 123 ff.). Da die Verteilung und auch der Umfang der heterochromatischen Abschnitte großen artspezifischen Schwankungen unterliegen, und da die „Klebrigkeit“ und überhaupt die Beschaffenheit des Heterochromatin von Fall zu Fall, selbst in verschiedenen Zellen des gleichen Individuums, wechselt, läßt sich die Einteilung der Dipterenkerne in solche mit und solche ohne Chromozentrum (*„Drosophila“*- und *„Bibio“*-Typus, BAUER 1935) nicht konsequent durchführen. Dem *„Bibio*-Typ“ kann man zahlreiche *Chironomus-*, *Simulium-* und *Sciara*-Arten zurechnen (Abb. 6 *c*, *d*): es gibt aber in allen Gruppen auch Spezies mit Chromozentren. Dem *Drosophila*-Typ gehören natürlich die Kerne der meisten *Drosophila*-Arten an, vielleicht mit Ausnahme von *D. robusta* (CARSON und STALKER 1947).

Besondere Verhältnisse sind in Dipterenkernen gegeben, deren Polytän-Chromosomen primär so schlecht gebündelt oder sekundär so weit aufgelockert sind, daß die Kernstruktur annähernd retikulär erscheint. Dies gilt für die Speicheldrüsen mancher *Cecidomyiden* und, bei den meisten

Dipteren, für die Nährzellkerne der Ovarien (vgl. S. 32 ff.). Während bei einer bloßen Auflockerung die Bündel immer noch als gegeneinander abgegrenzte Individuen in Form von „Kernschollen" erhalten bleiben und als

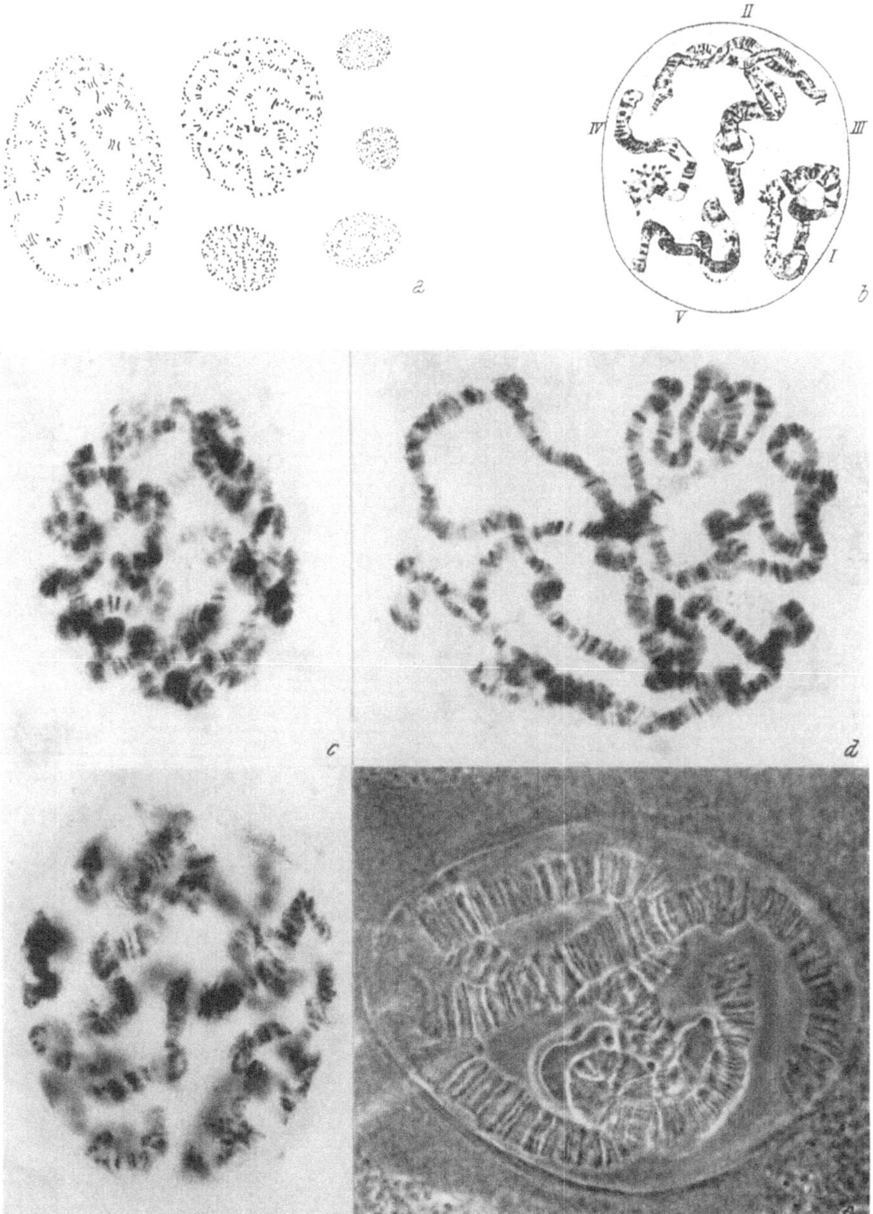

Abb. 5. Allgemeiner Habitus von Kernen mit polytanen Chromosomen. *a*: Kerne niederer Polytaniestufe aus dem Darmtrakt von *Simulium*, nach GEITLER 1934. *b*: Ein „Schleifenkern" aus den Malpighigefäßen von *Bibio*, umgezeichnet nach HEITZ und BAUER 1933. *c, d*: Speicheldrüsenkerne von *Drosophila melanogaster* im Orcein-Milchsaure-Praparat. *e*: Rectumkern von *Chironomus tentans*. Orcein-Milchsaure. *f*: Speicheldrusenkern von *Chironomus thummi*, lebend, Phasen-Kontrast. Vergroßerung: *a, b* etwa 500fach. *c, d* 670fach. *e* etwa 800fach. 500fach.

solche auch dargestellt werden können, muß ein völliger Zerfall schließlich zu einer echten retikulären Struktur zurückführen oder kann, wie bei *Mikiola fagi* (KRACZKIEWICZ und MATUSZEWSKI 1958) zur Entstehung einer polyploiden Anzahl von Chromozentren führen, womit der Anschluß an die gewöhnliche Polyploidie hergestellt ist (S. 37).

VAN GEHUCHTEN (1889) hat die Frage geprüft, ob die Riesenchromosomen im Zellkern polar orientiert sind („Rabl-Orientierung“), konnte aber in den

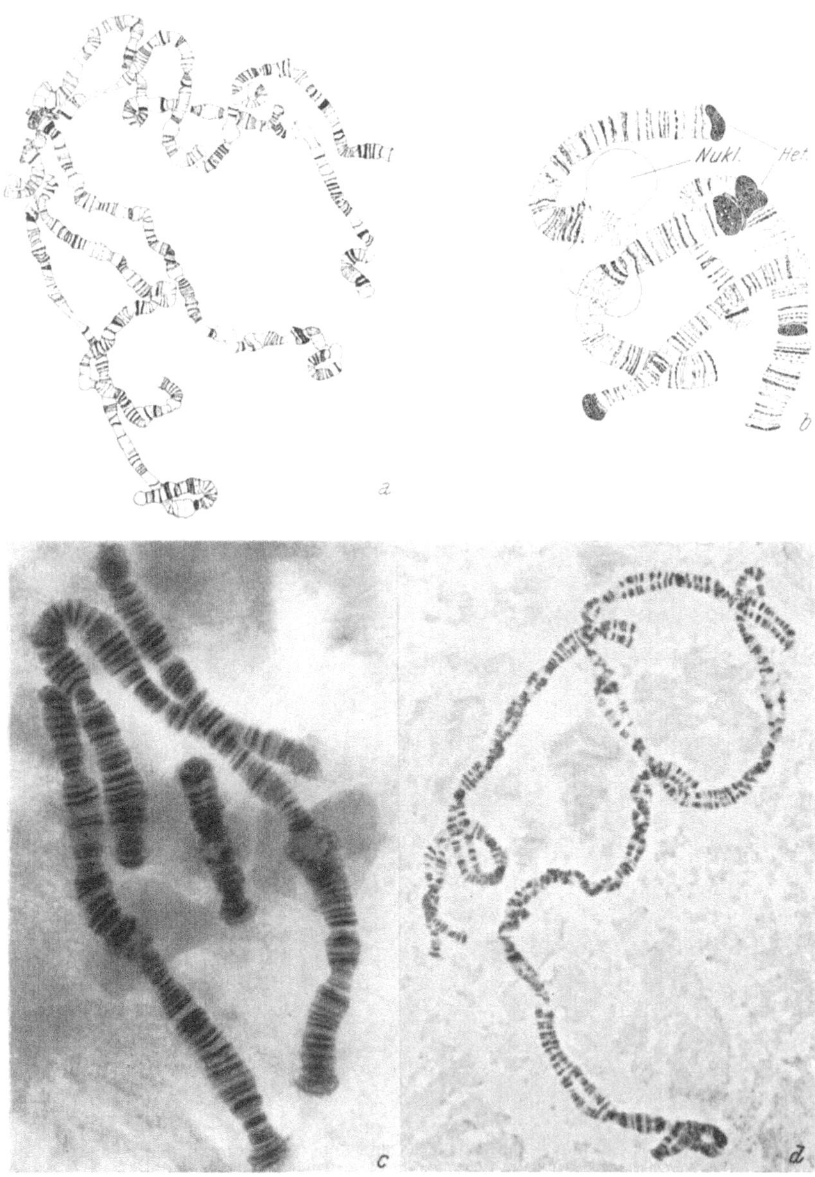

Abb. 6. Ganze Chromosomensatze aus verschiedenen Dipteren-Speicheldrusen. *a*: *Drosophila melanogaster*, nach PAINTER 1934. *b*: „*Cecidomyia*“ *serotinae*, nach WHITE 1948. *c*: *Chironomus tentans*, nach BEERMANN 1960. *d*: *Simulium spec.* Vergroßerungen: *a*, *b* nicht angegeben, *c* 350fach, *d* 310fach.

Kernen der Anhangsdrüsen des Mitteldarmes von *Liriope* (*Ptychoptera*), die keine Chromozentren bilden, keine Anzeichen dafür entdecken. Bei Chromozentren-Kernen ist die Orientierung um ein „Polfeld“ natürlich von selbst gegeben. Eine gesetzmäßige Gruppierung bestimmter Chromosomen, derart, daß bestimmte Elemente öfter paarweise benachbart liegen als andere, will PAINTER (1935) in Speicheldrüsenkernen von *D. melanogaster* bemerkt haben. BAUER (1936 b) konnte dies für *D. pseudoobscura* nicht bestätigen.

Zum Erscheinungsbild des Zellkernes tragen selbstverständlich auch die *Nukleolen* bei (vgl. S. 109 ff.). In lebenden Kernen sind die Nukleolen (gewöhnlich einer bis zwei) als stark lichtbrechende Körper unübersehbar. Bei *Sciara*, wo das Nukleolenmaterial in mehrere Brocken zerfällt, bezeichnet die Lage dieser Brocken die Grenze zwischen den verquollenen, unsichtbaren Chromosomen. Auf die Möglichkeit der Verwechslung von Nukleolenmaterial mit kompaktem α-Heterochromatin bei der Lebenduntersuchung sei hingewiesen.

D. Morphologie der Riesenchromosomen im euchromatischen Zustand

1. Definition

Chromosomen oder Chromosomenabschnitte, die ein typisches Querscheibenmuster (vgl. S. 64) aufweisen, werden als euchromatisch bezeichnet. Diese seit langem gebräuchliche Definition (z. B. BAUER 1936 a) setzt voraus, daß der Bündelungszustand der Chromosomen eine Aneinanderlagerung der homologen Chromomeren zu Querscheiben überhaupt möglich macht. In Kernen, die ganz locker gebündelte polytäne Chromosomen enthalten, wie die Kerne in den Speicheldrüsen einiger *Cecidomyiden* oder die ovarialen Nährzellen, nähert sich die Binnenstruktur mehr oder minder dem retikulären Zustand an. Hier ist für die Unterscheidung von Eu- und Heterochromatin nur noch das Kriterium der Heteropyknose brauchbar (vgl. Heterochromatin und Heteropyknose, S. 113 ff.).

2. Größe und Gestalt der euchromatischen Riesenchromosomen

a) Dimensionen

Polytäne Chromosomen sind dicker und länger als einfache Interphasechromosomen (Abb. 7). Die Länge der Chromosomen nimmt im Zuge der Polytänisierung zwar deutlich zu (BEERMANN 1952 a), aber in viel geringerem Maße als der Querschnitt (S. 47 ff.). Das ist verständlich, denn das Dickenwachstum beruht mit Sicherheit auf einer beträchtlichen und rapiden Substanzvermehrung durch schrittweise Verdoppelung der Längselemente, während das Längenwachstum wahrscheinlich bloß durch Streckung zustandekommt. Angaben über den Chromosomen-„Durchmesser“ haben nur dann Wert, wenn die Gestalt des Chromosoms berücksichtigt wird. Am verläßlichsten sind Messungen an zylindrischen und kompakt gebauten

Chromosomenabschnitten. Bei einem Vergleich zwischen homologen Riesenchromosomen verschiedener Herkunft sind außerdem die Unterschiede im Streckungszustand zu berücksichtigen. Der Streckungszustand (S. 19) ergibt sich aus den jeweiligen Querscheibenabständen. Daß bei Größenvergleichen die Präparationstechnik standardisiert werden muß, ist selbstverständlich und gilt für Dickenmessungen an Riesenchromosomen ganz besonders, da sich alle Änderungen im Quellungs- oder Auflockerungs-

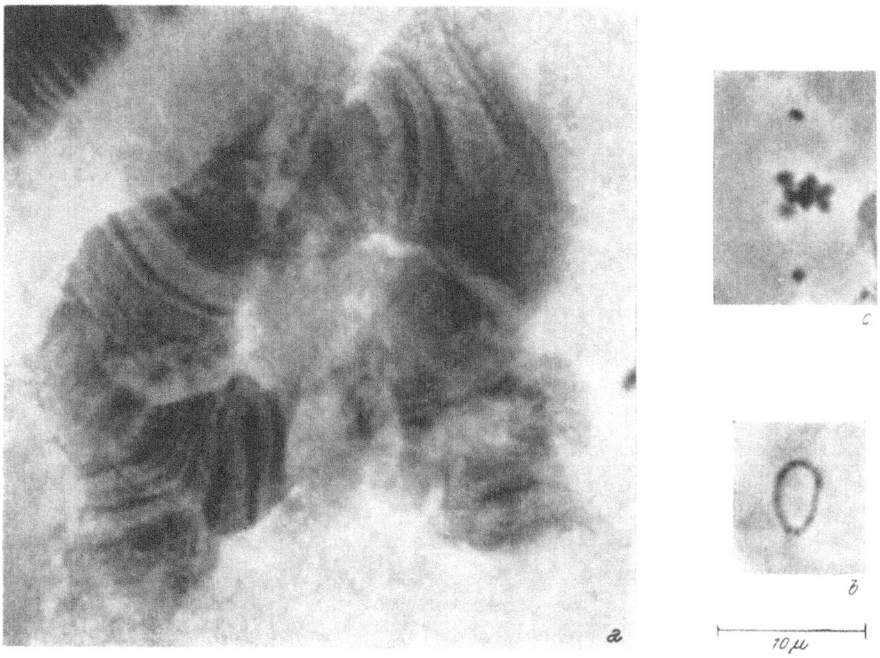

Abb. 7. Dimensionen des 4. Chromosoms in Speicheldrüsen (*a*) und in der Spermatogenese (*b*, *c*) von *Chironomus tentans*, Karmin- bzw. Orcein-Essigsaure-Präparate. *a*: Inversionsheterozygote, Chromosomenpaar zum Ring geschlossen. *b*: Pachytän, durch Verklebung der Chromosomenenden ebenfalls zum Ring geschlossen. *c*: Metaphase I, Univalente. Vergrößerung 2000fach.

zustand fast ausschließlich in der Querdimension auswirken (Doyle und Metz 1935).

Systematische Untersuchungen über das *Dickenwachstum* der Riesenchromosomen liegen nicht vor und versprechen, im Hinblick auf die zahlreichen Schwierigkeiten, auch kein klares Ergebnis, etwa die Demonstration von Wachstumsrhythmen. Es sollen daher nur einige Maximalwerte genannt werden. Im Leben und auch noch im fixierten Zustand (nach Karminessigsäure- oder ähnlicher Behandlung) erreichen die walzenförmigen Speicheldrüsenchromosomen der großen *Chironomus*-Arten (*C. thummi, plumosus, tentans* etc) einen Durchmesser von maximal 15 μ (Balbiani 1881, Bauer 1935). Bei gleicher oder noch größerer Länge können die Chromosomen in den riesigen „Spezialzellen" der *Cryptochironomus*-Speicheldrüsen sogar bis zu 25 μ dick werden, ebenso in den von Sporozoen befallenen und pathologisch vergrößerten Speicheldrüsen-Zellen von *C. anthracinus* (Keyl 1960 a). In den polytänen Zellkernen anderer Dipteren-Speicheldrüsen überschreitet der Chromosomendurchmesser (nach Fixierung) selten 5 μ (Ausnahme: *Rhynchosciara angelae*, PAVAN und BREUER 1952). Außerhalb der Speicheldrüsen, z. B. in den Malpighischen Gefäßen, sind auch bei *Chironomus* die Chromosomen schmäler (Maximalquerschnitt etwa 5 μ). Aus diesen Daten läßt sich entnehmen, daß die Querschnittsfläche der Riesenchromosomen mehr als das 10.000fache des Querschnitts von mitotischen Interphase- oder Prophasechromosomen erreichen kann.

Auch die übermäßige *Länge* ist für die Riesenchromosomen charakteristisch. Bei Längenmessungen muß besonders mit Dehnungsartefakten gerechnet werden, während andere Fehlerquellen weniger in Betracht kommen. Dehnungsfehler lassen sich statistisch ausgleichen oder durch die Messung von kurzen, durch eindeutig definierte Querscheiben begrenzten Abschnitten ausschalten. Wenn ein bestimmtes Chromosom nicht in seiner ganzen Länge überschaubar oder meßbar ist, so dient ein meßbarer Teilabschnitt, dessen relative Länge man vorher feststellt, als Maß des Ganzen (BEERMANN 1952 a).

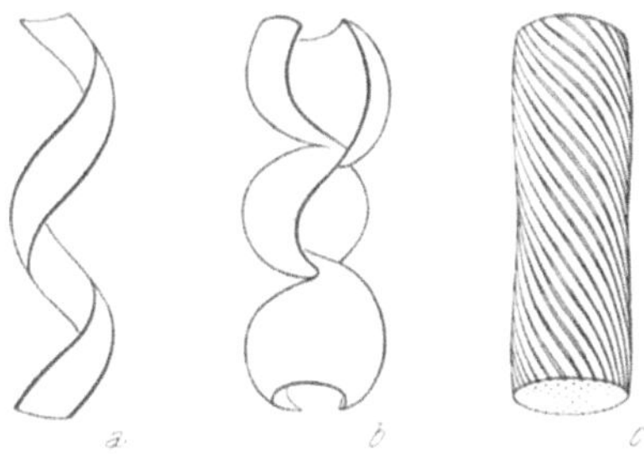

Abb. 8. Die 3 Typen der „Superstruktur" von polytänen Chromosomen. *a*: Schraubiges Band, *b*: Mäanderstadium, *c* Kabelstruktur. Näheres im Text.

BRIDGES (1935 b) hat die Länge der vier Speicheldrüsenchromosomen von *Drosophila melanogaster* (eigentlich nur der euchromatischen Abschnitte) gemessen und findet als Höchstwerte: X-Chromosom 220 μ, 2. Chromosom 460 μ, 3. Chromosom 485 μ, 4. Chromosom 15 μ. Die Werte sind wahrscheinlich zu hoch, da BRIDGES stets auf optimale Dehnung Wert gelegt hat. Aus den Daten folgt nach BRIDGES, daß die Speicheldrüsenchromosomen von *D. melanogaster* 70—110mal länger sind als die mitotischen Metaphasechromosomen der gleichen Art. Der Vergleich übertreibt natürlich, doch ist es bei *Drosophila* technisch nicht möglich (was allein legitim wäre), Chromosomen der mitotischen Interphase zum Vergleich heranzuziehen. Bei *Chironomus tentans* (BEERMANN 1952 a) messen die vier Speicheldrüsenchromosomen maximal 200 μ, 200 μ, 160 μ und 80 μ. Hier vermitteln die übersichtlichen Verhältnisse im meiotischen Pachytän eine gute Vorstellung über die tatsächliche Verlängerung der chromosomalen Elementarfibrillen während der Polytänisierung, denn im Pachytän erreichen die Chromosomen wahrscheinlich die gleiche Länge wie in der Interphase. Das kürzeste der vier Elemente mißt im Pachytän von *C. tentans* etwa 12 μ (Abb. 7); es kann also in den Speicheldrüsen (oder in anderen Organen mit polytänen Zellkernen) bis zu siebenmal länger werden. Daß eine noch größere künstliche Dehnung ohne Zerreißen vertragen wird, zeigen mikrurgische Experimente an überlebenden und fixierten Riesenchromosomen (BUCK 1942, GLANCY 1946, vgl. Abb. 43). Auch unter natürlichen Verhältnissen können die Längselemente stellenweise übermäßig gedehnt sein, so in den Puffs und Balbianiringen (S. 95).

b) Gestalt

Das Erscheinungsbild von mitotischen und meiotischen Chromosomen wird im allgemeinen nur durch ihre Gliederung in der Länge und durch den Spiralisierungszustand bestimmt. Mit der Vermehrung der Längselemente in den pohytänen Chromosomen bildet sich hier noch eine besondere „Superstruktur" heraus. Dabei lassen sich drei Typen gegeneinander abgrenzen (Abb. 8), nämlich 1. das kabelartige, massiv-zylindrische Riesen-

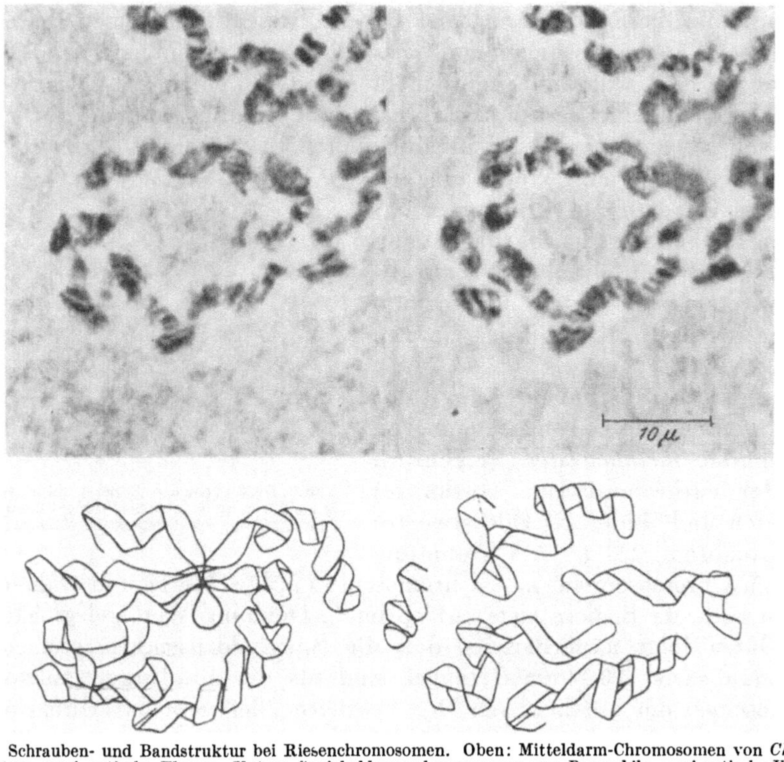

Abb. 9. Schrauben- und Bandstruktur bei Riesenchromosomen. Oben: Mitteldarm-Chromosomen von *Chironomus tentans*, zwei optische Ebenen. Unten: Speicheldrusenchromosomen von *Drosophila*, zwei optische Ebenen, nach YASUI 1935.

chromosom mit rundem Querschnitt, 2. das Riesenchromosom als schraubiges Band, mit ovalem oder ganz flachem Querschnitt, und 3. das Riesenchromosom vom „Mäander"-Typus, mit schraubiger Grundstruktur, äußerlich mäanderartiger Kräuselung und sichelförmigem Querschnitt.

Der *massiv-zylindrische* Aufbau ist bei den Chromosomen der höchsten Polytäniestufen verwirklicht, z. B. in den Speicheldrüsen großer *Chironomus*-Larven. Walzenartig, rund oder nur geringfügig abgeplattet erscheinen auch die Speicheldrüsenchromosomen großer *Drosophila-*, *Sciara-* und vieler anderer Dipterenlarven, bei *Chironomus* auch ausnahmsweise die Chromosomen der Malpighischen Gefäße.

Als *Bänder* erscheinen in der Regel alle Chromosomen niedriger Polytäniestufe. Die Spiralisierung der Bänder wird im cytologischen Präparat auch nach der Befreiung der Chromosomen aus dem Kernraum beibehalten (Abb. 9). Manchmal werden Bänder auch noch bei hohen Polytäniestufen gebildet, so z. B. im Falle des kurzen, blattähnlichen X-Chromosoms von *Phryne* (Wolf 1957, vgl. Abb. 105).

Das Kräusel- oder ***Mäanderstadium*** bildet das morphologische und morphogenetische Zwischenglied zwischen der Kabel- und der Bandstruktur (vgl. Entwicklung und Formwechsel, S. 49 ff.). In den „Mäander"-Chromosomen ist die äußere Spiralisierung teilweise einer inneren Torsion ge-

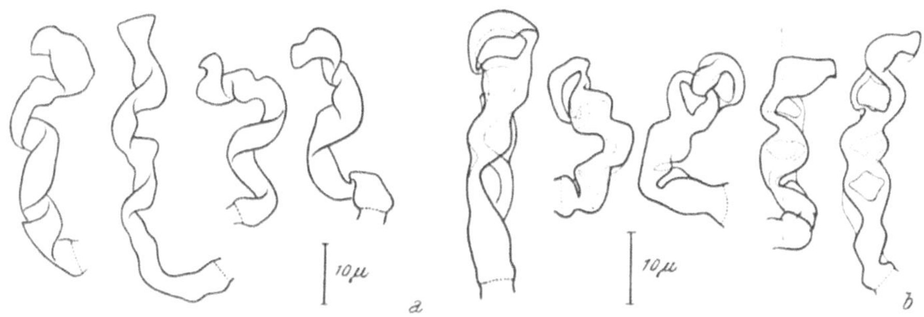

Abb 10. Bandstruktur (*a*) und Mäanderstruktur (*b*) im gleichen Chromosomenabschnitt (3 R von *Chironomus tentans*). *a*: Mitteldarm, *b*: Malpighigefäße.

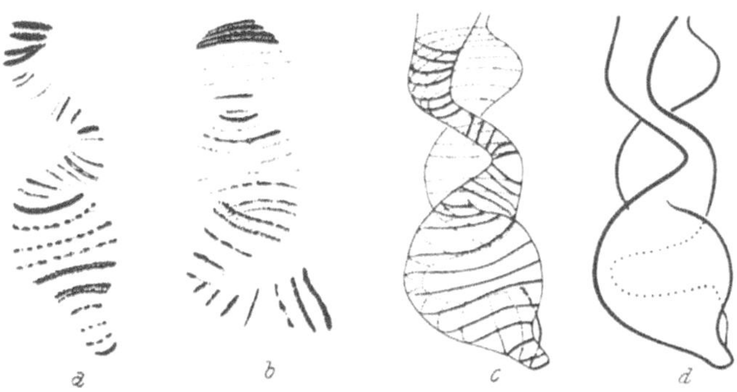

Abb. 11. Endabschnitt des 3. Speicheldrüsenchromosoms von *C. tentans* mit Mäanderstruktur (Kerndurchmesser 25 μ, 3. Larvenstadium). *a, b*: Querscheibenstruktur in zwei optischen Ebenen, *c*: halbschematische Darstellung des Querscheibenverlaufs, *d* Umrißzeichnung. Nach Beermann 1952a.

wichen, aber äußerlich noch an der schraubigen Kräuselung erkennbar. Jeder einzelne „Mäander" entspricht etwa einer halben Schraubenwindung (Abb. 10). Auch in dem sichel- oder spangenartigen Querschnitt (Abb. 11) erinnern die Mäanderchromosomen noch an Bänderchromosomen. Bei mangelhafter Bündelung der Längselemente und überhaupt, wenn das Querscheibenmuster nicht deutlich erkennbar ist, werden die dünnen zentralen Partien der Ausbuchtungen leicht übersehen, und nur die aufgebogenen Ränder treten hervor: Die Chromosomen scheinen „Doppelspiralen" zu bilden (vgl. Abb. 12 und Abb. 1 *c*). Chromosomen vom Mäander-Typ sind bei *Chironomiden* häufig, besonders in Kernen mittlerer Polytäniestufe (Speicheldrüsen und Malpighigefäße). Bei anderen Dipteren ist die Mäanderstruktur auch verbreitet, aber oft weniger auffällig ausgeprägt (z. B. bei *Drosophila melanogaster* im Gegensatz zu *D. virilis*).

Die hier definierten Formtypen bezeichnen nur besonders charakteristische Stadien einer morphologischen Reihe. Es gibt alle denkbaren

Zwischenstufen. Chromosomen eines Kernes weisen im allgemeinen dieselbe Superstruktur auf. Ungepaarte Chromosomenabschnitte können jedoch einem morphogenetisch früheren Formtyp angehören als die gepaarten Abschnitte mit der doppelten Fibrillenanzahl. In den Malpighigefäß-Kernen von *Chironomus* z. B. bilden ungepaarte Chromosomenabschnitte

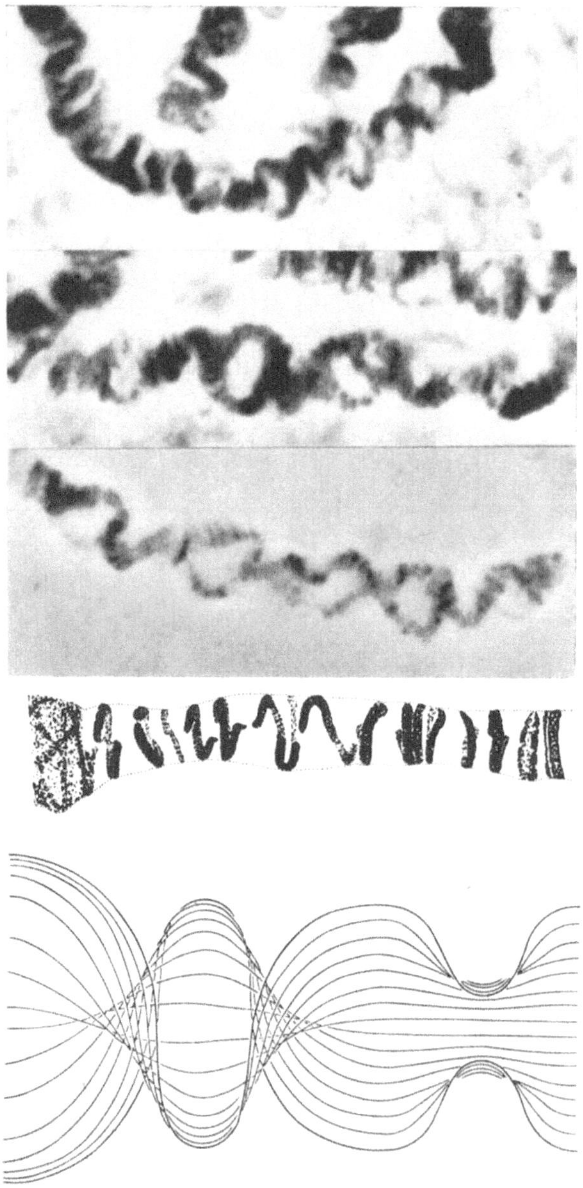
a
b
c
d
e

Abb. 12. Mäanderstruktur in Riesenchromosomen. *a*, *b*, *c*: *Chironomus tentans*; *a*, *b* aus Speicheldrüsen von Larven des 3. Stadiums, *c* aus Malpighigefäßen. *d*: *Phryne cincta*, Speicheldrüsen, nach WOLF 1957; scheinbare „Doppelspiralen", „Klemmringstruktur" der Querscheiben. *e*: Deutung der Mäanderstruktur (Kräuselungsphase) nach WOLF 1957. Vergrößerung (*a*, *b*, *c*, *d*, *e*) etwa 2000fach.

noch Bänder, wenn die gepaarten Chromosomen bereits im Kräuselstadium sind. Bei bestimmten Chromosomen können auch gesetzmäßige Abweichungen vom normalen Formwechsel vorkommen (S. 135 ff.).

c) Der Streckungszustand der Riesenchromosomen

Wie im vorstehenden Abschnitt erwähnt wurde, wird die Gestalt der Riesenchromosomen auch durch ihren Streckungszustand, d. h. durch die bei einem gegebenen Polytäniegrad erreichte Länge bestimmt. Es gibt Arten mit ausgesprochen langen, schlanken Chromosomen, z. B. *Chironomus obtusidens,* und Arten mit betont plumpen und kurzen Chromosomen, z. B. *C. aberratus* (Keyl 1959, 1960 b, 1961 a, Abb. 13). Die artspezifischen Proportionen der Riesenchromosomen werden auch bei pathologisch übersteigerter Polytänie gewahrt (Keyl 1960 a). Daß der Streckungszustand der Polytän-Chromosomen von Angehörigen verschiedener Dipterenfamilien große Unterschiede aufweisen kann, versteht sich von selbst. Die Speicheldrüsenchromosomen von *Drosophila* sind ebenso lang oder noch länger als die von *Chironomus,* obwohl die Speicheldrüsenkerne von erwachsenen *Drosophila*-Larven sicher um 3 bis 4 Verdoppelungsstufen kleiner sind (S. 46).

Nach Dawydoff (1930) und Bogojawlenski (1935) besitzen „... alle Kerne von gleicher Größe eine gleiche Struktur ... Zwischen dem Bau des Kernes und der Zellfunktion konnte kein Zusammenhang festgestellt werden." Gleicher Kernbau bei gleicher Kerngröße würde bedeuten, daß die Länge der Chromosomen bei einem gegebenen Individuum nur vom Polytäniegrad abhängig wäre. Aus Untersuchungen an verschiedenen Organen von *Chironomus tentans* (Beermann 1952 a) folgt eher das Gegenteil: Der Polytäniegrad hat im Vergleich zu der Organzugehörigkeit auf die Chromosomenlänge kaum einen Einfluß. Die Malpighigefäß-, Mitteldarm- und Rectum-Chromosomen von *Chironomus*-Larven sind gleich lang oder sogar länger, und damit auf jeden Fall schlanker, als ihre sicher viel höher polytänen Homologen in den Speicheldrüsen. Die Länge der polytänen Chromosomen innerhalb eines Tieres scheint daher durch übergeordnete Faktoren bestimmt zu werden.

Die organ- und gewebsspezifischen Unterschiede im Streckungszustand wirken sich bei *Chironomus* erwartungsgemäß auch auf die äußere Gestalt, die Superstruktur, der Riesenchromosomen aus (Beermann 1952 a). Während Kerne von 20 μ Durchmesser in den Chromosomen der Malpighischen Gefäße stets Chromosomen mit typischer Mäanderstruktur aufweisen, enthalten Kerne der gleichen Größe (d. h. ungefähr des gleichen Polytäniegrades) im Mitteldarm typische, schraubig gewundene Bänder; bei 30 μ Kerndurchmesser beginnen sich die Malpighigefäß-Chromosomen schon zu massiven Kabeln umzubilden, während die Speicheldrüsenchromosomen bei der gleichen Kernstufe gerade erst das Mäanderstadium durchlaufen.

Sicher ist der Streckungszustand der Riesenchromosomen auch von Milieufaktoren abhängig. Die Speicheldrüsenchromosomen gut ernährter, schnell herangewachsener *Chironomus*-Larven sind z. B. immer schlanker als die von schlecht ernährten, langsamer wachsenden Geschwistertieren.

E. Goldschmidt (1942) hebt den gedrungeneren Chromosomenbau von „älteren“, d. h. später verpuppungsreif gewordenen *Chironomus*-Larven hervor. Temperaturabhängig ist der Streckungszustand des allocyklischen X-Chromosoms von *Phryne* (Wolf 1957, vgl. S. 137).

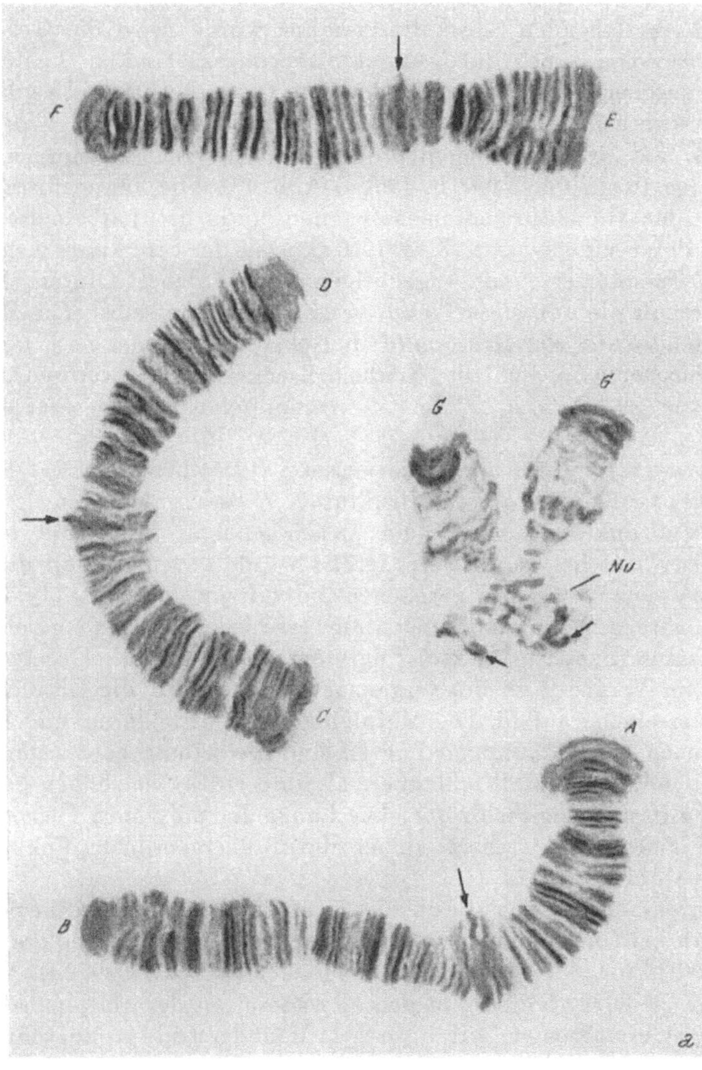

Abb. 13. Speicheldrüsenchromosomen mit artspezifisch verschiedenem Streckungszustand. *a*: *Chironomus aberratus*.

d) Einschnürungen

Die äußere Gestalt der Riesenchromosomen wird auch durch einen unregelmäßigen Wechsel von dünneren und dickeren Abschnitten mitbestimmt, der sich als Folge von mehr oder minder tiefen Einschnürungen beschreiben läßt. Die Einschnürungen sind zwar aperiodisch verteilt, liegen aber bei homologen Chromosomen stets an den gleichen Orten und manifestieren sich unabhängig davon, ob die Chromosomen die Struktur eines massiven Kabels, Band- oder typische Mäanderstruktur aufweisen. Es muß sich deshalb um genetisch bedingte lokale Schwankungen in der Bünde-

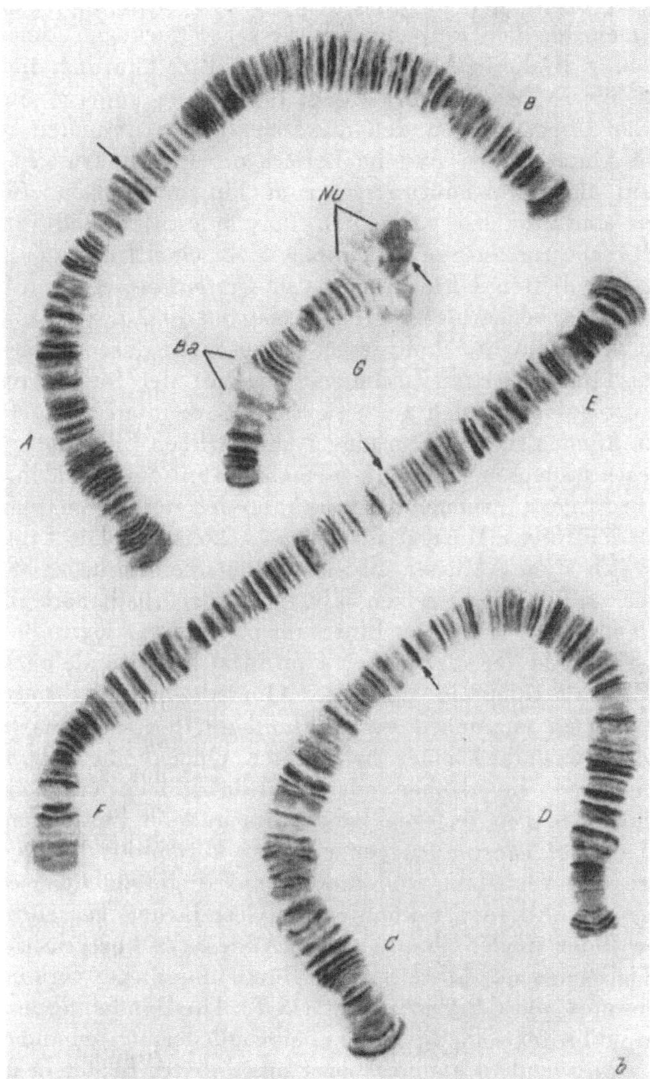

Abb. 13. *b*: *Chironomus obtusidens*. *A—G* = Bezeichnung der homologen Elemente. *Nu* = Nukleolenbildungsort, *Ba* = Balbianiring, die Pfeile bezeichnen die Kinetochoren. Nach *Keyl* 1960, 1961.

lungstendenz oder im Durchmesser der Elementarfibrillen handeln (Bauer 1935). Bridges (1935 b, c) verwendet bestimmte Einschnürungen als „landmarks“ in seinen *Drosophila*-Chromosomenkarten, z. B. „dog collar“ (21 CD), „goose neck“ (31 BF), „ballet skirt“ (68 BC), etc. Am deutlichsten treten die Einschnürungen bei den am höchsten polytänen Chromosomen mit massiver Kabelstruktur hervor, also den Speicheldrüsenchromosomen von *Chironomus* (KING und BEAMS 1934, BAUER 1935). Dabei ist der Durchmesser der Chromosomen in den dickeren Abschnitten maximal 1½mal so groß wie in den Einschnürungen. Auf die Querschnittsfläche und damit auf die Bündelungsdichte der Längselemente umgerechnet ergibt dies Unterschiede um mehr als das Doppelte. Manche Einschnürungen schneiden ziemlich scharf ein, z. B. die in Abb. 58 dargestellte Einschnürung, die bei vielen *Chironomus*-Spezies wiederkehrt (KEYL 1961 b); an anderen Stellen vollzieht sich der Übergang von den dickeren zu den dünneren Stellen allmählich. Die Querscheiben sind im Bereich der Einschnürungen stets konzentrisch auf das Einschnürungszentrum hin umgebogen. Einige Einschnürungen sind nur bei geringeren Polytäniestufen und in besonders schlanken Riesenchromosomen erkennbar, z. B. eine Einschnürung im Abschnitt 6A des dritten Chromosoms von *C. tentans*, die nur in Mitteldarmchromosomen beobachtet wurde (BEERMANN 1952 a, vgl. Abb. 61). Die subterminal gelegenen Einschnürungen zeigen meist das Bestreben, sich bei höheren Polytäniestufen im Zusammenhang mit der fächerartigen Spreizung der Chromosomenenden auszugleichen. Auch interkalar gelegene Einschnürungen können natürlich in einem kabelartigen Fibrillenverband, wie ihn das Riesenchromosom darstellt, niemals abrupt einschneiden (eine Ausnahme machen Einschnürungen des interkalaren Heterochromatins. S. 127 ff.).

Das Einschnürungs-„Muster“ ist genetisch konstant. Die Frage, ob und wie genau sich dieses Muster zu dem Querscheibenmuster der Riesenchromosomen in Beziehung setzen läßt, ist systematisch noch nicht untersucht worden. Wenn die dem Einschnürungsmuster zugrunde liegenden lokalen Unterschiede der spezifischen Paarungs- bzw. Bündelungstendenzen gewissermaßen als Integrale von in den Querscheiben lokalisierten Einzelpaarungstendenzen anzusehen wären, dann dürften sich scharfe, vermutlich an die Anwesenheit einer bestimmten Querscheibe gebundene Einschnürungen durch Inversionen oder Translokationen nicht in zwei getrennte Einschnürungen zerlegen lassen. Ein äußerer Zusammenhang zwischen der Lage der Einschnürungen und der Verteilung der Querscheiben, insbesondere der Verteilung von dicken und dünneren Querscheiben, ist nicht erkennbar. Allerdings könnte die Gestalt der Einzelchromomeren (S. 68) eine Rolle spielen (BAUER 1935). Auch ist zu berücksichtigen, daß ganze Chromosomen mit abweichender Bündelungsdichte vorkommen, z. B. das Chromosom 4 von *Chironomus* (S. 138 ff.). Die Bündelungstendenz muß daher nicht unbedingt an die Querscheibengliederung gebunden sein. In ihr könnte sich irgendein anderes. sonst unsichtbares Raster in der Gliederung des genetischen Materials widerspiegeln.

3. Die polytäne Struktur der Riesenchromosomen

a) Die Zusammenhänge zwischen Polytänstruktur, Spiralstruktur, Querscheibengliederung und äußerer Gestalt

Aufbauend auf den Erkenntnissen der klassischen Cytologie und Genetik hat zuerst KOLTZOFF (1934) den Gedanken geäußert, daß die Riesenchromosomen als eng zusammengeschlossene Verbände von zahlreichen homologen „Genonemata“ aufzufassen sind und daß ihre Querscheibengliederung unmittelbar die Anordnung der Gene auf den Genonemata widerspiegelt. Bauer (1935, 1936 a, b) und Bridges (1935 a, b) haben diese Deutung übernommen und in sorgfältigen morphologischen Untersuchungen, insbesondere durch den Nachweis der Fibrillenstruktur der Riesenchromosomen, ihre Gültigkeit demonstriert. Die Riesenchromosomen sind „polytän“ (Koller 1935). Die Polytäniehypothese erlaubt es, alle Struktureigentümlichkeiten der Riesenchromosomen, angefangen von den Dimensionen und der äußeren Gestalt über die Konstanz des Querscheibenmusters bis zu Einzelheiten der Feinstruktur, von der Genese her zwanglos zu erklären.

Nach der Polytäniehypothese muß die äußere Gestalt der Riesenchromosomen allein durch die Anzahl, die Anordnung, den Streckungszustand und die Bündelungsdichte ihrer „Elementarfibrillen“ bestimmt sein. Die „Elementarfibrillen“ setzt man wohl am richtigsten mit „Chromatiden“, als den eigentlichen Verdoppelungs- und Teilungseinheiten der Chromosomen (Taylor 1957), gleich. So wird auch die Möglichkeit des mitotischen Zerfalls (S. 39) berücksichtigt. Der Begriff „Chromonema“ setzt die weitere Unterteilbarkeit der Chromatide in selbständige Einheiten, also die Möglichkeit einer „Polynemie“ voraus, die unbewiesen ist. Die Querscheibengliederung muß nach der Polytäniehypothese durch den lateralen Zusammenschluß der homologen Chromomeren der Einzelfäden zustande kommen und deshalb die genetische Gliederung der mitotischen Chromosomen, aus welchen die Riesenchromosomen nach Abschluß der Kernteilungen hervorgegangen sind, unmittelbar repräsentieren.

Diese Ansichten sind nicht unwidersprochen geblieben. Die Einwände stützen sich auf Zweifel an der Signifikanz der beobachteten Fibrillenstruktur und auf Zweifel an der behaupteten Konstanz des Querscheibenmusters. Metz (Metz 1935, Metz und Lawrence 1937) hat in Untersuchungen an den Speicheldrüsenchromosomen von *Sciara* viel Mühe auf den Nachweis verwendet, daß die bei *Chironomus* und *Drosophila* beobachtete Fibrillenstruktur ein Artefakt, und nicht einmal ein signifikantes Artefakt, darstellt. Nach seiner (inzwischen weitgehend revidierten) Auffassung sollten die Riesenchromosomen eine schwammig-wabige Grundstruktur (alveoläre oder „honeycomb“-Struktur) besitzen, in die man Fibrillen wohl hineinprojizieren könnte aber nicht müßte. Die chromatische Grundsubstanz des Chromosoms (das „Chromatin“), die als plastisch und isotrop angesehen wird, sollte schichtweise und dicht an dicht mit Tröpfchen achromatischen Materials hoher Viskosität durchsetzt sein (vgl. Abb. 46); das Riesenchromosom in Metzscher Sicht war insofern nichts als ein „hypertrophiertes“ normales Chromosom, vgl. Darlington 1950, siehe unten). Das zwischen den Tröpfchen verbleibende Chromatin sollte eine Wabenstruktur bilden und optisch den Fibrillenbau als „criss-cross pattern“ vortäuschen. Zieht man ein solches Wabensystem in die Länge, so argumentierte Metz, dann wird die Illusion vollkommen: „lines of stress“ täuschen einen Fibrillenbau vor.

Sachlich ist der Hypothese von Metz entgegenzuhalten (Bauer 1936 a), daß der Fibrillenbau zwar in der geschilderten Weise artifiziell zustandekommen kann, aber in der Regel nicht so zustandekommt (Abs. b). Zur Entscheidung dieser Frage ist *Sciara* als Objekt wenig geeignet; die Speicheldrüsenchromosomen, die im

Leben stark gequollen sind (DOYLE und METZ 1935), schrumpfen bei der Fixierung erheblich zusammen, was sicher zu Lasten der Feinstruktur geht.

Theoretisch gerät die METZsche Hypothese in Schwierigkeiten, wenn sie die Präzision erklären soll, mit welcher sich das Querscheibenmuster homologer Chromosomen in allen Zellkernen wiederholt; METZ hat deshalb eingeräumt (1941), daß das von ihm geforderte plastische, optisch homogene Chromatinkontinuum durchaus aus zahlreichen gleichartigen Längselementen bestehen könne. Strukturbildend wirkten aber hauptsächlich die „Tröpfchen". Dies kann selbst bei *Sciara* nur teilweise zutreffen. Bei anderen Dipteren treten achromatische Tröpfchen (Nebennukleolen) in den Chromosomen nur selten auf. Außerdem könnten sich Tröpfchen wohl schwerlich in folienartig ausgebreiteten Fibrillenverbänden halten, wie sie z. B. die Malpighigefäß-Chromosomen von *Chironomus* darstellen, oder sich hier gar strukturbildend auswirken. METZ hat allerdings mit dem Hinweis Recht, daß Fibrillen oft Kunstprodukte sind und deshalb nicht unbefangen den tatsächlichen Längselementen („Chromonemen", „Genonemata") gleichgesetzt werden sollten.

Auch KOSSWIG und SENGÜN (1947 ff.) machen sich die These zu eigen, daß die in den Riesenchromosomen beobachtete Fibrillenstruktur nur ein Zufallsprodukt ist. Zwar sollen sich in den Frühstufen der Entwicklung der Riesenchromosomen die Längselemente noch in begrenztem Umfang vermehren, doch dann sollen sich die Chromosomen spiralisieren und in einzelne, sekundär wieder zusammenheilende Stücke („Blöckchen") zerfallen, die ihrerseits erst die definitive Querscheibenstruktur ausbilden (mehr auf S. 50 ff.). Das Querscheibenmuster und die Fibrillenstruktur im „fertigen" Riesenchromosom wären demnach nur sekundäre Bildungen. Für den Spiralenzerfall spricht nach SENGÜN die Tatsache (vgl. HEITZ 1934), daß in jüngeren Stadien die Querscheiben keine kreisrunden Platten, sondern sichelförmige Spangen oder offene Ringe darstellen, die ja zu mehreren hintereinander einer unterbrochenen Spirale gleichen (vgl. Abb. 12). Dieses Argument entfällt mit dem Hinweis auf die „Mäanderstruktur" (siehe unten). Theoretisch ist SENGÜNS Hypothese noch ungereimter als die von METZ, denn SENGÜN muß auch die Konstanz des Querscheibenmusters wegdiskutieren. Ähnliche Irrwege beschreiten SINOTO und YUASA (1935), YUASA (1953) und HOVANITZ (1955, 1956).

Merkwürdige Vorstellungen über die Struktur der Riesenchromosomen haben KODANI (1941) und DARLINGTON (1950) entwickelt. KODANI analysiert die Feinstruktur der Riesenchromosomen mit Natronlauge (1 N bis 0,1 N, also pH 13—14!) und schließt aus der Struktur der Zersetzungsprodukte auf einen Aufbau aus nur vier axialen Chromonemen, aus denen radiär Nukleinsäureketten entspringen sollen. „Lampenbürsten"-artige Bildungen findet auch PAINTER (1941) nach NaOH-Behandlung (vgl. S. 142). DARLINGTON (1950) glaubt an die Möglichkeit, daß die Polytänie der Riesenchromosomen bereits vorgebildet ist, also an eine Polytänie ohne Polytänisierung. Das Wachstum der Riesenchromosomen wäre darnach bloß die Folge einer gewaltigen Anschwellung der Chromonemen, durch Beladung mit ihren eigenen Produkten („bloated with their own products"). Diese Hypothese wird durch den mitotischen Zerfall der Riesenchromosomen in polyploide Anzahlen von Chromatiden ad absurdum geführt (BAUER 1938 a), außerdem durch den Nachweis der Replikation durch Einbau von radioaktivem Thymidin.

Die im vorigen Kapitel auf S. 16 ff. beschriebenen Gestaltstypen der Riesenchromosomen lassen sich auf der Basis der Polytänstruktur nunmehr wie folgt interpretieren: Walzenförmige, massiv-zylindrische Riesenchromosomen sind als Bündel von Chromatiden aufzufassen. Die einfachste Möglichkeit, mit welcher noch KOLTZOFF (1933) gerechnet hat, wäre die achsenparallele Anordnung. Tatsächlich sind die Chromosomen äußerlich schraubig gefurcht (BRIDGES 1935 a, vgl. Abb. 31 d), und der Fibrillenbau im Inneren der Chromosomen folgt ebenfalls Schraubenbahnen, d. h. die zylindrisch-massiven Riesenchromosomen bilden regelrechte „Kabel". Mit der Kabelstruktur steht im Einklang, daß die Endabschnitte der Riesenchromosomen bei hohen Polytäniegraden (*Chironomus*-Speicheldrüsen, BEERMANN 1952 a, vgl. Abb. 41) fächerartig auseinanderspreizen. In einem Bündel koaxialer Fibrillen wäre die terminale Spreizung schwer zu erklären, unter Voraussetzung der Kabelstruktur versteht sie sich von selbst als Folge der inneren Torsion. Ähnliches gilt für die Verhältnisse in den Balbianiringen (vgl. S. 95 f.).

Bandartige Riesenchromosomen sind stets schraubig gewunden. Auch die Bandform würde sich als solche wohl mit einer achsenparallelen Anordnung der Fibrillen vertragen, doch setzt die Spiralisierung wiederum die Existenz von Torsionsspannungen voraus, die im Fibrillenbau und letzten Endes im Schraubenbau jeder einzelnen Elementarfibrille ihre Ursache finden müssen. Die zur schraubigen Aufwindung erforderlichen Scherungskräfte entstehen wahrscheinlich als Resultanten von zwei gegeneinander wirkenden Einzelkräften, nämlich der inneren Torsion, die die Fibrillen zwingt, sich gegenseitig zu umwinden, und der Paarungsattraktion, die die Fibrillen zu schichtartiger Aneinanderlagerung zwingt.

In der Deutung der „Mäander-Struktur" findet die Polytänielehre ihre eigentliche Bewährung. Auch in die „Mäander"-Chromosomen können regelmäßige, ihre ganze Länge durchziehende Schraubenlinien (von beiderlei Windungsrichtung) projiziert werden, die alle Partien der Chromosomen vollständig erfassen (BEERMANN 1952 a, WOLF 1957). Dieselben „Höhlungen", „Wölbungen" und dieselben Mäander-Konturen, die die Mäander-Chromosomen auszeichnen, werden im Kabelmodell erkennbar, sobald man seine Einzelelemente zu einer schichtartigen Lagerung zwingt (BEERMANN 1952 a). Die Spangenform der Querscheiben ist mit der Spiralisierung der Fibrillen in den Mäander-Chromosomen im Einklang, denn in allen Punkten stehen die Querscheiben senkrecht auf den hypothetischen Fibrillen (vgl. Abb. 11).

Auf der Basis der Polytänstruktur setzt also die Deutung der verschiedenen Gestaltstypen der Riesenchromosomen zunächst nur zwei Grundeigenschaften der Elementarfibrille voraus: Die innere und äußere Spiralisierung und irgendeine Form der Anisotropie, die sich dahin auswirkt, daß homologe Fibrillen bevorzugt schichtartige (laminäre) Fibrillenverbände bilden (MULLER 1935, vgl. nächste Seite: BEERMANN 1952 a, vgl. S. 50). Beides sind Forderungen, die die normale mitotische Chromatide als „Elementarfibrille" erfüllen würde: Die Schraubenstruktur der Chromatiden ist eine längst bekannte Tatsache, und auch für die geforderte Anisotropie gibt es unabhängige Indizien; sie manifestiert sich z. B. beim mitotischen Zerfall polytäner Chromosomen (Abs. c) in der patronengurtähnlichen Anordnung der Chromatiden, etwa in den aberranten Spermatocyten von *Metriocnemus* (Abb. 14; BAUER und BEERMANN 1952 b) oder in den polytän-polyploiden Kernen von *Mikiola fagi* (S. 36 und Abb. 22).

Einzelheiten der feineren Ordnung innerhalb der polytänen Fibrillenverbände, seien es nun Kabel, schraubige Bänder oder mäandrische Zwischenformen, bleiben allerdings noch offen. MULLER (1935) hält es für denkbar und glaubt, in der Granulastruktur der Querscheiben auch Indizien dafür gefunden zu haben, daß die Chromatiden dem Rhythmus der Verdoppelungen folgend zu von Stufe zu Stufe weniger fest zusammenhaltenden höheren Einheiten vereinigt sind („that the attraction is primarily two-by-two and is exerted more strongly along a certain plane ... primary, secondary, tertiary, etc., two-by-two associations, all in the same plane ... this plane can bend sufficiently to allow its edges to come into contact [to form] hollow cylinders“, MULLER, l. c.). Eine derartige Hierarchie müßte sich besonders deutlich beim mitotischen Zerfall von Polytänchromosomen bemerkbar machen und wird für *Culex* (GRELL 1946, vgl. S. 40) auch behauptet.

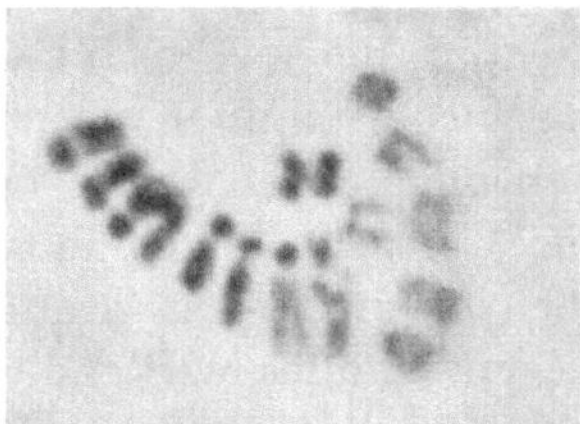

Abb. 14. „Patronengurt“-Anordnung der Chromatiden in der Zerfallsteilung von polytänen Keimbahnzellen (aberrante Spermatocyten von *Metriocnemus cavicola*, n = 2). 8 lange und 8 kurze Chromatidenpaare. Vergrößerung 2000fach.

Der Spiralisierungssinn der Einzelchromatiden oder auch der ganzen Polytänchromosomen scheint nicht festzuliegen (zum Teil unveröffentlichte eigene Beobachtungen, vgl. auch BEERMANN 1952 a und Abb. 15). Dies entspricht den Erfahrungen mit mitotischen Chromosomen. Besondere Bedeutung hat diese Frage nur im Zusammenhang mit dem Zustandekommen der Mäanderstruktur, worauf noch einmal im Zusammenhang mit der Entwicklung der Riesenchromosomen eingegangen wird.

Für die tatsächliche Verwirklichung des einen oder des anderen Gestaltstypus sind im Polytänchromosom außer der Schraubenstruktur und der Anisotropie der Einzelfibrillen noch weitere Faktoren verantwortlich zu machen, deren wichtigster selbstverständlich die Polytänie selber, d. h. die jeweils gegebene Fibrillenanzahl ist. Die Formveränderungen mit zunehmendem Polytäniegrad werden im Zusammenhang mit der Entwicklung der Riesenchromosomen noch ausführlich besprochen (S. 49 ff.). Auf einen zweiten allgemeinen Strukturfaktor ist bei der Beschreibung der äußeren Proportionen der Riesenchromosomen bereits hingewiesen worden, den „Streckungszustand“. Diese Größe läßt sich nunmehr auf die Einzelfibrille beziehen; sie ist definiert durch die Länge, die die Fibrille bei gegebenem Polytäniegrad erreicht und sagt daher vielleicht etwas über die Elastizität der Fibrillen aus.

Oft ist mit dem „Streckungszustand“ als dritte, gestaltbildende Größe in Polytänchromosomen die „Bündelungsdichte“ korreliert, die von vorgegebenen Eigenschaften der Einzelfibrillen (z. B. der in den Chromomeren lokalisierten Paarungsattraktion), aber auch von unbekannten kernphysiologischen Einflüssen abhängen kann. Genetisch bedingte Variationen in der Festigkeit des Fibrillenzusammenschlusses wurden als Einschnürungen (S. 20 ff.) schon besprochen oder kommen im Zusammenhang mit der Allocyklie (S. 135 ff.) bzw. bei der Beschreibung von Übergängen zwischen Polytänie und Polyploidie im Absatz c dieses Kapitels zur Sprache (dort auch Beispiele für gewebsspezifische Schwankungen der Bündelungsdichte). An dieser Stelle sei nur auf allgemeine Zusammenhänge hingewiesen. Die gesetzmäßige Beziehung zwischen Streckungszustand und Bündelungsdichte ergibt sich wahrscheinlich daraus, daß die Kontaktmöglichkeiten zwischen homologen Fibrillen um so größer werden, je weiter sich die Fibrillen entspiralisieren, d. h. strecken. Umgekehrt muß der Zusammenhang zwischen homologen Chromatiden wie in der Mitose immer loser werden, je mehr diese sich kontrahieren und spiralisieren. Locker gebündelte Riesenchromosomen sind verkürzt und entsprechend breiter, zeigen aber außer-

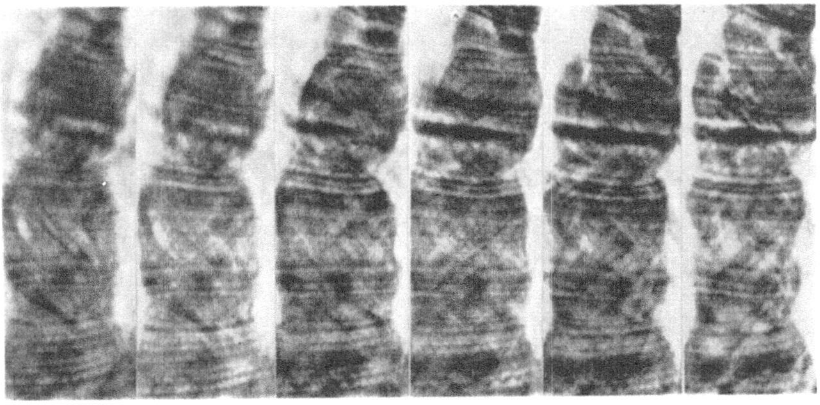

Abb. 15. Speicheldrüsen von *C. tentans* mit besonders deutlicher Kabelstruktur. 6 Einstellebenen. Karmin Essigsäure, Phasenkontrast. Vergrößerung 1000fach.

dem eine Vergröberung des Querscheibenmusters. Umgekehrt besitzen straff gebündelte und schlanke Riesenchromosomen die detailreichste Querscheibengliederung (vgl. S. 70 ff.). Das spricht besonders für die innere Spiralisierung als den entscheidenden Faktor, denn bei einem Spiralfaden werden erst nach völliger Streckung wirklich alle Kontaktpunkte frei und können sich mit homologen Kontaktpunkten zu Querscheiben vereinigen. In die gleiche Richtung deuten Befunde über die somatische Paarung (S. 61 ff.), ja man darf sogar in der übermäßigen Entspiralisierung der interphasischen Chromatide die eigentliche Ursache für die Entstehung polytäner Chromosomen sehen (S. 151).

b) Morphologische Hinweise auf den fibrillären Feinbau

Zum ersten Male hat Leydig (1882) auf die feine Längsstreifung der „Kernfäden" in den Speicheldrüsenkernen von *Chironomus* aufmerksam gemacht. Diese Längsstreifung (Abb. 16), die im unfixierten Zustand allerdings nur ausnahmsweise (bei Ansäuern auf pH 6,5 nach Glancy 1946) in Erscheinung tritt, wurde nach der Entdeckung der Chromosomennatur der „Kernfäden" vor allem von Bridges (1935 a, b) und Bauer (1935, 1936 a, b) später auch von Bauer und Beermann (1952 a) und Beermann (1952 a) zur Stützung der Polytäniehypothese näher untersucht. Bridges, Bauer, Geitler

(1934) oder PAINTER (1933 ff.) hielten ebenso wie KOLTZOFF (1934) und seine Schüler (z. B. FROLOVA 1936) die sichtbaren Teilstränge der Chromosomen zunächst für „Chromonemen" (nach KOLTZOFF bestehen *Chironomus*-Speicheldrüsenchromosomen aus 16, solche von *Drosophila* aus noch weniger Chromonemen!). An der Chromonemennatur der sichtbaren feinsten Teilstränge der Riesenchromosomen traten aber ebenso wie an der Chromomerennatur der Querscheibengranula (vgl. S. 72 ff.) bald Zweifel auf. Wie MULLER (1935) und vor allem METZ (1941) gezeigt haben, folgt die Unmöglichkeit, die Elementarfibrillen lichtoptisch darzustellen, allein schon aus der Länge der Riesenchromosomen. Da die Riesenchromosomen noch mindestens fünf- bis zehnmal länger sind als Pachytänchromosomen, und da schon diese sehr dünn sind, muß der Querschnitt der Chromatiden (und erst recht der eventuellen Untereinheiten) in den Riesenchromosomen unter die optische Auflösungsgrenze absinken, es sei denn, das Längenwachstum beruhe nicht allein auf Streckung oder Entspiralisierung, sondern schlösse die Anlagerung oder den Einbau von zusätzlicher Substanz mit ein. Zu dem gleichen Schluß kommt man auch, wenn der aus dem Kernvolumen, dem Chromosomenvolumen oder aus DNS-Messungen erschlossene Polytäniegrad zum Querschnitt der Riesenchromosomen in Beziehung gesetzt wird. Bei über 10.000 Längselementen und einem Chromosomendurchmesser von 10 μ (*Chironomus*-Speicheldrüsenchromosomen, BEERMANN 1952 a) ist an die Er-

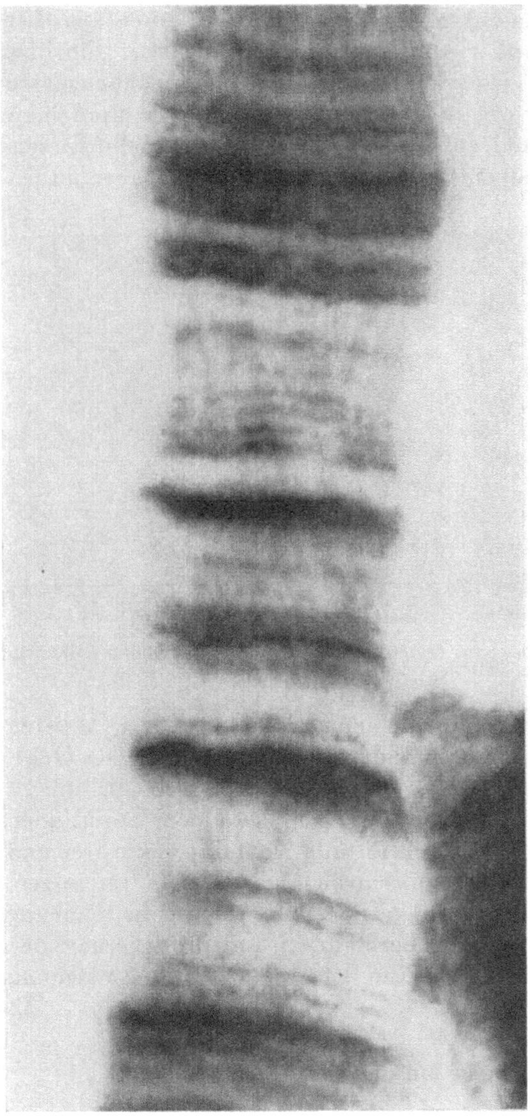

Abb. 16. Fibrillen und Querscheibenstruktur bei hochster lichtoptischer Auflosung. Speicheldrüsenchromosom von *Chironomus spec.* Ungefärbtes Essigsäure-Praparat im UV (2570 Å). Etwa 4000fach.

kennbarkeit einzelner Elementarfibrillen nicht zu denken. Die Fibrillenstruktur kann also nur als in qualitativer Hinsicht signifikantes Artefakt betrachtet werden. In ihr äußert sich die fibrilläre Organisation des Chromosoms, während die tatsächlich beobachteten „Fibrillen" nichts anderes sind als in wechselnder Weise miteinander vernetzte und verklebte oligotäne Stränge, eine Tatsache, die von BRIDGES (1937), BAUER (1938 b) und PAINTER (1939) frühzeitig anerkannt worden ist (vgl. S. 73). Es ist deshalb auch unmöglich, bestimmte Fibrillen über mehr als einen kleinen Bruchteil der Chromosomenlänge zu verfolgen. Doch reichen die beobachteten feinsten Teilstränge sicher weiter als nur von einer Querscheibe zur anderen (BAUER 1936 a, vgl. Abb. 18 d). Sie können deshalb nicht einfach als optische Artefakte im Sinne eines „criss-cross pattern" abgetan werden. Daß der Eindruck einer Längsstreifung durch die optische Überlagerung zahlreicher gleichgerichteter Teilstränge verstärkt wird, ist nicht zu bezweifeln. In Riesenchromosomen geringerer Polytäniestufen, die Bandstruktur aufweisen, z. B. den Mitteldarmchromosomen von *Chironomus*, wird die Längsstreifung nur selten deutlich, selbst dort, wo die Querscheiben in Granula unterteilt sind und man daher an sich eine Aufteilung in oligotäne Fibrillen erwarten sollte.

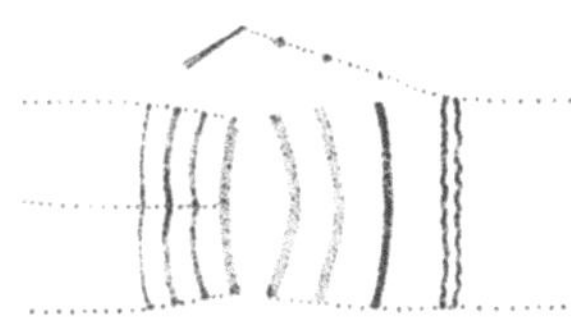

Abb. 17. Loslösung einer Fibrille mit der Mikronadel. Nach D'ANGELO-GLANCY 1943.

Einfache morphologische Indizien für die Polytänie der Riesenchromosomen ergeben sich überall da, wo die Fibrillenverbände in oligotäne Fibrillen aufspalten. Dies ist z. B. in den Balbianiringen (S. 95 ff.) oder im Bereich der Nukleolenbildungsorte der Fall (S. 109). Die Aufteilung vollzieht sich hier als Aufsplitterung parallel zur Längsachse, nur selten allerdings mit der Andeutung einer hierarchischen Ordnung. Wesentlicher ist die Beobachtung, daß alle Partialstränge, bis in die feinsten Verästelungen hinein, identisch gemustert sind (BAUER und BEERMANN 1952 a, vgl. Abb. 67). Wie GLANCY (1946) gezeigt hat, kann man mit Mikronadeln längere Fibrillen auch direkt von lebenden Riesenchromosomen abspalten (Abb. 17). Mikrurgisch zum Zerreißen gebrachte Riesenchromosomen splittern an den Rißstellen in zahlreiche Fibrillen auf. Werden unfixierte Speicheldrüsenchromosomen von *Chironomus* in Mikropipetten passenden Durchmessers aufgesogen und wieder ausgestoßen, so zerfallen sie nicht selten vollständig in ihre Einzelfasern (GLANCY, l. c.).

Unter der Einwirkung von proteolytischen Enzymen kann die Fibrillenstruktur der Riesenchromosomen für kurze Zeit deutlicher hervortreten (FROLOWA 1944, vgl. Abb. 19). Die Verdeutlichung der Fibrillenstruktur, die man gelegentlich an den Chromosomen absterbender *Chironomus*-Larven bemerkt, ist vielleicht auf das Freiwerden bzw. die Aktivierung zelleigener proteolytischer Enzyme zurückzuführen.

Wenn die beobachtete Fibrillenstruktur der Riesenchromosomen ein vergröbertes, aber qualitativ richtiges Abbild der polytänen Feinstruktur darstellt, dann muß sie den Verlauf der Elementarfibrillen richtig wiedergeben. Wie BRIDGES (1935 a, vgl. Abb. 46 a) zuerst erkannt hat, verlaufen die Fibrillen innerhalb des Riesenchromosoms nicht parallel zu seiner Achse, sondern folgen Schraubenbahnen. Den kabelartigen Aufbau („cable-like strukture“, BRIDGES, l. c.) zeigen die Speicheldrüsenchromosomen von *Chironomus* oder *Simulium* noch deutlicher (BAUER 1935, 1936 a, GEITLER 1935,

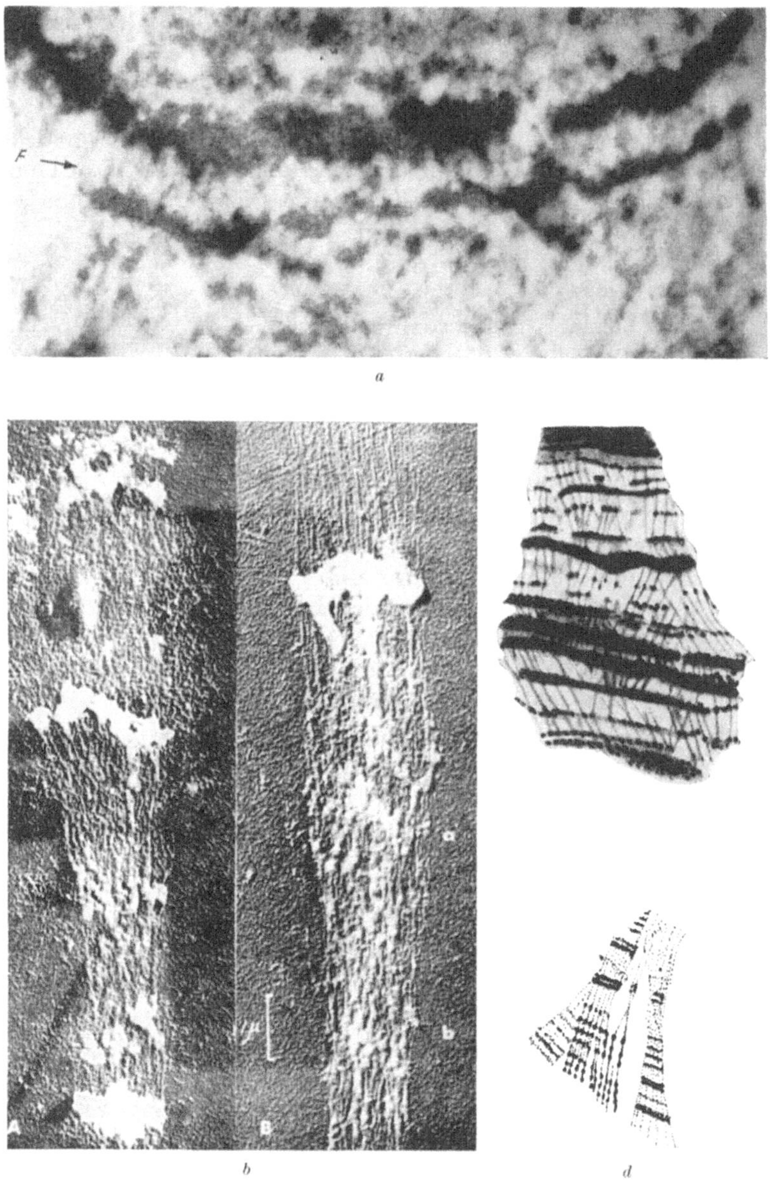

Abb. 18. Fibrillenstruktur in Riesenchromosomen, licht- und elektronenoptisch. *a*: Methacrylat-Dünnschnitt, OsO_4-Fixierung, Speicheldrüsenchromosom von *Chironomus* (*F* = Andeutung der Fibrillenstruktur in einer Zwischenscheibe), etwa 20000fach. *b*: Totalpräparat von gequetschten Speicheldrüsenchromosomen von *Drosophila*, nach Schrägbedampfung im Elektronenmikroskop; nach YASUZUMI 1954. Etwa 9000fach. *c*: Längsschnitt durch ein Speicheldrüsenchromosom von *D. thummi*, Champy-Feulgen, etwa 2000fach, nach BAUER 1935. *d*: Teildarstellung der Fibrillenstruktur in einem Speicheldrüsenchromosom von *Cryptochironomus defectus*, nach BAUER 1936a.

BEERMANN 1952 a, vgl. Abb. 15). Hierauf wurde im vorigen Absatz bereits eingegangen.

Es hat nicht an Versuchen gefehlt, die Fibrillenstruktur und insbesondere die einzelnen Elementarfibrillen der Riesenchromosomen mit dem Elektronenmikroskop zu erfassen. Bei der Totalpräparation (SCHULTZ, McDUFFEE und ANDERSON 1949, YASUZUMI et al. 1951, 1954 u. a.) ist eine wesentliche Steigerung der Auflösung nur dann zu erwarten, wenn die Chromosomen extrem gequetscht und wenn Nukleinsäuren oder Proteine teilweise entfernt werden. Besonders in den Zwischenscheiben läßt sich auf diese Weise der Fibrillenbau sehr schön demonstrieren (YASUZUMI et al., l. c., vgl. Abb. 18 c). Ihrer hohen Anzahl und ihres geringen Durchmessers (0,01 μ) wegen sind die beobachteten Fibrillen vielleicht mit den Elementarfibrillen identisch. Mit dem Replica-Verfahren (YASUZUMI et al., l. c.) erscheint die Feinstruktur der Fibrillen an unverdauten Chromosomen perlschnurartig oder spiralig. Wahrscheinlich handelt es sich um eine Vergröberung der in Dünnschnitten (siehe unten, vgl. Abb. 18 a) festgestellten wolligen Struktur der Einzelfasern.

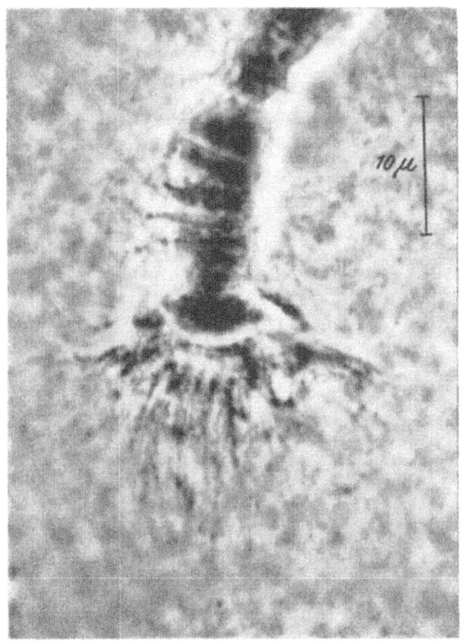

Abb. 19. Fibrillenstruktur nach Trypsinverdauung. Chromosomenende 1 R von *Chironomus tentans*. Frische Drüsen direkt in Trypsin (0,1 mg/ml in Phosphatpuffer pH 6, bei 37° C 2 Stunden), dann Orcein-Essigsäure. Phasen-Kontrast.

Dünnschnitte von Riesenchromosomen (Speicheldrüsenchromosomen von *Drosophila* und *Musca*) hat zuerst BORYSKO (1953) im Elektronenmikroskop untersucht. Eine etwaige Fibrillenstruktur ist nach BORYSKO nicht darzustellen; doch waren die Schnitte offensichtlich zu dick. Nach elektronenoptischen Untersuchungen an *Chironomus*- und *Drosophila*-Riesenchromosomen (BEERMANN und BAHR 1954, LOWMAN 1956, KAUFMANN und McDONALD 1956, GAY 1956) ist in Dünnschnitten selbst mit optimaler Technik die Fibrillenstruktur nur schwierig nachzuweisen. In Dünnschnitten, die kaum dicker sind als die Fibrillen selber, werden diese natürlich nur ausnahmsweise in der Längsrichtung erfaßt. Es ist außerdem zweifelhaft, ob die Elementarfibrillen tatsächlich glatte „Drähte" darstellen, wie vielfach geglaubt wird. Viele Beobachtungen (Abb. 18 a, BEERMANN und BAHR 1954, vgl. Abb. 71) sprechen eher für eine faserige, wollige oder flaschenbürstenartige Grundstruktur der Längselemente. Dies würde die gegenseitige Abgrenzung einzelner Fibrillen außerordentlich erschweren, zumindest bei optimaler Fixierung. Daß drastische Methoden, wie die Totalpräparation nach Essigsäurefixierung, die Einzelfibrillen besser darstellen, ist darnach nicht anders zu erwarten (vgl. KAUFMANN et al. 1955 und LOWMAN 1956).

Hochauflösende elektronenoptische Schnittbilder von gut fixierten Präparaten bestätigen im übrigen nur eine Tatsache: Die gesamte Grundsubstanz des Riesenchromosoms, auch in den Querscheiben, ist fibrillär. Der Durchmesser dieser Fibrillen liegt bei 100 oder nur bei 50 Å und fällt damit in den Dimensionsbereich von einzelnen Nukleoproteid-Fadenmolekülen. In welcher Weise derartige molekulare Einheiten zu höheren Komplexen (Chromatiden, Chromomeren etc.) zusammengefaßt sein könnten, geht aus den elektronenoptischen Bildern nicht oder nur ungenügend hervor (vgl. S. 68). Man hat gelegentlich gehofft, an diesem Punkte mit polarisationsoptischen Untersuchungen weiterzukommen. Die Ergebnisse sind aber wenig ermutigend. Nach Schmidt (1940) gelingt der Nachweis der optischen Anisotropie am besten an alkohol-fixierten, entwässerten Riesenchromosomen: die Anisotropie ist aber in *Chironomus*-Speicheldrüsen auch an lebenden oder überlebenden Chromosomen nachweisbar (Schmidt l. c., Pfeiffer 1940). Dabei sind die Querscheiben negativ doppelbrechend in bezug auf die Längsachse des Chromosoms, und die Nukleoproteinmoleküle wären demnach parallel zur Längsachse geordnet. Da aber die gemessenen Gangunterschiede nur minimal sind (etwa 2 mμ), kommt Caspersson (1940 b), auch auf Grund eigener Messungen über den UV-Dichroismus der Querscheiben, zu dem Schluß, daß der Grad der Orientierung 5% nicht übersteigt. Die Längsorientierung kann daher nur statistisch, und ganz geringfügig, bevorzugt sein, wofür auch die elektronenoptischen Bilder sprechen.

c) Übergänge zwischen Polytänie und Polyploidie

Die Polytäniehypothese faßt die Riesenchromosomen als innerlich vielwertige, durch schrittweise Vervielfachung von ursprünglich nur zwei Chromatiden entstandene Gebilde auf. Damit ordnet sich das Phänomen der quergestreiften „Kernfäden" als Spezialfall in den allgemeineren Rahmen der Polyploidie und endomitotischen Polyploidisierung ein. Auch unter diesem Aspekt lassen sich für die Polytänie der Riesenchromosomen zahlreiche Argumente beibringen, von welchen zuerst ein vergleichend morphologisches, nämlich die Existenz von Übergangsformen zwischen Polyploidie und Polytänie, näher besprochen werden soll. Die direkten Beweise für die Vielwertigkeit kommen im Zusammenhang mit der Entwicklung der Riesenchromosomen (S. 44 ff.) zur Sprache.

Als polyploid in der allgemeinsten Bedeutung des Wortes würde man jeden Zellkern mit einem Vielfachen des haploiden Chromosomenbestandes oder, noch allgemeiner, des haploiden DNS-Wertes bezeichnen. Morphologisch wird aber die Gültigkeit des Begriffes eingeschränkt auf diejenigen Fälle, wo die Chromosomen oder Chromatiden voneinander getrennt liegen, wo also keine Bündel gebildet werden. Der „polyploide" Kern weist demnach in der Interphase entweder eine retikuläre Struktur auf, die die Identifizierung einzelner Chromosomen nicht erlaubt, oder er ist ein „Chromozentrenkern", in welchem bestimmte oder alle Chromosomen als individuelle Chromatinschollen erfaßt werden können (vgl. Geitler 1938 b). Da sich die Polytänisierung von der endomitotischen Polyploidisierung in ihrem Effekt nur dadurch unterscheiden soll, daß die Verdoppelungs-

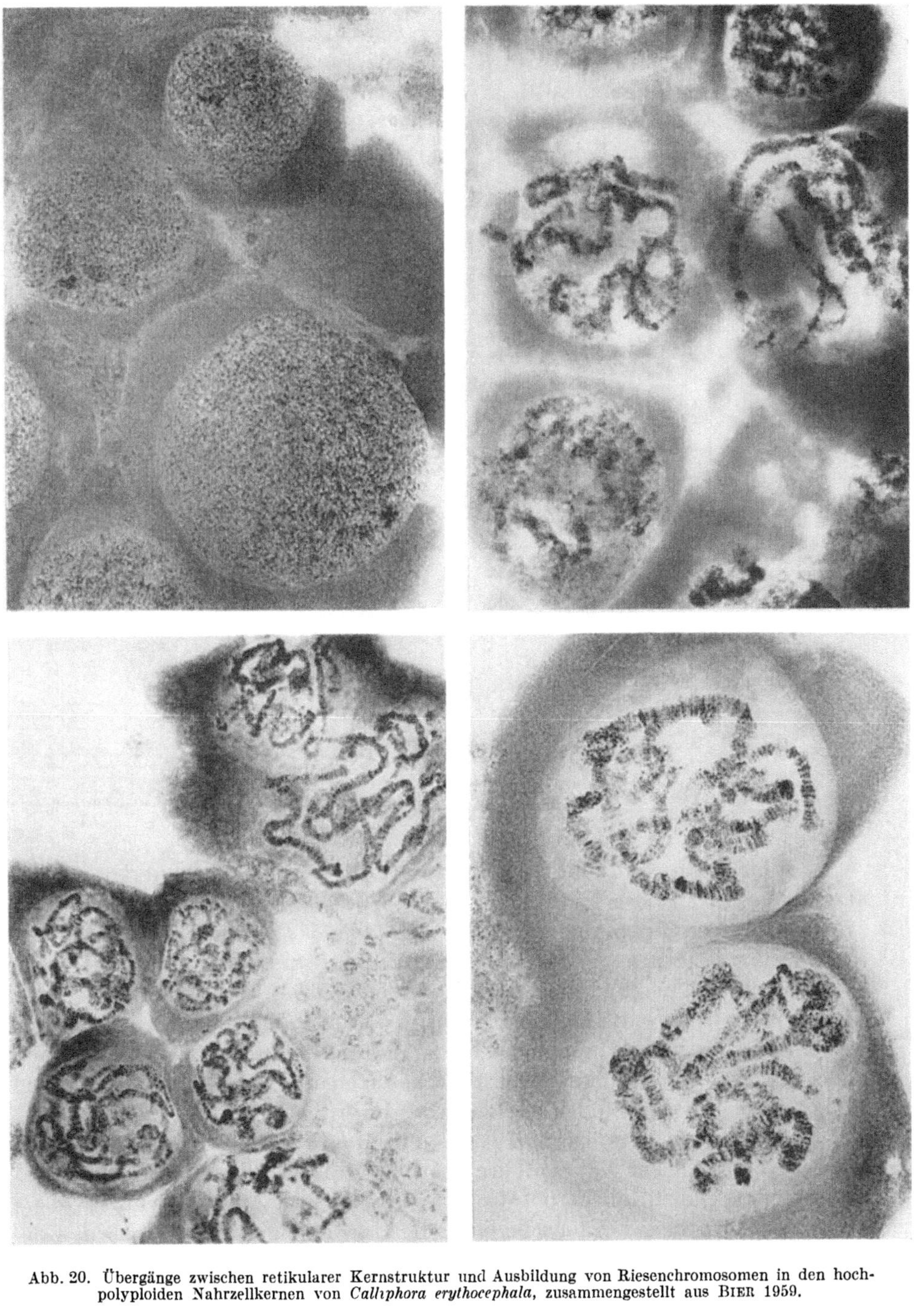

Abb. 20. Übergänge zwischen retikularer Kernstruktur und Ausbildung von Riesenchromosomen in den hochpolyploiden Nahrzellkernen von *Calliphora erythocephala*, zusammengestellt aus BIER 1959.

produkte (die Chromatiden) gebündelt bleiben („Krypto-Endomitose“ nach Bauer) und da es schon im Rahmen der echten Polytänie alle Übergänge von der straffen Bündelung bis zu einem sehr lockeren Zusammenschluß der Fibrillen gibt (vgl. Abs. a dieses Kapitels), wäre zu erwarten, daß auch die weiteren Stufen bis zum völligen Zerfall in Einzelelemente, d. h. bis zur „Polyploidie“ i. e. S., in manchen Fällen verwirklicht sind. Beispiele für solche Zwischenstufen haben sich in großer Zahl in den ovarialen Nährzellkernen verschiedener Dipteren, hauptsächlich der Fliegen (*Calyptraten*) und in den Speicheldrüsenkernen der *Cecidomyiden*-Larven gefunden.

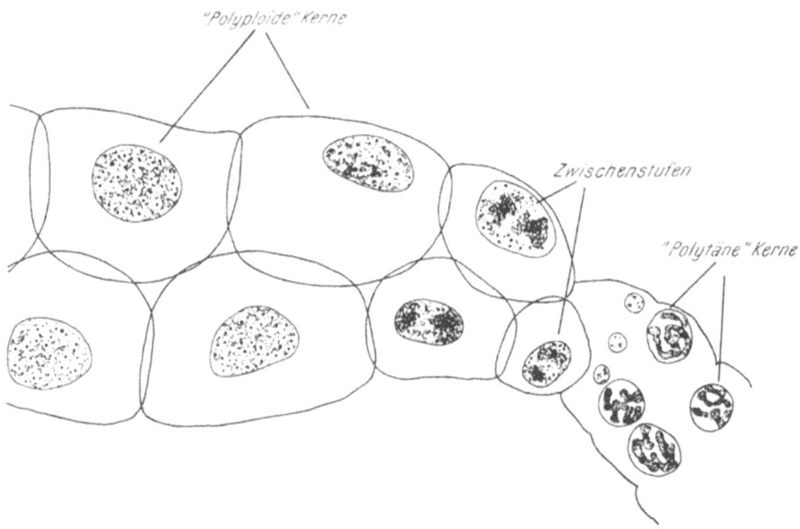

Abb. 21. Polyploidie und Polytänie in der Speicheldrüse von *Dasyneura affinis* (Cecidomyidae), aus White 1948.

Nach einer Untersuchung von Stalker (1954) besitzen einzelne Dipterenarten, die sich auf die Familien *Cecidomyidae, Empidae, Dolichopodidae, Lonchopteridae, Helomyzidae, Agromyzidae* und *Tachinidae* verteilen, in ihren Nährzellkernen regelrechte Riesenchromosomen mit zum Teil sehr klarer Querscheibengliederung, so vor allem *Lonchoptera dubia* und *Cerodontha dorsalis.* Insgesamt handelt es sich um 16 von im ganzen 190 untersuchten Spezies und 40 untersuchten Familien. Bei den meisten Arten sind aber die Nährzellchromosomen so locker gebaut, wie es bereits Bauer (1938 a) für die großen Nährzellen von *Calliphora, Lucilia* oder *Musca,* sowie Painter und Reindorp (1939) für *Drosophila* angeben. Bei *Drosophila* wird die Struktur der Nährzellkerne nach Painter und Reindorp in manchen Phasen (den endomitotischen Interphasen) praktisch retikulär; nur in den als endomitotischen Verdoppelungsstadien gedeuteten Phasen macht sich die Existenz von polytänen Bündeln geltend. Die Einzelelemente dieser Bündel sind nach den Untersuchungen von Bier (1957 ff.) als oligotäne Fibrillen aufzufassen, die bei *Calliphora* auch einen deutlichen Querscheibenbau aufweisen (vgl. Abs. d). Painter und Reindorp schätzen die

Polyploidie der größten Nährzellkerne von *Drosophila* auf 512 n, also etwa ebenso hoch wie den Polytäniegrad in kleineren Speicheldrüsenkernen von *Drosophila.* Dieser Vergleich macht den Kontrast zwischen den beiden Extremen der Polytänie besonders deutlich: Auf der einen Seite ganz lockere, dem Zerfall nahe Bündel von relativ kurzen Chromatiden, auf der anderen Seite der straffe Zusammenschluß von extrem gestreckten (mindestens doppelt so langen) Chromatiden zu einheitlichen Riesenchromosomen mit klarer Querscheibengliederung. Zwischen diesen beiden Extremen gibt es, wie STALKERS Untersuchung andeutet und wie es BIER überzeugend demonstriert hat, in den Nährzellkernen alle Zwischenstufen (Abb. 20). Von

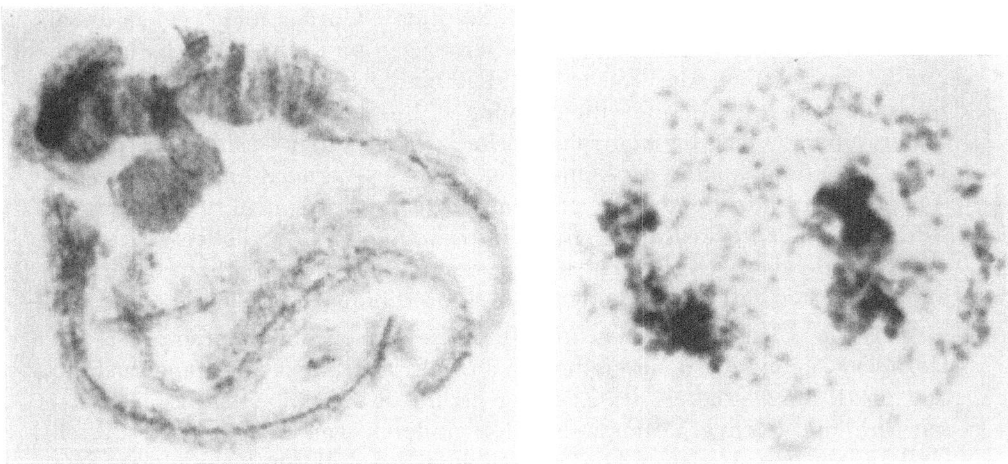

Abb. 22. Speicheldrüsenchromosom von *Mikiola phagi.* Links: Aus einem Kern des „Reservoirs" mit 2 kurzen dicken Elementen und 2 „Patronengurt"-Chromosomen. Rechts: Aus einem großen Kern des distalen Drüsenabschnitts; den Patronengurten entsprechen hier die zahlreichen punktförmigen Einzelchromosomen, den beiden normalen Chromosomen die 2 dunklen Konglomerate. Nach KRACZKIEWICZ und MATUSZEWSKI 1958. Vergrößerung: links 1800fach, rechts 800fach.

besonderem Interesse ist dabei natürlich auch das Vorkommen von echten endomitotischen Kontraktionen während der Verdoppelungszyklen der Nährzellchromosomen, die im Extrem zu einem völligen mitotischen Zerfall führen können. Über diese Phänomene, die einen unabhängigen Beweis der Polytänie liefern, wird im nächsten Absatz (S. 39) berichtet. Wie BIER (1957 ff.) gezeigt hat, ist die Kernstruktur der Nährzellen von *Calliphora* auch von Milieufaktoren abhängig (vgl. S. 40). Ein extremes Beispiel für eine derartige milieubedingte Variabilität ist von BARIGOZZI und SEMENZA (1952) beschrieben worden. Die Speicheldrüsenchromosomen der Fliege *Aphiochaeta xanthina* sind straff gebündelt und zeigen ein klares Querscheibenmuster, wenn die Larven ausschließlich mit Leber gefüttert werden. Ist das Futter dagegen arm an Aminosäuren und Fetten, so bleibt die Bündelung der Fibrillen fast ganz aus. Die Kerne sind dann also „polyploid with filamentous chromatin". FRIZZI (1947) findet eine ähnliche Abhängigkeit der Kernstruktur von dem Eiweißgehalt des Futters bei *Anopheles.* Eine fütterungsbedingte Variabilität des Bündelungszustandes der Riesenchromosomen ist auch bei *Chironomus* angedeutet (S. 61).

Übergangs- und Zwischenstufen zwischen Polyploidie und Polytänie sind besonders in den Speicheldrüsenkernen der *Cecidomyiden* verbreitet (WHITE 1948, MAINX 1948, KRACZKIEWICZ 1958)[3]. Die Speicheldrüse der Gallmückenlarven gliedert sich in einen proximalen Teil, das „basale Reservoir" (WHITE) und in einen distal gelegenen sezernierenden Hauptabschnitt (Abb. 21). Bei *Dasyneura affinis* enthalten die Kerne des Reservoirs straff gebündelte Riesenchromosomen mit Querscheibenstruktur. Die Kerne des sezernierenden Hauptteiles der Drüse dagegen zeigen — bei gleichen oder sogar größeren Dimensionen — ein typisches „Chromatin-Reticulum". In der Zone zwischen Reservoir und Hauptteil der Drüse liegen Kerne, deren Chromosomen um so gedrungener und lockerer gebaut sind, je mehr man sich dem Hauptteil der Drüse nähert (bestimmte Chromosomen gehen dabei voran, vgl. S. 141). Die Übergangsstadien zeigen nun sehr deutlich, daß der „retikuläre" Aspekt der Kerne des distalen Drüsenbereichs nur dadurch zustande kommt, daß hier die polytänen Bündel außerordentlich aufgelockert und gleichzeitig kontrahiert sind. Dabei füllen sie den Kernraum völlig aus, doch kommt es keinesfalls zu einer Vermischung der chromosomalen Einzelfibrillen, d. h. um eine echte Retikularstruktur handelt es sich nicht. Eher ließe sich von einem Aufbau aus Kern-„Schollen" sprechen, wie er auch gelegentlich in nicht polytänen Kernen beobachtet wird, nur daß in diesem Fall die „Schollen" polytäne Bündel darstellen.

Polytäne Elemente werden also in allen Kernen der Speicheldrüse von *Dasyneura* gebildet: sie unterscheiden sich nur durch den Streckungszustand und durch die Festigkeit des Zusammenschlusses der Fibrillen. Ebenso lassen sich die Kernverhältnisse bei den anderen von WHITE untersuchten Gallmücken interpretieren. Die „polyploiden" retikulären Drüsenkerne von *Cecidomyia viticola* enthalten vier schollenartige polytäne Elemente („short and clumsy, with fuzzy outlines"). Bei *Contarinia canadensis* besitzen die Drüsenkerne wie die Kerne des Reservoirs normale polytäne Chromosomen mit Querscheibenstruktur, aber die Chromosomen sind im Drüsenteil kürzer und dicker (also lockerer gebündelt) als im Reservoir.

Endomitotische Kontraktionsphasen oder gar mitotische Zerfallsprozesse, wie sie in den ovarialen Nährzellkernen vorkommen (Abs. d), wurden in den Speicheldrüsen der *Cecidomyiden* niemals beobachtet. Für die Möglichkeit, daß derartige Vorgänge, vielleicht in verkappter Form, doch vorkommen, sprechen aber die Befunde von KRACZKIEWICZ und MATUSZEWSKI (1958).

Wie bei anderen Gallmücken enthalten auch bei der von MATUSZEWSKI untersuchten *Mikiola fagi* nur die Kerne des „Reservoirs" distinkte Riesenchromosomen. Von den vier Elementen in jedem Kern (Abb. 22 *a*) sind zwei außerordentlich verkürzt, aber normal quergebändert. Die andern zwei Elemente bilden lange flache Bänder, die eigentümlicherweise an Stelle einer Quer- eine Längsstreifung aufweisen; ein medianer, heteropyknotischer Streifen tritt am meisten hervor. In den Kernen der weiter distal

[3] Ähnlich ist die Situation bei *Culiciden*, z. B. *Anopheles maculipennis atroparvus* (FRIZZI 1947 und später).

gelegenen Drüsenabschnitte findet man nun Zerfallsstadien (Abb. 22 *b*), die zeigen, daß die unzerfallenen Bänder in den Kernen des Reservoirs aus Hunderten von quer zur Längsachse des Bandes angeordneten Einzelchromatiden aufgebaut sein müssen. Dieser Aufbau ist dem eines Patronengurtes vergleichbar. Ob er durch die Polytänisierung von bereits anfänglich stark verkürzten Chromatiden oder erst nachträglich durch die endo-

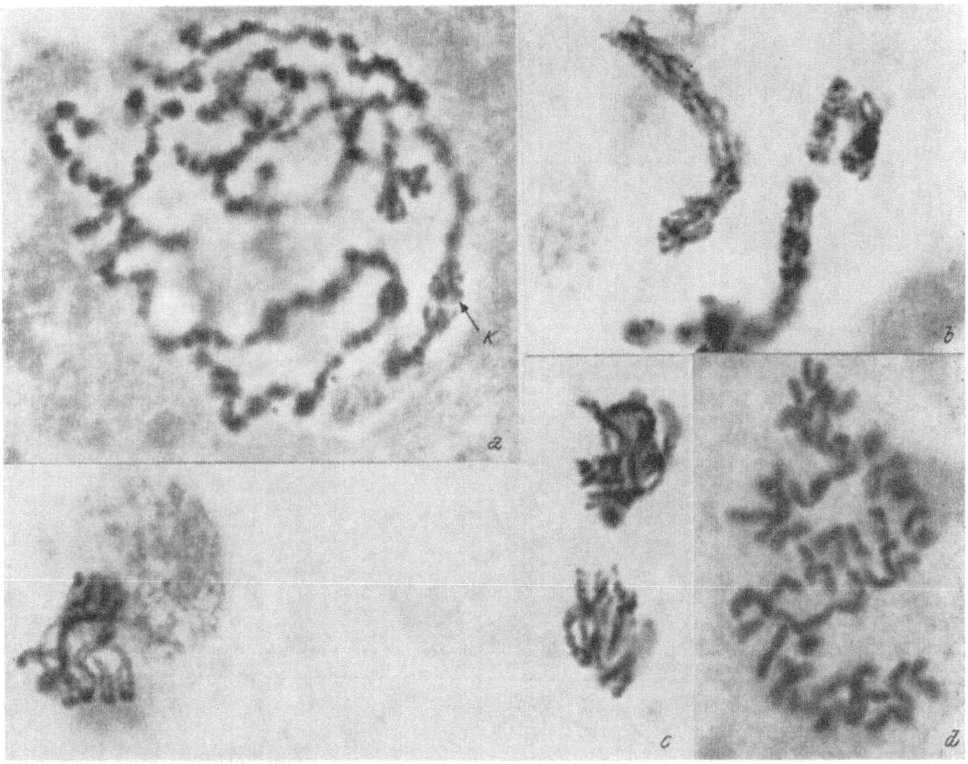

Abb. 23. Mitotischer Zerfall von polytänen Chromosomen (somatische Reduktion) im Hinterdarm von *Culex*. *a* fruhe, *b* späte Prophase, *c* Prometaphase mit 3 „multiplen Komplexen", *d* Metaphase. Karminessigsäure, Phasenkontrast *K* = Kinetochorregion.

mitotische Kontraktion eines ursprünglich langen polytänen Chromosoms zustande gekommen ist, läßt sich nicht entscheiden. Für die erste Alternative spricht die Tatsache, daß die zwei normal gebauten Riesenchromosomen, die in den Kernen der Übergangszone zwischen Reservoir und Drüse zugleich mit den zwei „Patronengurten" die verschiedenen Phasen des Zerfalls in Einzelchromatiden vorführen, im zerfallenen Zustand keine Bänder, sondern unregelmäßige Chromatidenhaufen bilden (Abb. 21 *b*). Die patronengurtartige Anordnung der Chromatiden macht im übrigen den „bifacialen" Aufbau der Einzelchromatide. der auch aus anderen Gründen zu fordern ist (vgl. S. 25), besonders deutlich. Die Tatsache schließlich, daß die Einzelchromatiden in Kernen mit völlig zerfallenen polytänen Chromosomen deutlich als „Chromozentren" erkennbar bleiben, zeigt, daß auch in dieser Hinsicht Übergänge zwischen Polytänie und Polyploidie möglich sind.

Eine eigenartige Mischung von Polytänie und Polyploidie ist bei *Lestodiplosis* sp. verwirklicht (White 1946). Hier entwickelt jede Speicheldrüse im Reservoirbereich eine „super-giant"-Zelle, die gleichzeitig 32-ploid und

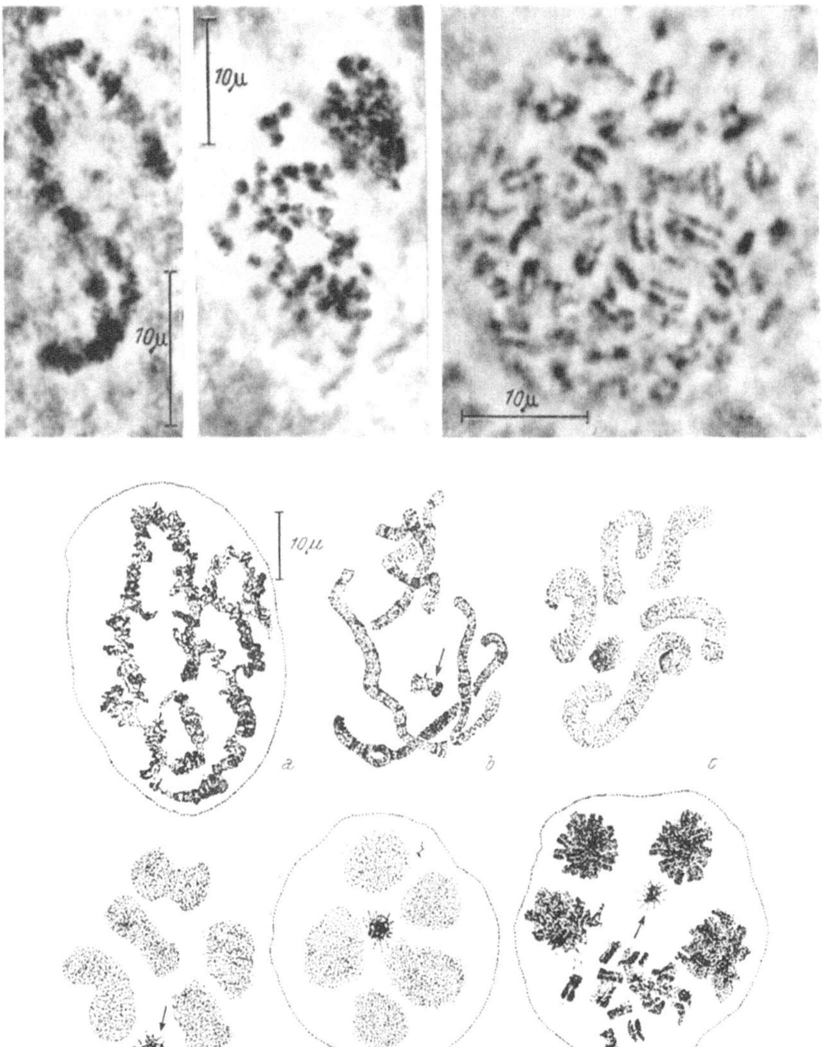

Abb. 24. Endomitotischer Zerfall der primaren Polytanchromosomen in den ovarialen Nahrzellen von *Calliphora*. Photos von links nach rechts: *a*: Polytanes Autosom mit Querscheibengliederung und Paarungslucke. *b*. späte Prophase (16/32 n), ein Autosom aufgelost, ein weiteres kompakt. *c*: Endo-Anaphase. Die Zeichnungen zeigen weitere Einzelheiten des Zerfalls, das X-Chromosom ist durch ⟶ markiert.

polytän ist, also Polytänchromosomen in 32facher Ausfertigung besitzt. Ob hier mehrere Kerne verschmolzen sind, oder, was wahrscheinlicher ist, ob hier einem frühen mitotischen Zerfall von primären Polytänchromosomen die sekundäre Polytänisierung der Zerfallsprodukte gefolgt ist, muß noch untersucht werden.

d) Mitotischer Zerfall von Riesenchromosomen

Daß die Riesenchromosomen im Vergleich zu Mitosechromosomen vielwertig sind, also aus wesentlich mehr als zwei Chromatiden bestehen, läßt sich zwar indirekt aus DNS-Bestimmungen ableiten, wird aber am besten durch eine tatsächliche Zerlegung in die Einzelchromatiden demonstriert. Der mitotische Zerfall von polytänen Chromosomen ist als Möglichkeit zuerst von Bauer (1935) erwogen worden, besonders im Hinblick auf Beob-

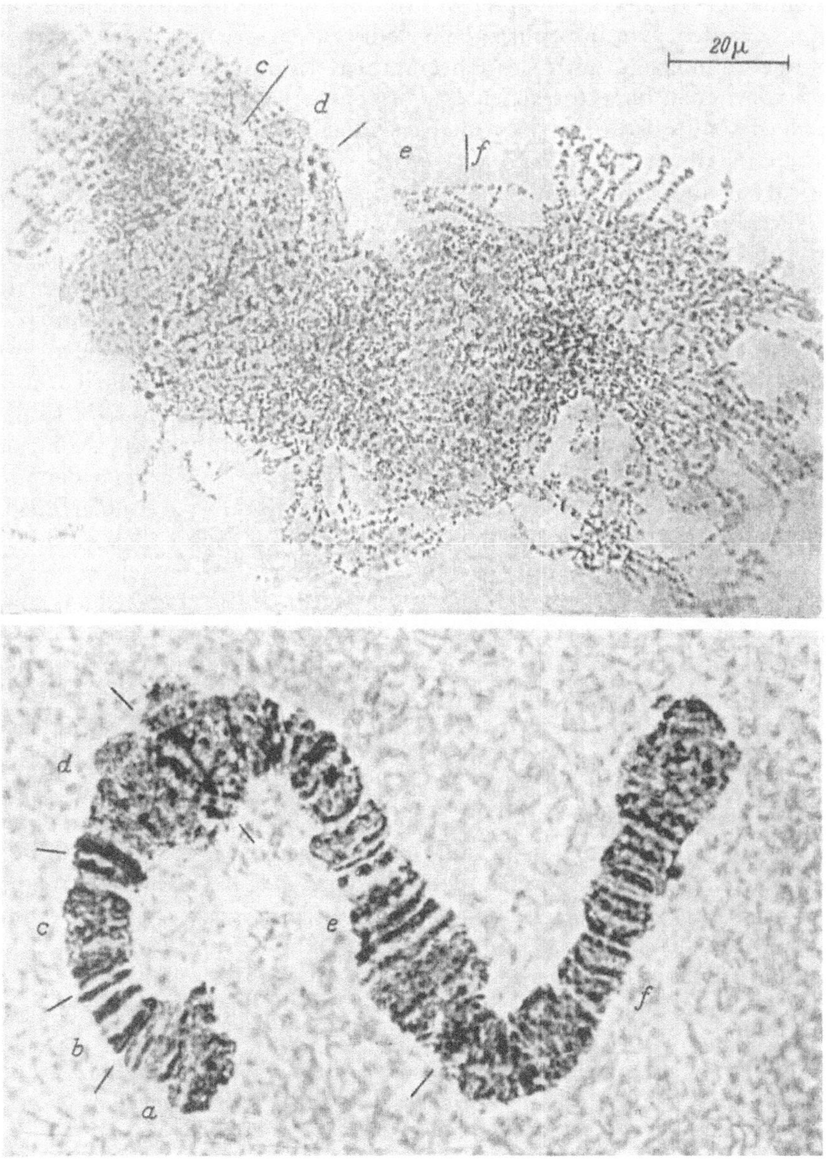

Abb. 25. Chromosom II aus zwei Nahrzellkernen von *Calliphora*. Oben im locker gebündelten Zustand; oligotäne Fibrillen mit Querscheibenstruktur. Unten: Straffer Zusammenschluß zum polytänen Chromosom; Auftreibungszone am Kinetochor (Abschnittsgrenze *d/e*). Nach Bier 1960.

achtungen von HOLT (1917) an *Culex*. In der mitotischen Prophase der großen Kerne des Ileums, eines Hinterdarmabschnittes, von *Culex*-Puppen bilden sich drei prophasische Chromosomenknäuel, deren jedes der Länge nach in zahlreiche, und zwar, wie BERGER später (1938) zeigen konnte, in 8, 16 oder 32 Chromatiden zerfällt (Abb. 23). Damit wird „die zusammengesetzte Natur der Chromosomen ad oculos demonstriert" (BAUER, l. c.). Nun ist allerdings im Falle der „multiple complexes" von *Culex* kaum auszumachen, ob es wirklich richtige Polytänchromosomen sind, die hier im Zuge „somatischer Reduktionsteilungen" (BERGER 1938) in ihre Einzelelemente zerlegt werden. Die interphasischen Zellkerne des Ileums von *Culex* zeigen vor der Teilung ein normales Chromatin-Retikulum, das sich höchstens als Netz von feinen quergestreiften Fäden deuten läßt. Erstmalig nachgewiesen wurde der mitotische Zerfall von Riesenchromosomen durch BAUER (1938 a) und später durch BIER (1957, 1958, 1959, 1960) an den Nährzellchromosomen der calyptraten Fliegengattungen *Calliphora, Lucilia* und *Musca*.

Nach BIER, dessen Darstellung hier gefolgt wird, bilden sich in den jungen Nährzellen von *Calliphora* zunächst „primäre" Polytänchromosomen von niedrigem Polytäniegrad, bis zu etwa 32 n. Eine Querscheibengliederung ist in diesen primären Polytänchromosomen bereits erkennbar. Der Zerfallsprozeß (Abb. 24) setzt bei der Polytäniestufe 16 oder 32 n ein und gleicht in seinem Ablauf einer Endomitose. In normalen Ovarien, d. h. in den Ovarien rasch herangewachsener, kräftiger *Calliphora*- ♀♀, führt der Zerfall über eine normale prophasische und metaphasische Kontraktion der Chromatiden zunächst zu der Trennung von 16 Chromatidenpaaren, die in der Endoanaphase ganz auseinanderfallen. Ist die Zerfallsphase vorüber, so setzt mit dem weiteren Wachstum der Nährzellen eine erneute Polytänisierung der Zerfallsprodukte ein. Sekundär entstehen also zahlreiche „oligotäne" Fibrillen. Diese liegen nicht völlig ungeordnet, sondern ordnen sich zu mehr oder minder gut gebündelten „sekundären" Polytänchromosomen (Abb. 25). Der jeweilige Grad der Ordnung, der Bündelung oder der Paarung — wie man es nennen will — ist offensichtlich zum Teil davon abhängig, wie weit in der Zerfallsphase die Zerlegung tatsächlich geführt hat. Nach BIER erhält man im Durchschnitt um so besser geordnete sekundäre Polytänchromosomen, je niedriger die Zuchttemperatur, und damit die Wachstumsgeschwindigkeit, liegt. Bei Inzuchtstämmen mit längerer Entwicklungszeit werden sekundäre Riesenchromosomen in den Nährzellen ebenfalls häufiger beobachtet. Vielleicht wird bei langsamerem Wachstum der mitotische Zerfallsmechanismus stärker verzögert als der Verdoppelungsmechanismus. Hier ergibt sich eine interessante Parallele zu dem temperaturbedingten Verhalten des X-Chromosoms von *Phryne* (WOLF 1957, vgl. S. 136). Auf der anderen Seite wird aber der Paarungszusammenschluß der oligotänen Fibrillen selber mit der Zeit wieder fester, wie BIER statistisch nachgewiesen hat. Auch diese sekundären Paarungstendenzen können bei der Herausbildung von echten, sekundären Riesenchromosomen mitwirken.

Ebenso wie in den Hinterdarmkernen von *Culex* setzt auch in den Nährzellkernen von *Calliphora* der mitotische Zerfall auf relativ geringen

Polytäniestufen (höchstens 32 n) ein. Noch nie ist ein mitotischer Zerfall von höher polytänen Riesenchromosomen beobachtet worden. Wahrscheinlich wird die Entflechtung von polytänen Chromatidenverbänden um so schwieriger und langwieriger, je höher die Anzahl der Chromatiden ist. Nur wenn Riesenchromosomen von vornherein sehr locker gebündelt sind, wie etwa in den Speicheldrüsen der Gallmücken, mag auch auf höheren Polytäniestufen noch eine Zerlegung in die Einzelchromatiden möglich sein (vgl. *Mikiola fagi,* Abs. c).

e) Experimentelle Demonstration der Polytänie

Der polytäne Aufbau der Riesenchromosomen wird zweifellos am besten durch den mitotischen Zerfall in multiple Komplexe von Chromatiden belegt. Diese Nachweismöglichkeit ist aber auf wenige Ausnahmen und auf Chromosomen mit sehr geringem Polytäniegrad eingeschränkt. Experimente, die es gestatten, die Polytänie in jedem Einzelfall, also auch bei hohen Polytäniestufen, nachzuweisen, sind deshalb erwünscht. Dabei kann sich die Beweisführung nicht auf die Demonstration der fibrillären, kabelartigen Struktur an sich beschränken (vgl. S. 27). Das ist relativ einfach, sagt aber über die Natur der Einzelfibrillen und über ihre genetischen Beziehungen zu den homologen Elementen (Chromatiden) von mitotischen Chromosomen ebensowenig aus wie über die Entstehungsweise des polytänen Verbandes.

Die experimentelle Demonstration der Polytänie stützt sich auf zwei Experimente: 1. Die Erzeugung von partiellen Chromosomenbrüchen und 2. die Markierung einzelner Chromatiden mit radioaktiven Isotopen. Der Gedanke, die Anzahl der Einzelelemente (Chromatiden, Subchromatiden oder Chromonemata), aus welchen das Chromosom zusammengesetzt ist, durch Feststellung der kleinsten Mutationseinheit zu ermitteln, ist nicht neu. Auf polytäne Chromosomen wurde die Methode zuerst von Slizynski (1950) angewandt. Slizynski bestrahlte 5 bis 13 Stunden alte Embryonen von *Drosophila melanogaster* und untersuchte die Speicheldrüsenchromosomen der aus diesen Embryonen herangewachsenen Larven kurz vor der Verpuppung. Durch die Bestrahlung der Embryonen werden in den embryonalen Speicheldrüsenkernen Chromosomenmutationen induziert, die nach den Befunden von Slizynski mit zunehmendem Bestrahlungsalter auf immer kleinere Partialbündel der Riesenchromosomen beschränkt sind. Der relative Bruchquerschnitt nimmt dabei bis auf $^1/_{16}$ des Chromosomenquerschnitts ab. Setzt man voraus, daß die mutierende Einheit zum Zeitpunkt der Bestrahlung in allen Altersstadien dieselbe ist, z. B. die Chromatide, so müssen die Speicheldrüsenkerne bei den älteren Embryonen bereits vielwertige Chromosomen der Polytäniestufen 4, 8 oder 16 besessen haben. Die Tatsache, daß der Bruchquerschnitt mit zunehmendem Bestrahlungsalter stetig abnimmt, stimmt also mit der Hypothese einer fortschreitenden Polytänisierung gut überein. Es wäre allerdings auch denkbar, daß die Anzahl der chromosomalen Längselemente in dem erfaßten Entwicklungsabschnitt von Anfang an 16 betragen und sich nicht vermehrt hätte. Die Verringerung des Bruchquerschnittes wäre dann auf andere Faktoren, etwa auf eine stufenweise Auflockerung des Fibrillenverbandes in 2, 4, 8 oder 16 selbständig bruch- und rekombinationsfähige Untereinheiten zurückzuführen. Dieser Einwand wird aber durch Untersuchungen von Keyl (1958) entkräftet.

Keyl hat bei seinen Versuchen an *Chironomus thummi* neben der Embryonalentwicklung auch noch die ersten Tage des Larvenlebens, bis zum Alter von etwa 150 Stunden erfaßt. Es wurden insgesamt 5 ver-

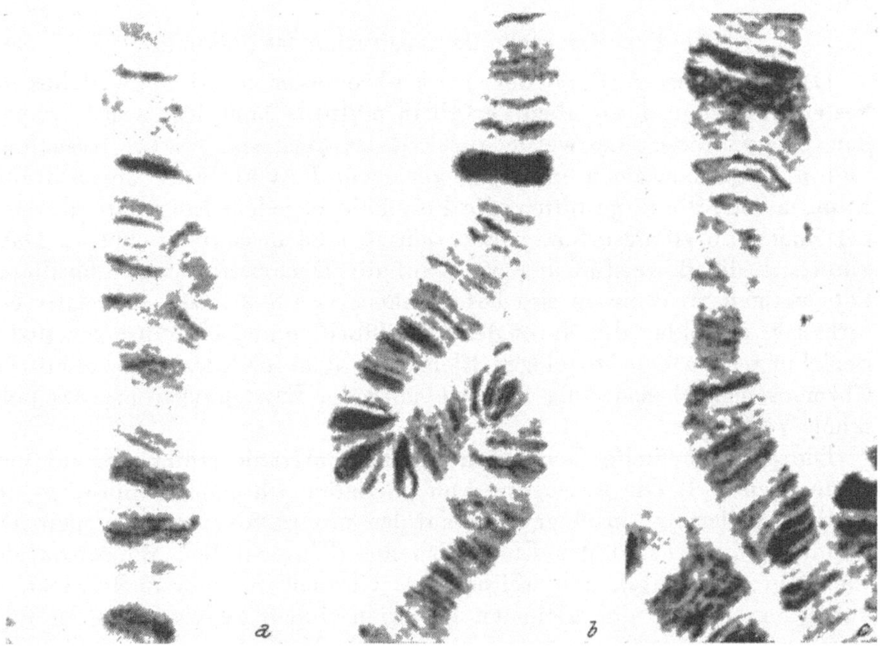

Abb. 26. Der Bruchquerschnitt von Speicheldrusenchromosomen (*C. thummi*) in Abhängigkeit vom Bestrahlungsalter. *a*. Partial-Inversion nach Bestrahlung im 4-Chromatiden-Stadium. *b*: Bestrahlung der frisch geschlupften Larven (8 bis 16 Chromatiden), Deletion einer Chromatide. *c*: Bestrahlung 100 Stunden nach dem Schlupfen. Partialdeletion (im 16- oder 32-Chromatiden-Stadium). Nach Keyl 1958.

schiedene Altersstadien (4 Embryonal- und 1 Larvalstadium) röntgenbestrahlt. Wie bei *Drosophila* nimmt der Bruchquerschnitt der Speicheldrüsenchromosomen mit dem Bestrahlungsalter im Mittel immer weiter ab, — in diesen Versuchen sicher unter $^1/_{16}$, da bei der Bestrahlung der ältesten Stadien (der Larven) offensichtlich schon höhere Polytäniestufen vorlagen (Abb. 26). Das entscheidende, zusätzliche Argument liefern die „Total"- oder „Diploid"-Brüche, d. h. Brüche, in denen beide Homologen an der gleichen Stelle (isolokal) gemeinsam zerbrochen sind. Solche Brüche, die auch schon von Geyer-Duszinska (1955) bei *Drosophila* beobachtet worden waren, setzen selbstverständlich eine sehr enge Homologenpaarung und eine dementsprechend straffe Bündelung der Längselemente innerhalb jedes Partners zum Zeitpunkt der Bestrahlung voraus. Wenn die Abnahme des Bruchquerschnitts mit dem Bestrahlungsalter lediglich eine Folge der zunehmenden Auflockerung von schon primär vielwertigen Chromosomen wäre, so sollten auch die Diploidbrüche mit zunehmendem Bestrahlungsalter immer seltener werden. Das ist aber nur während der Embryonalstadien der Fall. Zu Beginn des ersten Larvenstadiums dagegen steigt die Häufigkeit der Diploidbrüche plötzlich wieder an, obwohl daneben die für dieses Stadium an sich charakteristischen Partialbrüche ausgelöst werden. Die straffere Ordnung allein kann also nicht die Ursache dafür sein, daß

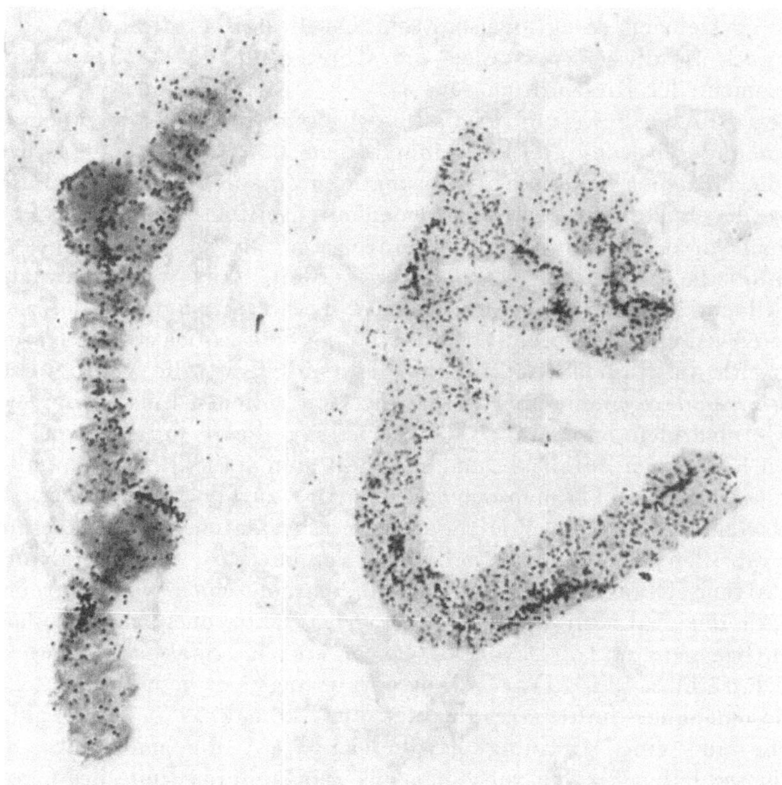

Abb. 27. Einzelstrang-Markierung (Markierung von Einzel-Chromatiden mit 3 H-Thymidin, Autoradiographie; Speicheldrüsenchromosom von *Chironomus tentans*. Links: Chromosom I mit 2 Inversionen. Rechts: Chromosom II mit Doppelinversion im linken Arm. Näheres im Text. Vergrößerung 550fach.

zu Beginn der Embryonalentwicklung Partialmutationen nicht auftreten. Die Ursache muß vielmehr darin gesucht werden, daß die früh-embryonalen Speicheldrüsenchromosomen im Gegensatz zu den larvalen noch nicht polytän sind. Das Ergebnis der Partialbruchversuche spiegelt demnach wirklich die ersten Phasen der Polytänisierung wider. Es zeigt, daß die Polytänisierung bereits in der Embryonalentwicklung beginnt und in den ersten Tagen des Larvenlebens bis etwa zur Stufe 16 n führt. Die Speicheldrüsenchromosomen erwachsener *Chironomus*- oder *Drosophila*-Larven, an welchen das Ergebnis der Bestrahlung ja erst studiert wird, müssen also aus mindestens 16 homologen Längselementen bestehen bzw. durch weitere Reduplikationen aus diesen hervorgegangen sein.

Grundsätzlich ließe sich die Unterteilung der Chromosomen durch Bestrahlung späterer Stadien sicher noch weiter treiben, aber damit ist theoretisch nichts gewonnen, es sei denn, man wolle die Möglichkeit sekundärer Umbauten (SENGÜN, vgl. S. 51) prüfen. Die Natur der kleinsten Bruch- und Rekombinationseinheit geht aus den Partialbruchversuchen nicht eindeutig hervor. Subchromatidenbrüche müßten aber dann, wenn sie vor der letzten Mitose der präsumptiven Speicheldrüsenzellen induzierbar wären, durch das Auftreten von Kernpaaren mit komplementären Duplikationen und Defizienzen nachweisbar sein. Da dies bisher nicht der Fall war, bleibt auch in diesen Versuchen die Chromatide das wahrscheinlichste Längselement der Riesenchromosomen.

Einen direkten Beweis dafür, daß das Riesenchromosom von einem Ende bis zum anderen von intakten, einheitlichen Längselementen durchzogen wird, die einzelnen mitotischen Chromatiden entsprechen, liefert die Markierung der Speicheldrüsenchromosomen mit Tritium-markiertem Thymidin schon vor dem Beginn der Polytänisierung. TAYLOR (1957) hat gezeigt, daß mitotische Chromosomen bei ihrer Verdoppelung in Gegenwart von radioaktivem Thymidin zwei radioaktive Tochterchromatiden liefern. Bei weiteren Verdoppelungen ohne weitere Gaben von radioaktivem Thymidin verteilt sich die Radioaktivität nicht gleichmäßig auf alle Verdoppelungsprodukte, sondern bleibt über zahlreiche Generationen hinweg immer auf zwei Chromatiden beschränkt. Die Verteilung dieser radioaktiven Chromatiden hängt vom Zufall ab, und so erhält man schließlich Kerne mit einzelnen radioaktiven Chromosomen. Kommt es zur Polytänisierung, so ist zu erwarten, daß die einzelne radioaktive Chromatide auch im hochpolytänen Fibrillenverband ihre Individualität bewahrt. Nach Einbau von radioaktivem Thymidin in die Furchungschromosomen von *Chironomus* und nach der Aufzucht derartig markierter Embryonen zu erwachsenen Larven (BEERMANN und PELLING 1962) zeigen einzelne Speicheldrüsenchromosomen tatsächlich die „Einzelstrangmarkierung", d. h. nicht der ganze Chromosomenquerschnitt ist radioaktiv, die Radioaktivität beschränkt sich vielmehr auf eine schraubig gewundene Spur, die man auch durch Inversionsschleifen hinweg von einem bis zum anderen Ende des Chromosoms verfolgen kann (Abb. 27). Da Chromosomen mit Einzelstrangmarkierung nur einzeln und auf wenige Zellkerne zerstreut vorkommen, muß die Markierung schon mehrere Zellteilungen vor Beginn der Polytänisierung erfolgt sein. Es muß sich um ehemalige mitotische Chromatiden handeln, die in ihrer ganzen Länge gleichmäßig markiert sind, und die nun — immer noch als Einheiten — die Riesenchromosomen durchziehen. Daneben liefern die Bilder einen hübschen Beweis für den kabelartigen, schraubigen Aufbau der Riesenchromosomen.

4. Wachstum und Entwicklung

a) Der Ablauf der Polytänisierung

Nach der Polytäniehypothese wachsen die Riesenchromosomen durch Vermehrung ihrer Längselemente. In Übereinstimmung mit dem Normalverhalten der Chromosomen in Mitose und normaler Endomitose (vgl. GEITLER 1955) müßte die Vermehrung der Längselemente rhythmisch, und zwar auf dem Wege schrittweiser Verdoppelung vor sich gehen. Diese Erwartung wird durch den Einbau von radioaktiv markiertem Thymidin in die DNS der Riesenchromosomen bestätigt (vgl. Abb. 82). Der Endomitosezyklus verläuft ohne einen auffälligen Formwechsel; BAUER (1940) spricht deshalb von „Kryptoendomitosen". Doch finden sich in rasch wachsenden Speicheldrüsen junger *Chironomus*-Larven verschiedene Varianten der Kernstruktur, insbesondere mit Hinsicht auf den Spiralisierungs- und

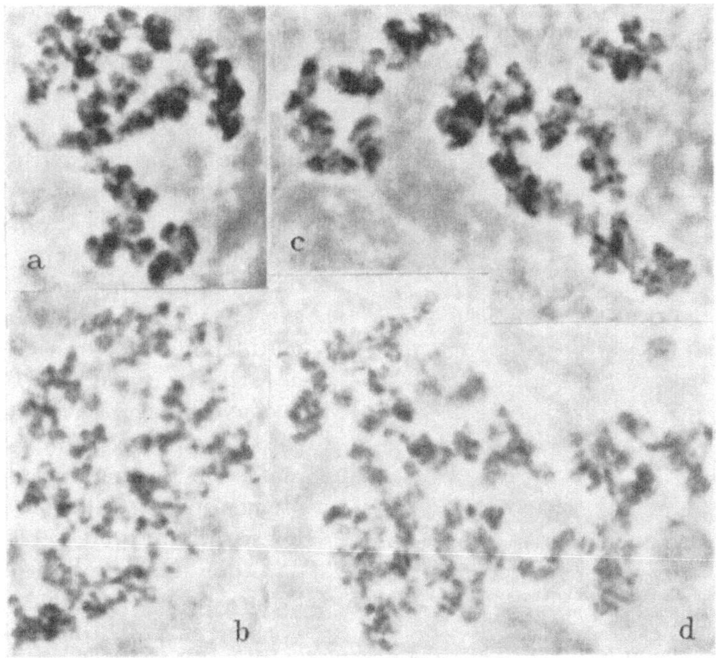

Abb. 28. 4 Kerne aus der Speicheldrüse des 2. Stadium von *Chironomus tentans* (Kerndurchmesser 15—20 μ). Verschiedene Grade der Knauelung und Polytanie. Vergroßerung 1800fach. Nach BEERMANN 1952a.

Streckungszustand der Chromosomen (BEERMANN 1952 a, vgl. Abb. 28), die sich als verschiedene Stadien eines endomitotischen Formwechsels deuten lassen. Ähnliches vermutet PAINTER (1941). Rhythmisches Wachstum der Chromosomen mit schrittweiser Verdoppelung der Längselemente kann indirekt durch Messung des DNS-Gehaltes oder des Volumens der Zellkerne nachgewiesen werden. Die direkte Bestimmung des Polytäniegrades nach morphologischen Kriterien (Anzahl der Granula, Anzahl der „Fibrillen"-Querschnitte etc.) hat sich bisher als unmöglich erwiesen (vgl. S. 72).

Von den genannten Verfahren ist die Volumenbestimmung technisch einfacher, aber natürlich weniger verläßlich, weil das Volumen des Zellkernes auch von dem physiologischen Zustand der Zelle abhängt (vgl. z. B. LIPP 1953, sowie Abb. 29). Zudem scheint zwischen der Anzahl der Chromosomensätze und dem Kernvolumen nicht immer eine direkte Relation zu bestehen. Gut stimmen z. B. die Messungen von G. HERTWIG (1935) mit der Erwartung einer direkten Proportionalität überein. Für die Volumina der Zellkerne larvaler Organe von *Drosophila*, insbesondere der Speicheldrüsen, findet HERTWIG eine Häufigkeitsverteilung, die 8—9 Gipfel aufweist, und diese Gipfelwerte bilden eine genaue Verdoppelungsreihe. Die größten Speicheldrüsenkerne bei *Drosophila* würden darnach 1024-ploid sein (siehe unten). Dagegen sollen bei *Anopheles* (BOGOJAWLENSKI 1935) die Kernvolumina in jedem Wachstumsschritt nur um den Faktor 1,5 zunehmen, und bei *Calliphora* (WAGNER 1951) unterscheiden sich die Kerngrößenklassen im Mittel um den Faktor 2,5. Die Speicheldrüsenkerne von *Chironomus*-Larven wachsen ebenfalls rhythmisch, doch kann man hier die Maxima wieder in eine Verdoppelungsreihe einordnen (BESSERER 1956): „Von der Eilarve bis zur Puppe machen die Kernvolumina 12—14 Verdoppelungsschritte durch". Danach müßten die Speicheldrüsenkerne von *Chironomus* Polytäniestufen von 2^{13} bis 2^{15}, also 8192 n und sogar 32.768 n erreichen. Auf das einzelne, ungepaarte Chromosom bezogen, ergäbe das Chromatidenanzahlen von mindestens der Hälfte dieser Werte.

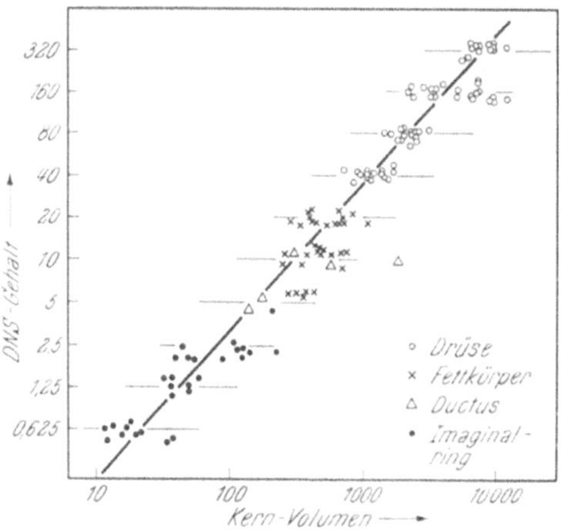

Abb. 29. DNS-Menge (in willkürlichen Einheiten) und Volumen (in μ^3) von Kernen aus verschiedenen Geweben von *Drosophila melanogaster*. Fixierung in 10%igem neutralen Formol, Feulgen, Totalpräparate. Die Werte gelten für 560 mμ. Nach SWIFT und RASCH aus ALFERT 1954.

Zuverlässigere Polytäniewerte sollte man durch die cytophotometrische Bestimmung der DNS-Menge pro Zellkern erhalten. Diese Möglichkeit setzt voraus, daß der DNS-Gehalt des Zellkernes im Mittel der Anzahl der vorhandenen Chromosomensätze direkt proportional ist („DNS-Konstanz"). Die These der DNS-Konstanz hat sich bei der Anwendung von cytophotometrischen und anderen Bestimmungsmethoden in den letzten Jahren für zahlreiche verschiedene Objekte aus dem Tier- und aus dem Pflanzenreich immer wieder bestätigt (zusammenfassende Darstellungen bei SWIFT 1953, VENDRELY und VENDRELY 1956, u. a.). Die Fehlerbreite der Methode liegt bei etwa ± 15%; hierin müssen auch die durch eventuelle Asynchronie der DNS-Verdoppelung (S. 113) verursachten Abweichungen noch eingehen. Zur Bestimmung der Wertigkeit von polytänen Zellkernen ist die cytophotometrische Methode erstmalig von KURNICK und HERSKOWITZ (1952) angewandt worden. Die Meßwerte beziehen sich hier nicht wie sonst auf die Feulgen-Reaktion, sondern auf eine standardisierte Methylgrünfärbung der DNS, die sich in Modellversuchen ebenfalls als stöchiometrische Reaktion erwiesen hatte. Es wurden nur 15 Speicheldrüsenkerne verschiedener Altersklassen von *Drosophila*-Larven gemessen, mit dem Resultat, daß die größten Kerne etwa 420mal soviel DNS enthalten wie embryonale Zellkerne diploider Wertigkeit. Dies stimmt mit den Volumenmessungen von HERTWIG (siehe oben) insofern gut überein, als die gefundene maximale Steigerung der DNS-Menge gegenüber dem Ausgangswert ebenfalls durch

8—9 Verdoppelungsschritte zu erreichen wäre. Umfangreicheres Material zur gleichen Frage haben SWIFT und RASCH (zitiert nach ALFERT 1954) beigesteuert (Abb. 29). Diese Daten gründen sich auf die cytophotometrische DNS-Bestimmung in Feulgen-gefärbten Zellkernen verschiedener Zelltypen, hauptsächlich der Speicheldrüse, von *Drosophila*-Larven. Wie das Diagramm zeigt, fallen die DNS-Werte in 10 Klassen, die eine Verdoppelungsreihe bilden, wobei in der Speicheldrüse im dritten Larvenstadium nur die vier höchsten Werte vertreten sind. Die Streuung ist so gering, daß es zu einer Überschneidung der DNS-Klassen nicht kommt, im Gegensatz zu den Werten der gleichzeitig ermittelten Kernvolumina, die über zwei Klassenbreiten hinweg streuen können. Auch aus diesen Daten ergibt sich für die Polytäniestufe von *Drosophila*-Speicheldrüsenkernen der Maximalwert von 1024 n.

Die DNS- und Volumenbestimmungen an den polytänen Zellkernen demonstrieren noch einmal die Tatsache, daß die Riesenchromosomen aus sehr viel mehr Elementarfibrillen aufgebaut sind als man ursprünglich angenommen hatte (S. 28). Die erschlossenen Maximalwerte — 1024 bei *Drosophila melanogaster* oder 32.768 n bei *Chironomus* — sind aber nicht so ungewöhnlich hoch wie es zunächst scheinen mag. Bei *Hemipteren* und *Lepidopteren* sind Polyploidiestufen von mehr als 2048 n ebenfalls keine Seltenheit (z. B. GEITLER 1938).

b) Das Längenwachstum

Unter sonst konstanten Bedingungen steigt die Länge der Riesenchromosomen proportional zu ihrer Fibrillenanzahl. Der Längenzuwachs pro Verdoppelungsschritt läßt sich am zuverlässigsten in zygotisch triploiden (bzw. trisomen) Tieren ermitteln, deren Riesenchromosomen unvollständig gepaart sind (BEERMANN 1959). Triploide oder für das vierte Chromosom trisome Tiere sind in der Nachkommenschaft von *Chironomus*-Spezies-Bastarden aufgetreten (BEERMANN 1953, vgl. auch BAUER und BEERMANN 1952 a). Dabei bleibt das vierte Chromosom oft in der Weise ungepaart, daß eines der drei Homologen einzeln liegt, während die beiden anderen vollständig miteinander vereinigt sind (Abb. 30). Vergleicht man innerhalb eines Zellkernes die Länge des „diploiden" Elementes mit derjenigen des „haploiden", das ja nur halb so viele Längselemente enthält, so stellt sich heraus, daß das diploide Element um etwa 20% länger ist (Längenverhältnis haploid/diploid 0,82 ± 0,022). Setzt man voraus, daß dieser Wert das gesuchte Längeninkrement pro Verdoppelungsschritt darstellt und rechnet man mit insgesamt 12—14 Verdoppelungsschritten (siehe oben), so müßten die Speicheldrüsenchromosomen erwachsener *Chironomus*-Larven mehr als 10mal (bei 14 Verdoppelungsschritten etwa 13mal) so lang sein wie die nichtpolytänen Interphase-Chromosomen, aus welchen sie hervorgegangen sind. Mit dieser Rechnung stimmt überein, daß sich die Länge der Speicheldrüsenchromosomen in Kernen von etwa 100 μ Durchmesser gegenüber derjenigen in Kernen von 20 μ Durchmesser gerade verdoppelt, denn der Volumenunterschied entspricht vier Verdoppelungsklassen, und der daraus berechnete Längenunterschied beträgt theoretisch $1 : 0,82^4 = 1 : 0,45$. Natürlich müssen in anderen Organen von *Chironomus,* z. B. in den Malpighigefäßen, und überhaupt bei anderen Spezies, z. B. *Drosophila,* andere Relationen gültig sein, denn hier erreichen die Riesenchromosomen die gleiche oder eine noch größere Länge bei viel geringeren Polytäniegraden (vgl. S. 19). Wollte man dennoch mit etwa gleichen Längeninkrementen rechnen, so müßte man höhere Anfangslängen ansetzen. Diese Fragen sind noch nicht geprüft.

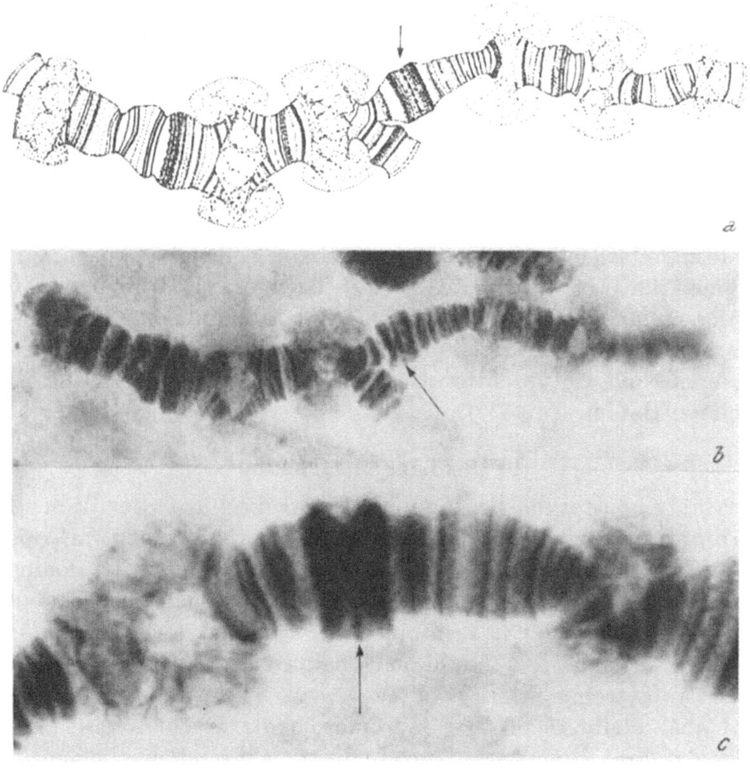

Abb. 30. Das 4. Speicheldrusenchromosom in triploiden Bastarden von *Chironomus tentans* und *pallidivittatus.* „Kopf an Kopf"-Paarung (Pfeil) und gewöhnliche Lateralpaarung. Das lateral nicht gepaarte Element ist deutlich kürzer als die beiden gepaarten Elemente.

Mit fortschreitendem Längenwachstum erhöht sich die Anzahl der erkennbaren Querscheiben. Im vierten Chromosom der Speicheldrüsen von *C. tentans* zählt man in erwachsenen Larven (Durchmesser der Kerne etwa 100 μ) rund 150 Querscheiben, im Gegensatz zu bloß 70 Querscheiben in Speicheldrüsen des zweiten Larvenstadiums (Durchmesser der Kerne etwa 20 μ). Damit stimmt überein, daß auch die Chromosomenlänge vom zweiten bis zum vierten Larvenstadium ungefähr verdoppelt wird. Der unmittelbare Zusammenhang zwischen Erkennbarkeit der Querscheiben und Chromosomenlänge wird an anderer Stelle (S. 70) diskutiert: Es scheint, daß mit zunehmender Streckung der Längselemente die Ordnung innerhalb des polytänen Chromosoms in zweierlei Hinsicht gesteigert wird, einmal durch Vergrößerung der Querscheibenabstände, die die physische oder optische Trennung vorher einheitlich erscheinender benachbarter Querscheiben gestattet; zum anderen auch durch eine exaktere Paarung, die eine präzisere Definition der einzelnen Querscheibe ermöglicht. Besonders die feineren Querscheiben können als solche nur bei exakter Ausrichtung der Einzelchromomeren erkannt werden.

Die Frage der Querscheibenabstände ist wahrscheinlich die zentrale Frage des Längenwachstums der Riesenchromosomen überhaupt. Muller (1935), Cooper (1938) und Caspersson (1940 a) haben bereits mit der Möglichkeit gerechnet, daß sich der Länge der Riesenchromosomen nach Subtraktion aller Zwischenscheibenbereiche womöglich gerade auf die Länge prophasischer Mitosechromosomen reduziert. Wenn man einmal voraussetzt, daß tatsächlich nur die „Zwischenscheiben" wachsen, so kann man hier unter „Wachstum" zweierlei verstehen, einmal eine bloße Dehnung von Verbindungsstücken (Entspiralisierung, z. B. Painter 1941), zum anderen aber ein echtes Wachstum unter Substanzaufnahme („Intussusception"). Gegen die letztere Möglichkeit spricht nicht, daß die „Zwischenscheiben" relativ zu den Querscheiben außerordentlich substanzarm sind und wahrscheinlich ein sehr lockeres Maschenwerk von fibrillären Verbindungsstücken darstellen (vgl. auch Abb. 18 *a* und S. 141). Gegen sie sprechen auch nicht die genetische Konstanz in der Reihenfolge und Anordnung der Querscheiben und die darin sich äußernde genetische Stabilität der Einzelchromatide; denn diese Stabilität kann auch „dynamischer" Natur sein und läßt auf jeden Fall die temporäre Ein- oder Anlagerung von Proteinen zu, wie z. B. das „puffing" demonstriert. Trotzdem wird man ohne Zwang zunächst der einfacheren Hypothese — Dehnung ohne Substanzaufnahme — den Vorzug geben.

c) Der Formwandel der Riesenchromosomen während der Polytänisierung

Während im Zusammenhang mit den endomitotischen Verdoppelungszyklen der Riesenchromosomen keine auffallenden Formveränderungen beobachtet werden (siehe oben), wirkt sich die Zunahme des Polytäniegrades oft sehr weitgehend auf die äußere Gestalt der Chromosomen aus. Dabei ändern sich nicht bloß die Proportionen, sondern es kann auch zu einem regelrechten, gesetzmäßigen Formwandel kommen. Die einzelnen Phasen dieser Metamorphose sind besonders deutlich in der Entwicklung der Speicheldrüsen- und Malpighigefäß-Chromosomen von *Chironomus* ausgeprägt (Beermann 1952 a), wo sie früher (Alverdes 1912, Sengün 1948) vielfach zu Fehlinterpretationen Anlaß gegeben haben. Weniger auffällige, aber im Prinzip wohl die gleichen Formwandelprozesse können auch bei polytänen Chromosomen anderer Herkunft beobachtet werden, doch liegen bisher nur kurze Mitteilungen von Buck (1937) über *Sciara*, und von *Frolova* (1938) über *Drosophila*, vor.

Nach der Darstellung von Buck bilden die Chromosomenpaare in den embryonalen Kernen diploider Wertigkeit zarte, mit Doppelchromomeren besetzte Fäden. Kurz bevor die Larven ausschlüpfen, soll die Polytänisierung beginnen. Die Chromomeren vereinigen sich zu Querscheiben, während die Chromosomen länger werden. Dabei legen sich die Chromosomen in Schraubenwindungen. Die schraubige Windung wird zunächst stärker, geht in eine unregelmäßige Knäuelung über und macht dann, bei zunehmender Anzahl der Längselemente, wieder einer regelmäßigen Spiralisierung Platz. Mit zunehmender Dicke der Chromosomen werden die Schraubenwindungen allmählich lockerer. Die Deutung dieses Formwandels bereitet keine Schwierigkeiten. Wahrscheinlich besitzen die *Sciara*-Chromosomen zunächst Bandform, d. h. die Längselemente ordnen sich bevorzugt schichtweise an.

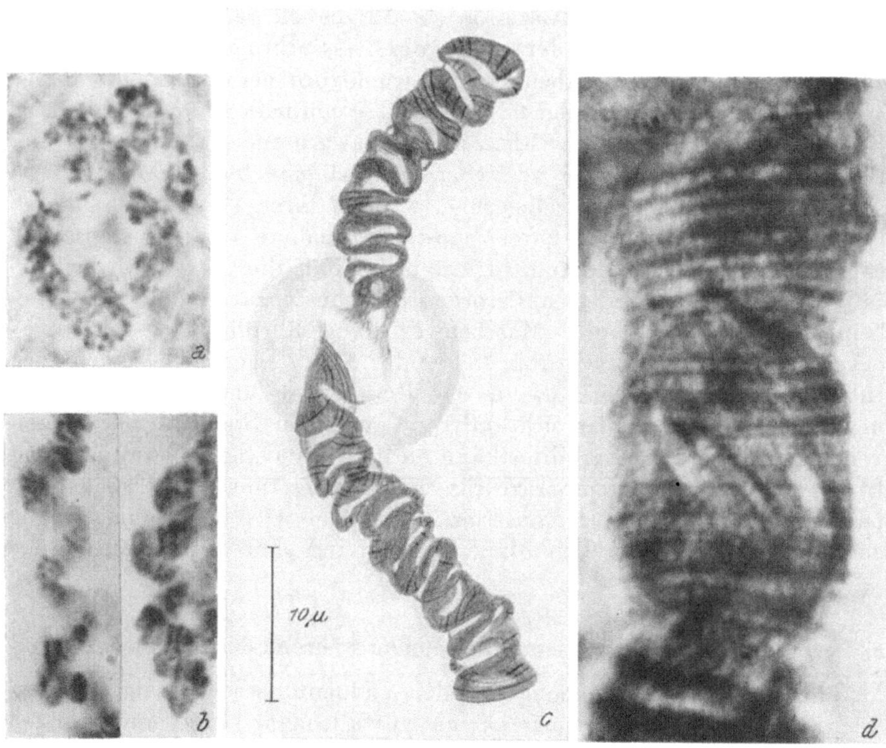

Abb. 31. Formwechsel der Speicheldrüsenchromosomen von *Chironomus tentans* während der Polytanisierung. *a*: Knäuelstadium, *b*: Spiralstadium, *c*: Maanderstadium *d*: Kabelstruktur im Endzustand. Alle Bilder 2000fach. Nach Beermann 1952a.

Die Torsion der Fibrillen muß sich unter dieser Voraussetzung dahin auswirken, daß das Band sich spiralisiert. Später, wenn mit zunehmender Polytänie das Band allmählich zu einem Kabel aufgefüllt wird (vgl. die Verhältnisse bei *Chironomus*, siehe unten), muß die äußere Spiralisierung sich wieder verlieren.

Der Formwechsel der Riesenchromosomen von *Chironomus* (Beermann 1952 a) beginnt auf den frühesten Stufen der Polytänisierung mit der Herausbildung eines charakteristischen „Knäuelstadiums" (Abb. 31). In diesem Stadium bilden die Chromosomen also sehr schmale, lange Bänder, die (in den Speicheldrüsen und Malpighigefäßen) zu unregelmäßigen, dichten Knäueln aufgerollt sind. Mit zunehmender Polytänie, d. h. mit zunehmender Breite der Chromosomen, wird die Knäuelung lockerer und geht in eine mehr oder minder regelmäßige Schraubenstruktur über („Spiralstadium"). Dem Spiralstadium folgen bei höheren Polytäniestufen das bereits auf S. 17 ausführlich charakterisierte „Mäanderstadium" (vgl. auch Abb. 11) und endlich die massive Kabelstruktur.

In den Diskussionen um die Entwicklung der Riesenchromosomen von *Chironomus* nimmt naturgemäß das „Mäanderstadium" eine Schlüsselstellung ein. Sengün (1948) spricht von einem „Blöckchen"-Stadium, das er sich durch Zerfall des schraubigen primären Polytänchromosoms in seine

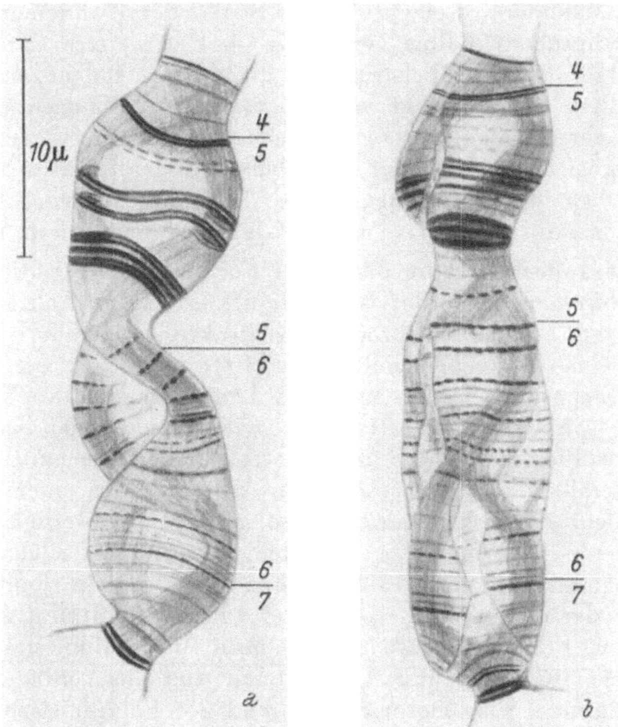

Abb. 32. Mäanderstruktur (*a*) und beginnende Kabelstruktur (*b*) im 3. Malpighigefäß-Chromosom von *Chironomus tentans*.

Spiralumgänge entstanden denkt. Die einzelnen Bruchstücke sollen sich dann zu den Blöckchen umformen, in welchen durch Umschmelzung und Neuordnung des chromatischen Materials neue querscheibenartige Strukturen entstehen sollen. Auf diese Weise wird von Sengün das Zustandekommen der von ihm behaupteten Variabilität des Querscheibenmusters erklärt (S. 89). Wie aber schon mehrfach betont wurde (S. 17 ff.), besteht von der Morphologie her überhaupt kein Widerspruch zwischen der Struktur der „Mäander" und der Polytänie. Im Gegenteil, als Übergangsstadium zwischen der typischen Schraubenstruktur des Spiralstadiums und der Kabelstruktur der massiv-zylindrischen Riesenchromosomen ist das „Mäander"-Stadium mit seiner charakteristischen äußeren Gestalt und mit seinen eigenartigen Querscheibenformen geradezu zu fordern.

Der Übergang von der äußeren zu der inneren Schraubenstruktur wird, wie man sieht, durch die Vermehrung der Elementarfibrillen induziert. Wenn sich alle Fibrillen, wie gefordert, in einer Ebene anordnen würden, dann wäre dieser Übergang allerdings nicht ganz verständlich. Es muß deshalb eine wannenartige Aufkrümmung des Fibrillenbandes hinzukommen, wie dies bereits Muller (1935) in anderem Zusammenhang ausgesprochen hat (vgl. Zitat auf S. 26). Ein äußerlich schraubiges Chromosom kann die Gestalt einer durchlaufenden Rinne natürlich nicht annehmen; es muß sich deshalb auffalten und kräuseln („Kräuselungsphase" nach Wolf 1957). Jeder „Mäander" ist eigentlich eine Beule oder Wanne und entspricht etwa einer Schraubenwindung (vgl. Abb. 8). Der weitere Übergang vom „Mäander"-Stadium zur Kabelstruktur vollzieht sich, indem immer weitere Fibrillenschichten neu angelegt werden, die die Wölbungen („Wannen") nach außen verschließen und von innen her immer weiter ausfüllen (Abb. 32). Dabei ordnet sich der Fibrillenverband allmählich so um, daß die Querscheiben in ihrer ganzen Breite senkrecht zur neuen Hauptachse des Chromosoms ausgerichtet werden („Glättungsphase" nach Wolf 1957).

Selbst der äußerlich recht drastische Formwandel der Riesenchromosomen von *Chironomus* erfordert also keinesfalls die Annahme einer prinzipiellen Reorganisation der Chromosomenstruktur. Er kann vielmehr als das Resultat eines Zusammenspiels von Kräften angesehen werden, die auf bestimmten Eigenschaften der einzelnen Längselemente des Chromosoms beruhen. Als solche Eigenschaften sind, wie schon einmal betont wurde (S. 25), zu postulieren: 1. Die Schraubenstruktur der Elementarfibrille und 2. ein bilateral-symmetrischer Aufbau, der sich in einer gerichteten Paarungstendenz auswirkt, und zwar so, daß vorzugsweise eine schichtartige Aneinanderlagerung der Fibrillen erfolgt. Der Querschnitt der Einzelfibrille muß außerdem so beschaffen sein bzw. die Paarungskräfte müssen einen derartigen Winkel zueinander bilden, daß nicht genau ebene Schichten von Fibrillen entstehen, sondern hohlzylindrisch-gekrümmte Folien (Muller 1935). Bei anderen Dipteren sind die Veränderungen der äußeren Gestalt der Chromosomen während der Polytänisierung nicht so ausgeprägt wie bei *Chironomus*, wohl deshalb, weil die Fibrillenstruktur überhaupt schlaffer ist (geringere Torsionstendenz?), und weil nicht so hohe Polytäniestufen erreicht werden. Durch das Nachlassen dieser Faktoren wird vor allem das Mäanderstadium betroffen, das dabei immer mehr zugunsten der einfacheren Schraubenstruktur zurücktritt.

5. Somatische Paarung

a) Allgemeines

Die parallele, paarweise Anordnung der homologen Chromosomen in der mitotischen Metaphase ist für die Dipteren typisch. Sie wurde als „somatische Paarung" erstmals von Metz (1916) beschrieben. Zweifellos ist die metaphasische „Paarung" nur die Folge, oder besser der Überrest, eines noch engeren, vollständigen Zusammenschlusses der Homologen im interphasischen Kern (Metz, l. c., Cooper 1948, u. a.). Das folgt schon aus einem Vergleich des Paarungszustandes in der Metaphase mit dem in der frühen Prophase, in welcher die Chromosomenpaare oft wie einheitliche Chromosomen aussehen. Die Vollständigkeit des interphasischen Zusammenschlusses drückt sich am deutlichsten in der Homologenpaarung der Riesenchromosomen aus. Die Dimensionen der Riesenchromosomen und die detaillierte Querscheibenmusterung erlauben es auch, über den Paarungsmodus und den Ablauf der Paarung die genauesten Aussagen zu machen.

Dieser technische Vorteil wäre für sich allein natürlich kein zureichender Grund, um an dieser Stelle das Phänomen der somatischen Paarung ausführlich zu behandeln. Zwischen der somatischen Paarung und der Polytänie besteht ein tieferer Zusammenhang. Beide Phänomene sind wahrscheinlich verschiedene Wirkungen ein- und derselben Ursache (S. 149 ff.). Dies wird schon bei einer grundsätzlichen Gegenüberstellung zur meiotischen Paarung deutlich und kommt in der Untersuchung der verschiedenen Varianten und des Paarungsablaufes (Abs. b und c) immer wieder zum Ausdruck.

Die somatische Paarung der Riesenchromosomen haben Heitz und Bauer (1933), King und Beams (1934) und Painter (1933, 1934 c) entdeckt. Sie bildete ein wesentliches Argument für die Chromosomennatur der „Kernschleifen" (S. 6). Die Verwandtschaft, aber auch die Unterschiede zur meiotischen Chromosomenpaarung mußten dabei besonders ins Auge fallen. Nach King und Beams ist die somatische „Synapsis" bei *Chironomus* „not a simple approximation of the homologous chromosomes, but an accurate pairing, part by part, and is comparable to meiotic synapsis". Die Betonung liegt hier auf „Synapsis", auf dem tatsächlichen Zusammenschluß (wie in der Meiose), während die somatische Paarung, so wie sie damals oft aufgefaßt wurde, nur als „Distanzpaarung" galt. Was King und Beams noch nicht wissen konnten, das ist die Tatsache, daß die somatische „Synapsis" in der Innigkeit und der Präzision des Zusammenschlusses noch weit über die meiotische hinausgeht. Geyer-Duszinska (1957) und Keyl (1958) ist die Erzeugung simultaner, isolokaler Brüche („Diploid-Brüche") in somatisch gepaarten Chromosomen gelungen (vgl. S. 42). In diesen Versuchen verhielten sich die Chromosomenpaare den Röntgenstrahlen gegenüber wie einheitliche Chromosomen. Bei meiotischen Bivalenten ist dies niemals beobachtet worden.

Daß auch der Mechanismus der Paarung in der somatischen „Synapsis" ein anderer sein muß wie in der Meiose, ergibt sich aus Beobachtungen an Triploiden. Für die Meiose gilt nach Darlington (1937) und nach anderen Autoren die als „two by two pairing" bezeichnete Gesetzmäßigkeit, die den Zusammenschluß von mehr als zwei homologen Chromomeren in einem Punkt verbietet. Dagegen vereinigen sich in den somatischen Kernen von triploiden Dipteren die drei Chromosomensätze regelmäßig zu einem haploiden Satz von vollständig, d. h. Querscheibe für Querscheibe gepaarten, Trivalenten (Bridges 1935 a). Es handelt sich im eigentlichen Sinn des Wortes also gar nicht um eine „Paarung". Auf diesen Widerspruch zum meiotischen Verhalten macht bereits Bauer (1935) aufmerksam.

Für einen qualitativen Unterschied zwischen meiotischer und somatischer Paarung spricht ferner das Vorkommen einer „nicht-homologen" Paarung in meiotischen Prophasestadien (McClintock 1933). In somatischen Zellkernen ist etwas Derartiges nach den bisherigen Beobachtungen völlig ausgeschlossen, wenigstens soweit es sich um euchromatische Chromosomenabschnitte handelt. Eine Erklärung für das unterschiedliche Paarungsverhalten in Meiose und Soma scheint sich durch die elektronenoptischen Untersuchungen über die Feinstruktur von gepaarten Pachytän-Bivalenten der verschiedensten Organismen anzubahnen (z. B. Moses 1959). Die hier beobachtete, bei allen Organismen im Prinzip gleichartig gebaute spezifische „Paarungsstruktur", die erst im Laufe der meiotischen Prophase entsteht und später wieder verschwindet, fehlt den somatisch gepaarten Chromosomen vollständig; sie ist unifacial ausgerichtet und erlaubt die Vereinigung von mehr als zwei Partnern in einem Punkte nicht.

Trotz aller Gegensätze könnten natürlich die Kräfte, die die Annäherung homologer Elemente in der meiotischen Prophase bewirken, die gleichen sein, die die gegenseitige Annäherung der homologen Chromosomen in somatischen Zellkernen verursachen. Welcher Art diese Kräfte sind, ist unbekannt. Daß sie nicht, wie Hinton (1946) meint, über weite Distanzen hinweg wirken müssen, hat Cooper (1948) gezeigt. Nach Bauer (1935) sind die Paarungskräfte auf jeden Fall in den Querscheiben, nicht den Zwischenscheiben, lokalisiert, wobei die Attraktion offensichtlich nicht in allen Querscheiben gleich stark sein kann (Varianten der Bündelungstendenz, Einschnürungen, intermittierende Homologenpaarung, siehe unten).

b) Der Paarungsmodus und seine Varianten

Bei vollständiger Paarung sind die Homologen zu einheitlichen Riesenchromosomen verschmolzen. Furchen oder Einkerbungen, die den paarigen Aufbau verraten und die Kontaktzonen markieren könnten, fehlen. Jede einzelne Querscheibe bildet eine morphologisch unauflösbare Einheit. Die Längselemente beider Homologen sind also zu einem einheitlichen Fibrillenverband zusammengefaßt, vielleicht sogar unter teilweiser Durchmischung und Verflechtung der Einzelelemente. Es verwundert nicht, daß Versuche, die beiden Partner mit Mikronadeln gewaltsam zu trennen, mißlingen (Buck 1942). Ebenso erfolglos ist die Anwendung stärkeren Druckes bei der Herstellung von Quetschpräparaten.

Die Spezifität und die Präzision der somatischen Paarung wird besonders deutlich bei struktureller Heterozygotie der beiden gepaarten Partner. Hier zeigt es sich, daß die Paarungskräfte in jedem einzelnen Chromosomenabschnitt bis zur einzelnen Querscheibe hinab autonom wirksam werden. Im mikroskopischen Bild entstehen so die Schleifenfiguren heterozygoter Inversionen oder die Kreuzfiguren der Translokationen und die anderen, oft sehr komplizierten Paarungsbilder, wie sie bei Kombination mehrerer Chromosomenmutationen im heterozygoten Zustand zu erwarten sind (vgl. Abb. 56). Aus rein mechanischen Gründen ist eine vollständige Paarung aller beteiligten Chromosomenabschnitte bei Strukturheterozygotie, besonders bei sehr kurzen Inversionen, Duplikationen, Deficiencies oder auch bei einander übergreifenden Inversionen nie zu erwarten. Oft sind aber noch translozierte Abschnitte von weniger als 10 Querscheiben

Länge mit den homologen Abschnitten durchgepaart (Abb. 33). Die hohe Paarungsspezifität hat für die Feststellung von Homologiebeziehungen und für die Analyse von Chromosomenmutationen in der Cytogenetik große methodische Bedeutung erlangt.

Ist innerhalb desselben Chromosoms der gleiche Abschnitt mehrfach vorhanden, so faltet sich das Chromosom entsprechend. Merkwürdige Paarungs-

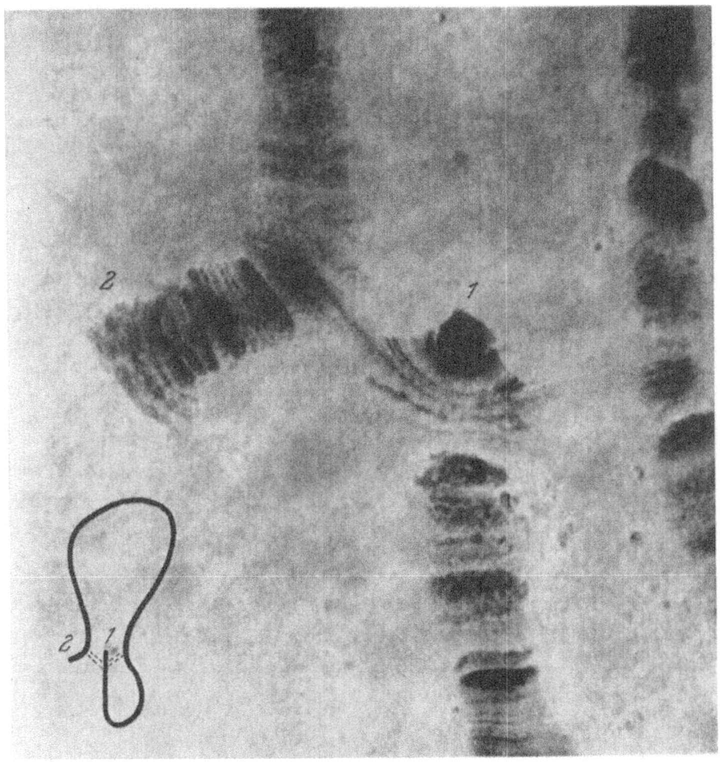

Abb. 33. Paarung von kurzen duplizierten Abschnitten (repeats) des X-Chromosoms von *Sciara ocellaris*. Nach METZ und LAWRENCE 1938. Vergrößerung 1500fach.

konfigurationen entstehen, wenn die duplizierten Abschnitte unmittelbar aneinander anschließen und spiegelbildlich angeordnet sind („reverse repeats", BRIDGES 1935 a). Je nach der Länge des „reverse repeat" bilden sich seitliche Auswüchse (scheinbare Verzweigungen) oder hühneraugenartige Anschwellungen (bulbs) mit konzentrischer Querscheibenanordnung (HEITZ 1934 bildet derartige Konfigurationen ab). Die richtige Deutung gab erstmalig OFFERMANN (1936, Abb. 34).

Auch bei Strukturhomozygotie können Paarungslücken bestehen bleiben, oder die Paarung ist unvollständig, so daß es nur zur Berührung, aber nicht zum Zusammenschluß der Homologen kommt. Soweit Paarungslücken nur sporadisch in einzelnen Kernen auftreten, müssen zufällige Störungen des Paarungsvorganges die Ursache sein. Zufällig ungepaarte Chromosomenabschnitte sind in fast jedem Präparat von *Drosophila*-Speicheldrüsenchromosomen zu finden. Bei *Chironomus* und anderen Dipteren sind sie selten. Manche Paarungslücken bilden sich gesetzmäßig, d. h. immer an den gleichen Orten, nach BAUER (1935) beispielsweise am linken Ende des Chromosoms III von *Chironomus thummi* (Abb. 35). Das Chromosom IV von *C. thummi* weist ebenfalls sehr häufig Paarungsstörungen auf, besonders im linken Arm. Auch bei anderen *Chironomus*-Spezies neigt das kurze Chromosom IV (Element G nach KEYL 1960 b) zu unvollständiger Paarung, z. B. bei *C. plumosus, C. annularius* u. a., wo es meist überhaupt nicht gepaart ist (vgl. Abb. 1 *f*). Bei *C. tentans* (BEERMANN 1952 a) wurden indivi-

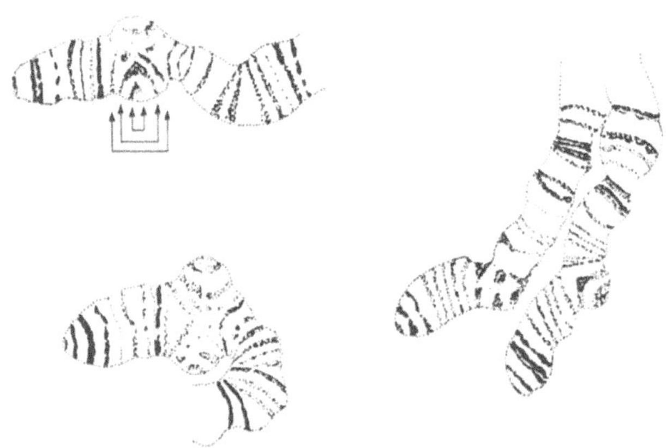

Abb. 34. „Bulb" am linken Ende des X von *Drosophila melanogaster*. Deutung als „reverse repeat", besonders einleuchtend im ungepaarten Zustand (rechts). Nach OFFERMANN 1936.

dualspezifische Unterschiede im Paarungsverhalten des vierten Chromosoms festgestellt. Bei einigen Tieren erscheint das distale Ende des vierten Chromosoms in jedem Speicheldrüsenkern gepaart, bei anderen durchweg ungepaart. Es müssen also genetische Faktoren im Spiele sein, am wahrscheinlichsten genetische Varianten der Chromosomenstruktur im Bereich der Paarungsstörungen selber (siehe unten).

In bestimmten Fällen bleibt die Paarung der Riesenchromosomen nicht abschnittsweise, oder in einzelnen Chromosomen, sondern über den ganzen Chromosomensatz hinweg unvollständig. Typisch ist dieses Verhalten für zahlreiche *Simulium*-Arten (GEITLER 1934, KUNZE 1953 b, ROTHFELS 1956), aber auch für einzelne Chironomiden (*Trichotanypus*, nach BAUER 1936 a). Nach KUNZE waren nur bei einer von vier untersuchten (taxonomisch nicht bestimmten) *Simulium*-Arten die Speicheldrüsenchromosomen vollständig gepaart. ROTHFELS findet, daß auch einander sehr nahe stehende Spezies, wie beispielsweise *Prosimulium hirtipes* „1" und „2" und andere *Prosimulium*-Spezies im Paarungszustand der Riesenchromosomen erheblich voneinander abweichen. Völlig gepaarte Chromosomen besitzen aber nur die wenigsten Arten, z. B. (nach ROTHFELS) *Prosimulium „albionense"* (Abb. 36). Die typische, unvollständige *„Simulium"*-Paarung, wie sie etwa die schon von PAINTER und GRIFFEN (1937) studierte Art *Simulium vittatum* zeigt, läßt sich folgendermaßen charakterisieren (vgl. Abb. 6 *d*): Die

Homologen sind nur streckenweise miteinander in festem Kontakt; auch innerhalb der gepaarten Abschnitte bleibt die Grenze zwischen den Homologen als Einkerbung erkennbar; gepaarte und ungepaarte Zonen gehen fließend ineinander über und wechseln in unregelmäßiger Folge. Eine *S. vittatum* nahestehende *Simulium*-Spezies (*Simulium* „1") hat KUNZE (1953 a) zum Gegenstand einer statistischen Untersuchung über die Verteilung der Paarungslücken gemacht. Das Chromosom 2 dieser Spezies wurde in 60 Speicheldrüsenkernen ein- und desselben Tieres auf den Paarungszustand von 72 definierten Abschnitten geprüft. Das Ergebnis (Abb. 37) spricht eindeutig gegen eine statistische Verteilung der Paarungslücken, aber gleichzeitig gegen eine Beziehung zu übergeordneten Strukturfaktoren, etwa dem Abstand von den Kinetochoren oder den Chromosomenenden. Auch das Paarungsverhalten in invertierten Abschnitten weist darauf hin, daß für den unterschiedlichen Paarungszustand der verschiedenen Chromosomenabschnitte ihre genetische Konstitution maßgebend ist.

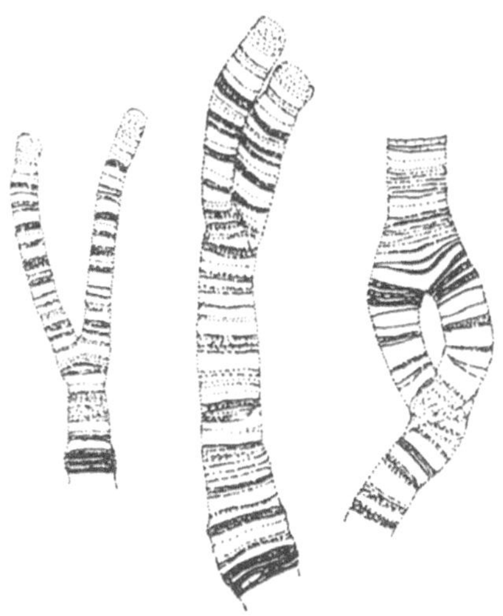

Abb. 35

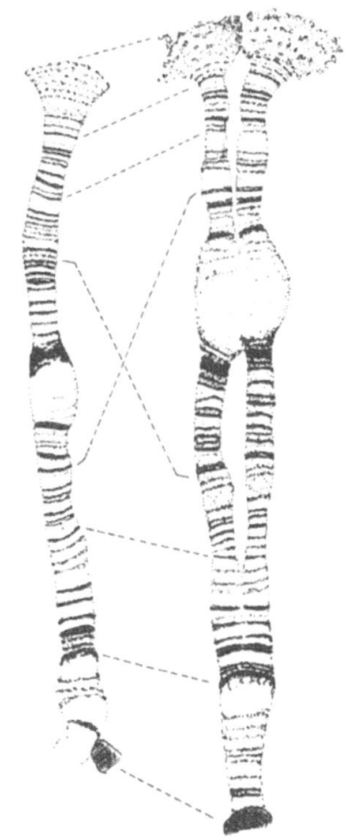

Abb. 36

Abb. 35. Paarungslücken im Speicheldrusenchromosom von *Chironomus thummi*. Nach BAUER 1935.
Abb. 36. Vollständig und unvollstandig gepaarte Chromosomen bei verschiedenen *Simulium*-Arten. Nach ROTHFELS 1956 (siehe Text).

Die Bedeutung genetischer Faktoren für die somatische Homologenpaarung wird durch das merkwürdige Paarungsverhalten der Chromosomen in bestimmten Artbastarden unterstrichen. Schon PÄTAU (1935) schloß aus der mangelhaften Paarung von strukturell identischen Chromosomenabschnitten im Bastard *Drosophila simulans/melanogaster* (vgl. Abb. 37) auf Allelunterschiede als wahrscheinliche Ursache. Daß es sich hierbei nicht um gewöhnliche Allelunterschiede handeln kann, zeigen aber die Verhältnisse bei anderen *Drosophila*-Bastarden. PATTERSON und STONE (1952) erwähnen einen Bastard (*D. virilis/americana*), dessen Chromosomen ähnlich unvollständig gepaart sind wie die von *Simulium*, und DOBZHANSKY (1959) berichtet über einen Bastard, der überhaupt ungepaarte Chromosomen be-

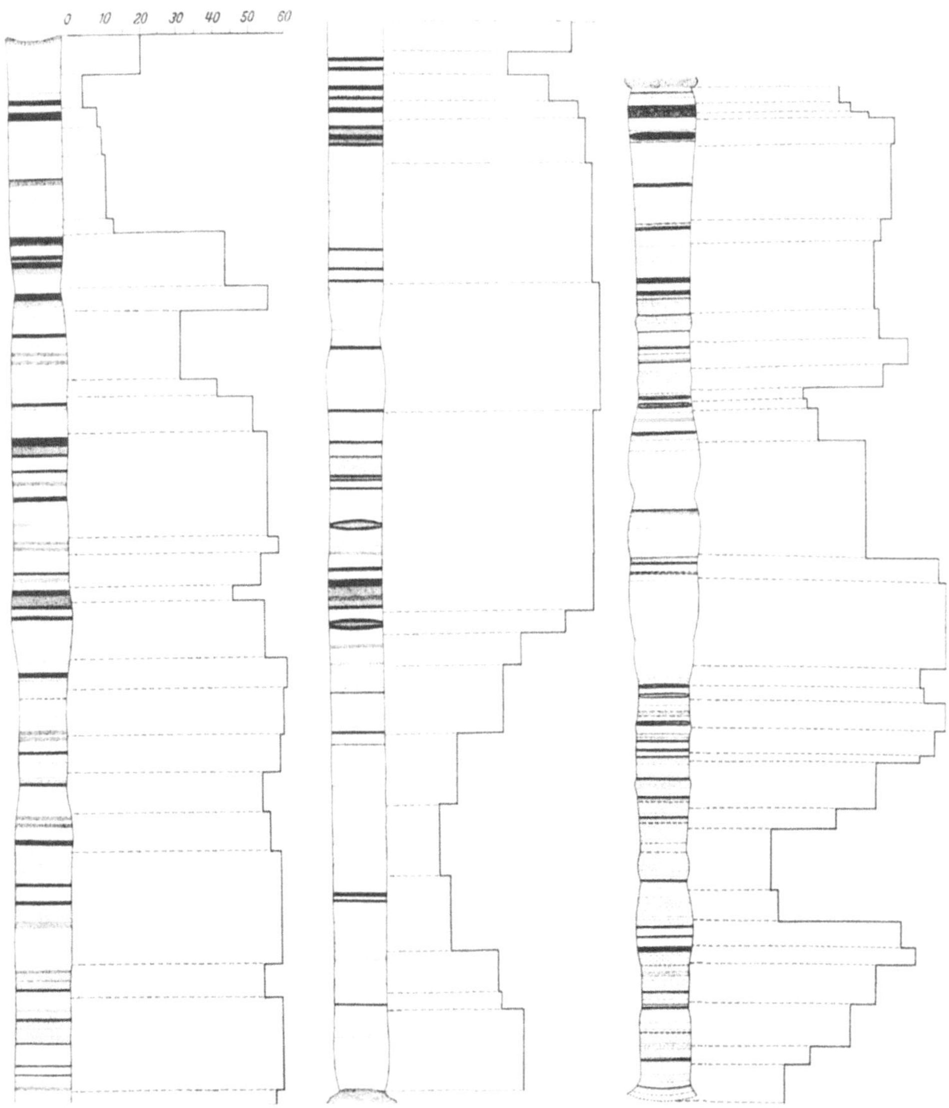

Abb. 37. Karte des Chromosom II von *Simulium spec.* (in 3 Teile zerlegt) und Treppendiagramm der Paarungshaufigkeit. Die Maßeinheiten 0—60 bezeichnen die Zahl der Paarungen in 60 Kernen. Nach KUNZE 1953.

sitzt (*D. insularis* × *D. tropicalis*, vgl. Abb. 104). Es ist nicht anzunehmen, daß bastardierende Schwesterarten sich grundlegend in ihrer genetischen Konstitution unterscheiden, wenigstens was den Informationsgehalt des Genoms betrifft. Es ließe sich eher an eine Art von submikroskopischer Strukturheterozygotie denken, z. B. Verschiedenheiten in der Protein-

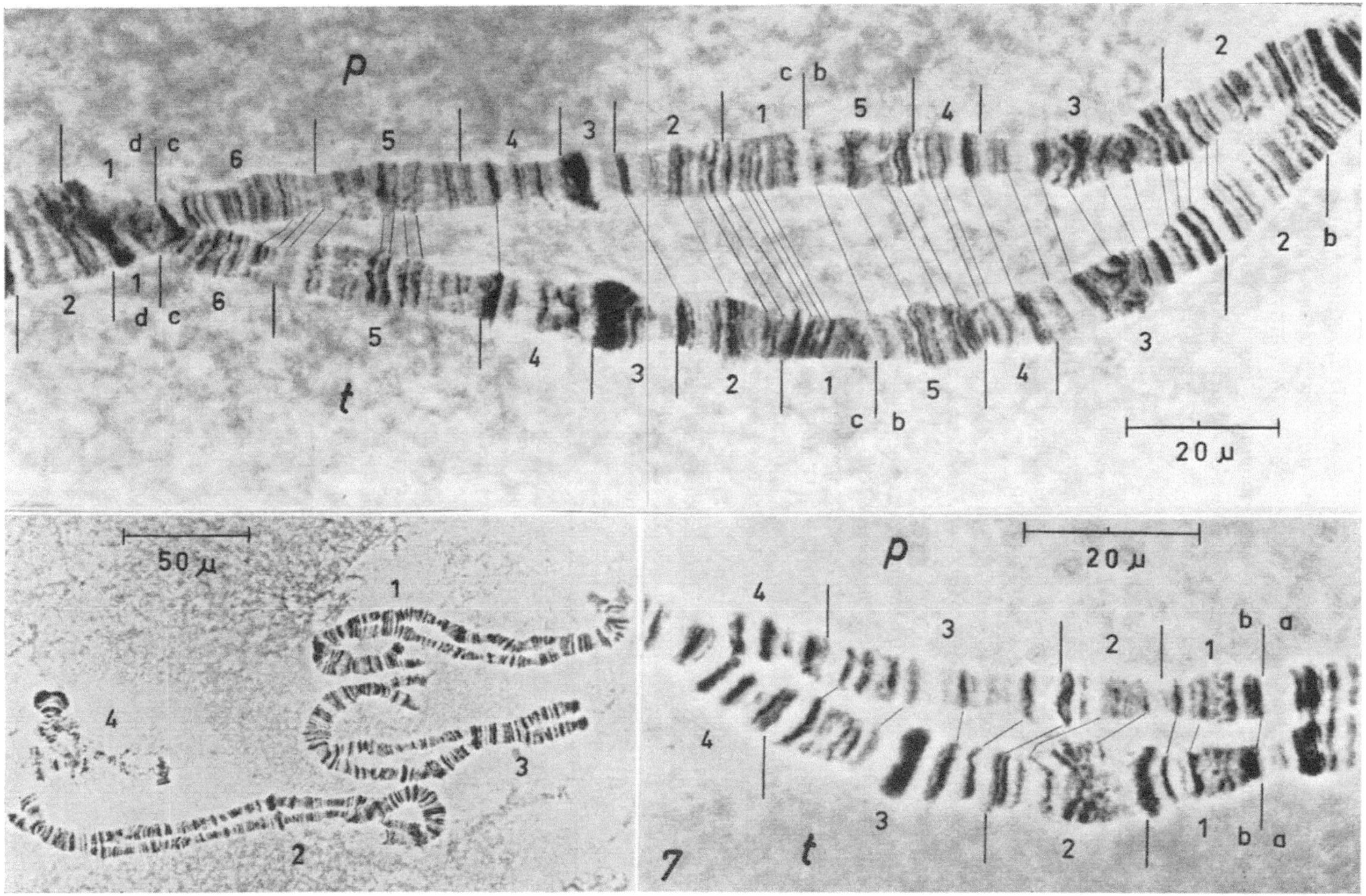

Abb. 38. Unvollständige Paarung als Folge von kleinen Strukturunterschieden bei Bastarden von *Chironomus thummi thummi* (t) und *C. thummi piger* (p). Links unten: ganzer Chromosomensatz. Rechts unten: Mittelabschnitt von Chromosom III. Oben: Mittelabschnitt von Chromosom II. Näheres im Text. Nach KEYL und STRENZKE 1956.

konstitution der Chromosomen. Wie weit sich diese Hypothese auch auf die intraspezifischen Paarungsstörungen bei *Simuliiden* anwenden läßt, bleibt abzuwarten. Die Möglichkeit, daß die „Homozygoten" bei diesen Arten nicht lebensfähig sind, ließe sich durch kontrollierte Aufzucht prüfen. Interessant ist in diesem Zusammenhang das Verhalten von triploiden *Simulium*-Arten, z. B. *Prosimulium* „O" (Rothfels 1956), bei welcher nur 2 der 3 Partner eng gepaart sind. Nach Rothfels (briefl. Mitt.) soll aber der Partnerwechsel zufällig sein. Interessanter wäre die Möglichkeit, daß die ungepaarten haploiden Abschnitte alle dem gleichen Partner angehören.

Daß unabhängig von Allelunterschieden, und unabhängig von echten Chromosomenmutationen (echt im Sinne eines „rearrangement") eine besondere Form der genetischen Variabilität existiert, die den Paarungszustand der Chromosomen beeinflußt, zeigen jene Fälle, wo im Bereich der Paarungslücken gleichzeitig deutliche Differenzen der Querscheibenfeinstruktur auftreten. Eine derartige „unilokale" Strukturheterozygotie wurde bei *Drosophila*-Bastarden (Pätau 1935, vgl. Abb. 37), bei *Sciara*-Bastarden (Metz 1938), bei *Chironomus*-Bastarden (Goldschmidt 1942, Keyl und Strenzke 1956) und auch intraspezifisch bei *Chironomus* (Beermann 1955) beobachtet. Die Unterschiede beschränken sich auf Abänderungen in der Färbungsintensität, in der Dicke, der Granulastruktur oder dem Abstand der Querscheiben („strukturelle Kleinmutationen" nach Beermann 1955, „Strukturabwandlungen" nach Keyl 1961 b, vgl. S. 86, unten). Ein besonders auffälliges Ausmaß erreichen die Strukturabwandlungen bei den Bastarden der äußerlich kaum unterscheidbaren Subspezies *Chironomus thummi thummi* und *C. thummi piger* (Keyl und Strenzke 1956). Die Speicheldrüsenchromosomen der F_1-Bastarde sind auf weite Strecken ungepaart (Abb. 38). Jedes der drei langen Chromosomen weist eine mediane Paarungslücke auf, die sich beiderseits des Kinetochors bis etwa zur Hälfte der Armlänge erstreckt. Dann folgt in jedem Chromosomenarm ein kurzer, vollständig gepaarter Abschnitt. Die Chromosomenenden sind wiederum ungepaart. Das kurze Chromosom IV zeigt nur im terminalen Fünftel vollständige Paarung. Während in den ungepaarten Abschnitten des vierten Chromosoms keine Unterschiede in der Querscheibenstruktur erkennbar sind, ist die Struktur der ungepaarten Regionen der langen Chromosomen zum Teil so unterschiedlich, daß man bei oberflächlicher Betrachtung überhaupt keine Homologien festzustellen vermeint (vgl. Goldschmidt 1942). Nach Keyl und Strenzke kommen diese Unterschiede lediglich „durch unterschiedliche Färbung und Dicke einzelner Querscheiben, jedoch niemals durch Veränderung der Scheibenordnung (Inversionen)" zustande. Die dickeren, stärker färbbaren Querscheiben sind für die Chromosomen von *C. thummi thummi* charakteristisch, der gleichen Subspezies, die auch im Gegensatz zu *C. thummi piger* im Bereich der Kinetochoren deutliche „Auftreibungszonen" (S. 121 ff.) besitzt. Ebenso wie die Bildung der Auftreibungszonen kann man das Dickerwerden und die Vermehrung des DNS-Gehaltes einer Reihe von Querscheiben als eine Heterochromatisierung auffassen, die speziell die Paarungsfähigkeit beeinträchtigt, während sie am „Informationsgehalt" des Genoms nichts ändert.

Gänzlich anderer Natur als die genetisch bedingten Varianten sind die modifikatorischen Schwankungen des Paarungszustandes der Riesenchromosomen. Es ist eine Erfahrungstatsache, daß die Paarungslücken von schlecht gepaarten Chromosomen in ihrer Länge stark variieren. In den Übergangszonen sind also die gleichen Querscheiben in dem einen Fall ungepaart, in dem anderen völlig gepaart. Diese Variabilität wird durch äußere und innere Milieufaktoren beeinflußt, wie die Untersuchungen von E. Goldschmidt (1942, 1947, 1952) an *Chironomus*-Bastarden und *Drosophila* gezeigt haben. In den Bastarden der beiden Subspezies („races") von *C. thummi* (siehe oben) bleiben einzelne Chromosomenarme gelegentlich ganz ungepaart. Betrachtet man die Anzahl der ungepaarten Chromosomenarme in den Zellkernen eines Individuums als Maß für die Vollständigkeit der Paarung, so ergibt sich zwischen dem Paarungszustand der Chromosomen und dem „Alter" (d. h. der Entwicklungsgeschwindigkeit) der Bastardlarven eine direkte Beziehung. Die „jüngeren", d. h. die zuerst präparierten Larven zeigen stets besser gepaarte Chromosomen als diejenigen, die das vierte Larvenstadium später erreichen. Diese Gesetzmäßigkeit hängt sehr wahrscheinlich mit einer anderen Tatsache unmittelbar zusammen. Die Chromosomen der schnell herangewachsenen Tiere sind nämlich immer besonders schlank. Mit der größeren Streckung muß eine Vermehrung der möglichen Paarungskontakte verbunden sein, ein Zusammenhang, der in gleicher Weise ja für die Bündelung der Fibrillen innerhalb jedes Partners gilt (S. 26). Auch die Temperatur wirkt sich auf den Paarungszustand der Riesenchromosomen aus. Nach E. Goldschmidt (l. c.) soll die Paarung der Chromosomen bei *Chironomus* und bei *Drosophila* bei mittleren Temperaturen vollständiger sein als bei der Aufzucht in extremer Kälte oder Wärme.

c) Ablauf der Paarung

Die Existenz von Paarungslücken in an sich paarungsfähigen Bereichen von hochpolytänen Riesenchromosomen wirft zunächst die Frage auf, ob und wieweit der Paarungsvorgang *zeitlich* begrenzt ist. Wie Bauer (1936 a) ausführt, bleibt unter der Voraussetzung einer zeitlich unbegrenzten Paarungsfähigkeit, wie sie die meisten Autoren früher angenommen haben (z. B. Koller 1935), nur die Möglichkeit, daß neben den Anziehungskräften, die die Paarung bewirken, auch abstoßende Kräfte auftreten, und daß beide sich die Waage halten. So jedenfalls sei die Beobachtung zu deuten, daß der Paarungszustand der Chromosomen sich während der Polytänisierung nicht ändert. M. E. Hoover (1938) glaubt demgegenüber für die Chromosomenpaarung (insbesondere bei Strukturheterozygotie) ein Alles-oder-Nichts-Gesetz annehmen zu können, wodurch die Möglichkeit der Paarung auf einen bestimmten Zeitraum eingeschränkt würde, der jedenfalls vor oder zu Beginn der Polytänisierung anzusetzen wäre. Die von Zellkern zu Zellkern wechselnde Ausdehnung der genetisch determinierten Paarungslücken ließe sich dann als Folge von Schwankungen im Streckungs- bzw. Spiralisierungszustand (Cooper 1938) oder auch als Folge von Variationen der verfügbaren Paarungszeit verstehen.

Daß die somatische Paarung der Homologen schon vor Beginn der Polytänisierung weitgehend abgeschlossen ist, wird durch die allgemeine Verbreitung der somatischen Paarung in nicht-polytänen Dipterenkernen nahegelegt. Die Paarung beginnt wahrscheinlich schon mit der telophasischen Entspiralisierung (Metz 1916). Ein hübsches Argument liefert die Beobachtung eines Knotens in *Sciara*-Speicheldrüsenchromosomen (Metz 1937, Abb. 39). Die Möglichkeit zur Herstellung derartiger Konfigurationen im gepaarten Zustand ist sicher nur vor Beginn oder in den ersten Stadien der Polytänisierung gegeben. Ähnlich argumentiert Bauer (1935) im Hinblick auf die intermittierende *Simulium*-Paarung, bei der niemals „interlocking" beobachtet wurde. Wie eng der Zusammenschluß der Homologen in den präsumptiven Speicheldrüsenkernen der Dipterenembryonen schon vor Beginn der Polytänisierung sein muß, ergibt sich aus der Möglichkeit, frühembryonale „Diploidbrüche" zu induzieren (Keyl 1958, vgl. S. 42). Es ist aber nicht auszuschließen, daß die Diploidbrüche nur die Lage von zufällig schon eng gepaarten Chromosomenabschnitten anzeigen, daß also vor Beginn der Polytänisierung im embryonalen Interphasekern noch längst nicht sämtliche möglichen Kontakte zwischen den Homologen realisiert sind. Unter diesen Umständen würde erst das mit der Polytänisierung stets verbundene Längenwachstum, sofern es als Entspiralisierung oder Streckung verstanden wird, die allmähliche Vervollständigung der Paarung herbeiführen können. Einen Hinweis in dieser Richtung geben vielleicht die Beobachtungen von Frolova (1938) an ganz jungen Speicheldrüsenchromosomen von *Drosophila*. Diese sollen nämlich erst mit Einsetzen der Polytänisierung entspiralisiert werden und sich dann vollständig paaren.

Die Annahme einer zeitlich unbegrenzten Paarungsbereitschaft wird durch die beobachteten großen Schwankungen in der Vollständigkeit der Paarung nicht widerlegt, denn sie schließt die Möglichkeit des Auftretens von Gegenkräften oder einer zeitlichen Begrenzung des tatsächlichen Paarungsvorganges nicht aus. Beides bedeutet ja im Grunde dasselbe: Zu einem frühen Zeitpunkt der Larvalentwicklung muß eine Grenze erreicht sein, über die hinaus die Paarung nicht mehr fortschreitet. Die eigentliche Ursache ist wohl in einer allmählichen Einschränkung der Kontaktmöglichkeiten durch die Polytänisierung zu sehen, die sich zweifach auswirkt. Einmal wachsen mit zunehmender Polytänie die Dimensionen der Chromosomen. Damit werden die von den Paarungskräften zu überwindenden Distanzen größer und die Biegungsresistenz der Chromosomen, z. B. im Bereich von Inversionsschleifen, wächst. Zum zweiten bildet die Polytänie selbst dann, wenn der Paarungskontakt noch hergestellt wird, insofern ein Paarungshindernis, als eine völlige Verschmelzung der beiden Partner nicht mehr erreicht wird. Mit steigendem Polytäniegrad verschmälert sich die Kontaktzone zwischen sich paarenden Fibrillenbündeln relativ immer mehr. Es bilden sich also wie bei *Simulium* Doppelbündel mit ∞-förmigem Querschnitt, oder aber es kommt überhaupt nur noch zu einer losen Berührung.

Die zeitlich unbegrenzte Paarungsbereitschaft wird durch die Untersuchungen von Bier (1959) an Nährzellchromosomen von *Calliphora* bestätigt (vgl. S. 39). Hier müssen die „oligotänen" Fibrillen auch in größeren Kernen noch zum Zusammenschluß fähig sein, weil sich anders die Häufigkeit von Nährzellkernen mit vollständig gepaarten (d. h. gebündelten) Chromosomen nicht verstehen ließe. Auch die Rückbildung von Balbiani-Ringen (MECHELKE 1953) führt im Maximum zum vollständigen Zusammen-

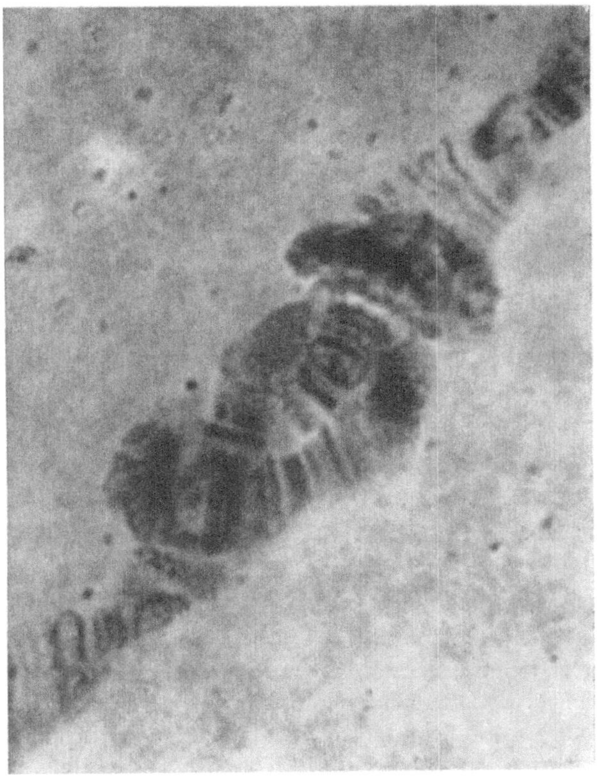

Abb. 39. Knoten in einem Speicheldrüsenchromosom von *Sciara ocellaris*. Nach METZ 1937. Weiteres im Text.

schluß der oliogänen Teilstränge (vgl. Abb. 72). Mit anderen Worten: Oligotäne Fibrillenverbände sind noch zum Zusammenschluß befähigt, selbst wenn der Kern als solcher schon hochpolyploid ist. Eine kernphysiologisch definierte Grenze der Paarungsfähigkeit existiert nicht. Paarungsbehindernd wirkt lediglich die Erhöhung der Fibrillenanzahl und die damit verbundene Vergrößerung der Dimensionen der Fibrillenbündel.

Zum *mechanischen* Ablauf der Paarung stellt man sich gewöhnlich vor, daß der Zusammenschluß der Chromosomen an bestimmten Kontaktpunkten beginnt (siehe oben) und von dort aus in der Art eines sich zuziehenden Reißverschlusses (zipper-like fashion) fortschreitet. In der meiotischen Paarung entstehen die ersten Kontakte nachweislich oft an den Chromosomenenden, im Gefolge des Leptotän-„Buketts". Die somatische Paarung scheint dagegen nicht gesetzmäßig von bestimmten Chromosomenorten, etwa den Endabschnitten oder den Kinetochoren, auszugehen. Das läßt sich aus der Tatsache schließen, daß die Paarung der Homologen selbst bei komplizierter struktureller Heterozygotie so vollständig ist, wie es mit Rücksicht auf die mechanischen und zeitlichen Einschränkungen des Paarungsvorganges überhaupt möglich erscheint. Ungehindert könnte ein von den Chromosomenenden beginnender Paarungsprozeß nur bei Heterozygotie für einfache reziproke Translokationen und Defizienzen ablaufen. Schon die Schleifenbildung bei Inversionsheterozygotie erfordert die Bildung neuer eigener Paarungskontakte an den Inversionsgrenzen. Doppel- und Mehrfachinversionen setzen entsprechend mehr unabhängige Paarungskontakte voraus. Für die Schleifenbildung bei Tandem-Duplikationen gilt das Gleiche, und die Paarung von Transpositionen, „shifts" oder anderen komplizierten Stückverlagerungen (vgl. Abb. 33) könnte bei schematischer Paarungsabfolge überhaupt nicht zustandekommen. Deshalb muß die Paarung von beliebigen und beliebig vielen Punkten aus beginnen können. Natürlich ist grundsätzlich nicht daran zu zweifeln, daß bestimmte Chromosomenabschnitte besonders dazu prädestiniert sind, im Anschluß an die mitotische Telophase die ersten Kontakte herzustellen, z. B. die Kinetochorenabschnitte, die Chromosomenenden und vielleicht auch andere heterochromatische Chromosomenteile. Doch bleiben bei Translokationen und Inversionen mit subterminalen Bruchstellen gerade die Enden der Chromosomen oft ungepaart.

6. Der Chromomerenbau

a) Die Querscheibe als morphologische Einheit

Die Gliederung der Riesenchromosomen in „different beschaffene Längsabschnitte" wurde zum ersten Mal von Flemming (1882) [4] in ihrer Bedeutung erkannt. Diese Gliederung manifestiert sich im „Querscheibenmuster" oder „banding pattern", das in Analogie zur Gliederung der meiotischen Prophasechromosomen als Chromomerenmuster zu gelten hat (Heitz 1934). Die Chromomeren der Riesenchromosomen sind Aggregatchromomeren (Bauer 1935), die durch den Zusammenschluß von oft Tausenden von homologen Einzelchromomeren entstanden gedacht werden müssen. Während sich sämtliche Zwischenscheiben („Interchromomeren") in den wesentlichen Eigenschaften gleichen — nur ihre Dicke variiert —, zeichnen sich die Querscheiben durch wechselnde Dicke, wechselnden DNS-Gehalt und verschiedenartige Granulastruktur aus. Alle Querscheiben sind aber im Normalfall durch hohe DNS-Konzentration, hohe Massendichte (d. h. hohe Proteinkonzentration) und durch die scharfe Abgrenzung gegenüber den Zwischenscheiben charakterisiert. Die Mannigfaltigkeit des Querscheibenmusters beruht also außer auf den Querscheibenabständen im wesentlichen auf den wechselnden Eigenschaften der Querscheiben selber.

[4] Vollständiges Zitat: Es ist „unbestreitbar, daß hier eine vital gegebene Struktur der Kernfäden vorliegt, deren Wesen eine Zusammensetzung aus different beschaffenen Längenabschnitten ist. Und danach wird der Analogie-Schluß naheliegen, daß jene Granulierungen der Fäden in anderen Kernen, wenn sie auch verwaschener und vielfach nicht demonstrierbar sind, auf dasselbe Prinzip des Baues hinauskommen."

Die Querscheiben sind mehr oder minder homogene Schichten chromatischen Materials, die den ganzen Chromosomenquerschnitt durchsetzen (Abb. 40), aber je nach der äußeren Gestalt der Riesenchromosomen (S. 16 ff.) verschiedenen Umriß besitzen. Bei zylindrisch-kabelartiger Chromosomenstruktur erscheinen sie kreisrund oder oval, bei Vorherrschen der Band- oder der „Mäander"-Struktur bilden sie Querspangen, die sichelartig verkrümmt sein können („Klemmringe" nach Wolf 1957). Besondere Bedingungen sind an den Chromosomenenden (Abb. 41) gegeben, je nachdem, ob die Chromosomen in endständige heterochromatische Knöpfchen oder in breite Fächer (mit zahlreichen Endknöpfchen) auslaufen (vgl. Heitz 1934, Bauer 1935, 1936 b). Im ersten Fall sieht man bei der Aufsicht auf das

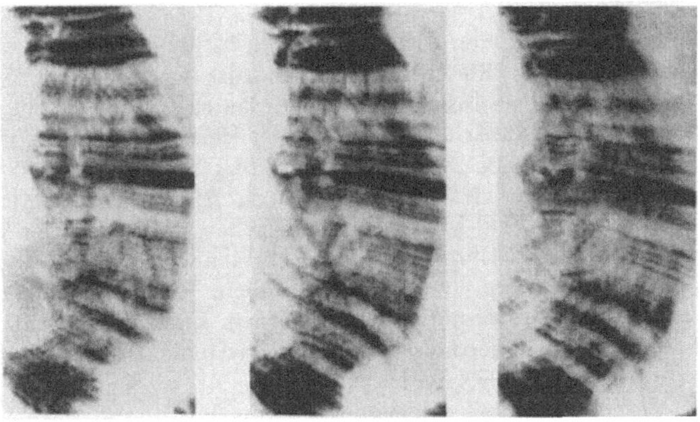

Abb. 40. *Cryptochironomus defectus.* Optische Längsschnitte durch ein etwas gepreßtes Chromosom. Stufenaufnahmen im Abstand von 2 μ. Vergrößerung etwa 1000fach. Nach Bauer 1936a.

Chromosomenende ein System von konzentrischen Ringen, im zweiten Fall mehrere „Terminalringe". Bei sehr kurzen kugelförmigen Polytänchromosomen können sämtliche Querscheiben ein System von konzentrischen Kugel- oder Halbkugelschalen bilden, z. B. im 5. Chromosom von *Prodiamesa olivacea* (Abb. 41 *e*, Bauer 1936 a). Die Terminal-Differenzierungen erklären sich auf Grund der Polytäniestruktur einfach daraus, daß die Längselemente radiär in heterochromatische Endknöpfchen einmünden, in welchen an Stelle der lateralen eine endweise „Paarung" gegeben ist (S. 126). Die subterminalen Aggregatchromomeren müssen dann konzentrische Ringe oder Kugelschalen bilden.

Daß die chromatischen Strukturen scheibenartig den ganzen Querschnitt der Riesenchromosomen durchsetzen, ist zum ersten Male richtig von Balbiani (1881) erkannt worden. Dieser Sachverhalt wurde später oft angezweifelt. Kurz nachdem Flemming (1882) und Leydig (1883) Balbianis Aussage bestätigt hatten, behauptete zunächst Korschelt (1884), der Querscheibenbau werde durch eine Faltung des „Kernfadens" bloß vorgetäuscht, eine Behauptung, deren Haltlosigkeit aber schon van Gehuchten (1889) aufzeigen konnte. Um 1910 beginnt die Diskussion um eine Hypothese, die auf Heidenhain (1907) und van Herwerden (1910) zurückgeht und die selbst heute noch zuweilen vertreten wird (z. B. Hovanitz 1956): Danach soll der Eindruck einer Querscheibenstruktur durch die schraubige Aufwindung eines Chromatinfadens zustandekommen. Heidenhain z. B. meint, „unwiderleglich" nachweisen zu können (an *Chironomus*), „daß ein spiralförmiger Faden vorliegt, dessen Windungen ... eine achromatische Substanz umlagern ...". VAN HERWERDEN (1910) und BOLSIUS (1911) einigen sich auf den Kompromiß (BOLSIUS 1911) „que la structure de l'élément chromatique ne semble pas être la même pour toutes les espèces de *Chironomus*. Tandis que ... les objets présentés par le Dr. VAN HERWERDEN montrent très clairement et indubitablement la structure spiralée, il est tout aussi clair et indubitable qu'il n'y a dans mes objets que la structure à disques paralleles." Die Speicheldrüsen der von BOLSIUS untersuchten Species waren doppelt so groß wie die der von VAN HERWERDEN untersuchten, wodurch sich der scheinbare Unterschied leicht erklärt (s. u.). Weitere Unterstützung fand die Spiralenlehre bei ALVERDES (1912), bei RAMBOUSEK (1913), vorübergehend auch bei KAUFMANN (1931), und bei SINOTO und YUASA (1935). Sie wurde erstmals von BAUER (1935) ad absurdum geführt.

Unabhängig von den älteren Arbeiten ist noch in jüngster Zeit versucht worden, den Querscheibenbau der Riesenchromosomen als Ausdruck der Spiralisierung eines oder weniger chromatischer Fäden zu deuten (SENGÜN 1948, YUASA 1953, HOVANITZ 1956), obwohl durch die Arbeiten von HEITZ und BAUER (1933), BRIDGES (1935 a, b) und BAUER (1935, 1936 a, b) an *Bibio, Drosophila* und *Chironomus* der schichtartige Charakter der Chromomeren in Riesenchromosomen längst gesichert war. Die meisten Fehl-Interpretationen gehen zu Lasten der verwirrenden Strukturverhältnisse in den Chromosomen des „Mäander"-Typs (S. 17 ff.) mit ihren sichelförmigen Chromomeren. die leicht als offene Ringe (HEITZ 1934) oder als Stücke einer zerbrochenen Spirale gedeutet werden. Eine andere Auffassung, nach welcher die Querscheiben geschlossene Ringe darstellen (KOLTZOFF 1934, MULLER 1935) wurde durch BAUER (1935) widerlegt.

Während der äußere Umriß einer Querscheibe ausschließlich von Bedingungen abhängt, die für das polytäne Bündel als Ganzes oder jedenfalls für größere Abschnitte gemeinsam gelten, sind die Schichtdicke und der mit ihr normalerweise korrelierte DNS-Gehalt, zum Teil auch die Granulastruktur als Ausdruck der genetischen Individualität der einzelnen Querscheibe bzw. der sie zusammensetzenden Einzelchromomeren aufzufassen. Diese Eigenschaften erlauben es, unter Umständen bestimmte Querscheiben innerhalb von Querscheibengruppen zu identifizieren, also eine Homologie auch unabhängig von den Lagebeziehungen festzustellen.

Über den Feinbau der Elementarchromomeren hat sich im Zusammenhang mit der Analyse des „puffing" (S. 95 ff.) und im Hinblick auf die Struktur der Lampenbürstenchromosomen von Amphibien (CALLAN 1960) vielfach die im Prinzip zuerst von RIS und CROUSE (1945) geäußerte Meinung durchgesetzt, wonach die Chromomeren eng zusammengefaltete Fadenabschnitte des Chromonema sind (z. B. BEERMANN 1959). Die Schichtdicke der Querscheibe würde also direkte Rückschlüsse auf die Länge und den Faltungszustand desjenigen Fadenabschnittes gestatten, der in jedem Chromonema das Chromomer repräsentiert (ob das Chromonema sich aus einer Folge von stofflich verschiedenartigen Fadenabschnitten — etwa Protein und DNS — zusammensetzt oder einen durchgehenden DNS-Faden darstellt, kann dabei offen bleiben). Bei gleichem Faltungszustand wäre in dieser Weise auch eine Proportionalität der Schichtdicke zum DNS-Gehalt gegeben. Die in der Frühzeit der Riesenchromosomenforschung allgemein verbreitete Anschauung, nach welcher die Elementarchromomeren den lichtoptisch erkennbaren Querscheibengranula gleichzusetzen wären, führt zu Widersprüchen mit Daten über den Polytäniegrad und mußte aufgegeben

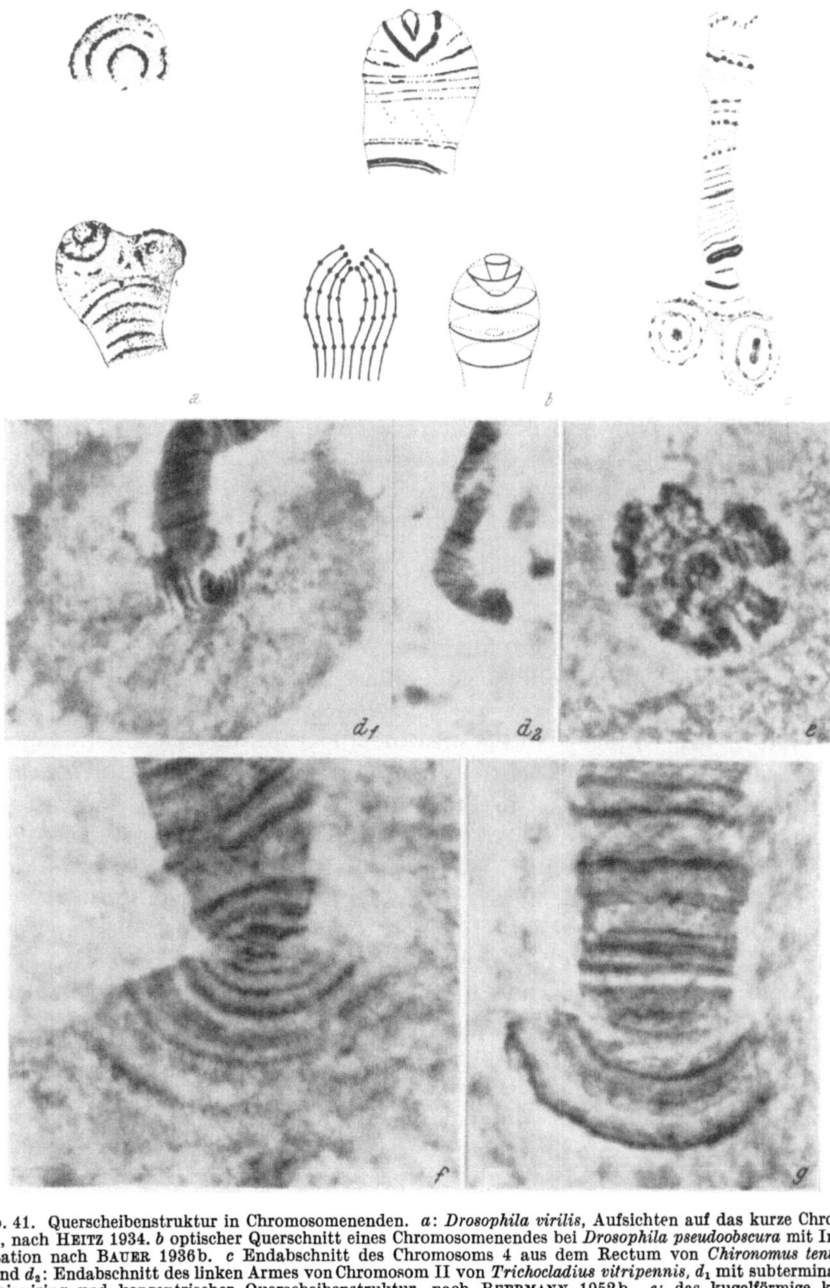

Abb. 41. Querscheibenstruktur in Chromosomenenden. *a*: *Drosophila virilis*, Aufsichten auf das kurze Chromosom, nach HEITZ 1934. *b* optischer Querschnitt eines Chromosomenendes bei *Drosophila pseudoobscura* mit Interpretation nach BAUER 1936b. *c* Endabschnitt des Chromosoms 4 aus dem Rectum von *Chironomus tentans*. d_1 und d_2: Endabschnitt des linken Armes von Chromosom II von *Trichocladius vitripennis*, d_1 mit subterminalem Balbianiring und konzentrischer Querscheibenstruktur, nach BEERMANN 1952b. *e*: das kugelförmige kurze Chromosom von *Prodiamesa olivacea* mit konzentrischer Scheibenanordnung. *f*, *g*: Fächerförmige Spreizung der Chromosomenenden (Speicheldrüsenchromosomen 2 L und 1 R von *C. tentans*).

werden (siehe unten, sowie S. 114 ff. über „Heterochromomeren"). Sie beruht auf dem klassischen Perlschnurkonzept, das in den Genen diskrete, einem Chromonema aufsitzende Körperchen sieht: „Strukturelement (des Riesenchromosoms) ist das Chromonema, das aus einem achromatischen Faden besteht, der in wechselndem Abstand nicht sehr größenverschiedene Chromomeren trägt" (BAUER 1936 a). In modifizierter Form wäre diese Vorstellung durchaus noch aktuell: Die Chromomeren-DNS könnte dem durchlaufenden Chromonema außen angelagert oder angeheftet sein. Ein direkter Zusammenhang zwischen Schichtdicke und DNS-Gehalt setzte in diesem Fall die achsenparallele Anlagerung voraus; wenn die DNS-Moleküle der Achse lateral ansitzen würden, müßten sich Unterschiede in der Länge der DNS-Moleküle auch auf den Querdurchmesser der Chromomeren auswirken. Dickere Querscheiben sind aber keineswegs regelmäßig oder auch nur im Mittel breiter als dünne, vielmehr ist die Lage der Einschnürungen (S. 20) mit der Verteilung der dünnen und dicken Querscheiben überhaupt nicht korreliert.

Detaillierte Angaben über die Feinstruktur der Querscheiben von *Drosophila*-Speicheldrüsenchromosomen (*D. virilis*) machen YASUZUMI et al. (1951, 1954). Formvar-Abdrücke (Replicas) von 15 min lang mit 90⁰ heißer Trichloressigsäure extrahierten Riesenchromosomen zeigen im Elektronenmikroskop (nach YASUZUMI l. c.) folgende Struktur: Die Querscheiben bestehen aus spindelförmigen Einzelchromomeren von 140 mμ Länge und, im Minimum, 20 mμ Breite. Die interchromomerischen Verbindungsfäden sind 10 μ dick: sie können bei anderer Vorbehandlung weniger glatt, eher perlschnurartig oder spiralisiert aussehen (vgl. S. 31 und Abb. 18). Diese Daten stimmen merkwürdig gut mit den von MULLER (1935) bereits errechneten Werten überein. Das mitotische Metaphase-X-Chromosom von *Drosophila melanogaster* ist etwa 2 μ lang und 0,25 μ dick. Nimmt man an, daß es nur aus einem, das Volumen völlig ausfüllenden, spiralisierten Chromonema besteht, und daß sich zwei Drittel dieses Chromonema im Speicheldrüsen-X auf 200 μ Länge abspulen, so kann das Chromonema, einschließlich der Chromomeren, höchstens 0,02 μ (= 20 mμ) dick sein. Die feinsten Querscheiben sind etwa $^1/_8\,\mu$ dick; also: „Gen"-Länge ~ 100—200 mμ, „Gen"-Dicke ~ 20 mμ. Dies sind Maximalwerte. In dem durch sie umschriebenen Volumen hätten einzelne DNS-Moleküle bequem Platz (vgl. die Berechnungen von RUDKIN et al. 1956, wonach das einzelne „Gen" bei *Drosophila melanogaster* einem DNS-Molekül von 50.000 Nukleotidpaaren entspricht).

Die individuelle Charakterisierung der Querscheiben, besonders nach ihrer Dicke, setzt natürlich voraus, daß die Querscheibe sich überhaupt als Einheit definieren läßt. Diese bereits von HEITZ (1934) angeschnittene Frage hat auch für die Definition von genetischen Einheiten in Riesenchromosomen Bedeutung (Abs. b). Sie läuft in erster Linie darauf hinaus, ob alle Querscheiben, dicke wie dünne, aus gleich großen Untereinheiten (Teilscheiben) zusammengesetzt sind, oder ob es tatsächlich dickere und dünnere einheitliche Chromomeren gibt. Das lichtoptische Bild der Riesenchromosomen spricht bei unbefangener Betrachtung entschieden für die letztere Alternative (vgl. Abb. 16). Es fragt sich, wieweit hier der Augenschein trügt.

BAUER (1936 a) ist bei einem besonders günstigen Objekt, den Speicheldrüsenchromosomen von *Cryptochironomus*, zu der Überzeugung gekommen, daß alle dicken Scheiben „mehr oder weniger deutlich eine Zusammensetzung aus Teilscheiben" erkennen lassen. Doch ist dies wohl nicht so zu verstehen, daß die unter günstigen präparativen und optischen Bedingungen mögliche Aufteilung stets zu identischen „Elementarscheiben" führen würde. Auch BRIDGES (1938) hat durch starke Überdehnung des Speicheldrüsen-X von *Drosophila melanogaster* (auf das zwei- bis vierfache, nach BRIDGES 1936) eine ganze Reihe ehemals für einheitlich gehaltener Scheiben in Teilscheiben zerlegen können. Die erste Karte dieses Chromosoms

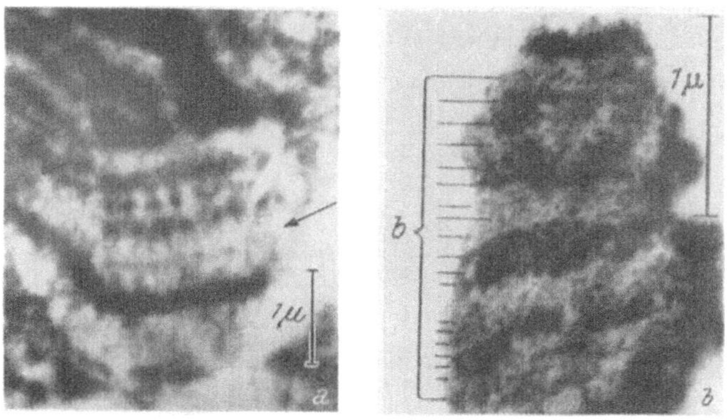

Abb 42. Submikroskopische Querscheiben. Links: Längsschnitt durch ein Speicheldrüsenchromosom von *Chironomus*, OsO_4-Fixierung: eine Scheibe von etwa 0,05 μ Dicke durch Pfeil markiert. Rechts: Längsschnitt durch ein Speicheldrüsenchromosom von *Drosophila*, modifizierte Zenker-Fixierung, nach LOWMAN 1956.

(BRIDGES 1935) wies bei 220 μ Gesamtlänge 725 Querscheiben auf, die zweite (BRIDGES 1938) bei 414 μ Länge 1024 Querscheiben. Mit 1024 Querscheiben ist sicher das Maximum der lichtoptisch darstellbaren Gliederung erreicht, aber nach wie vor sind neben den dünnen auch dicke Querscheiben häufig vertreten. Selbst im elektronenoptischen Dünnschnittbild bleibt bei *Chironomus* die Einheitlichkeit der dicken Querscheiben gewahrt (BEERMANN und BAHR 1954, vgl. Abb. 49). Nur ausnahmsweise (LOWMAN 1956) deutet sich bei *Drosophila*-Speicheldrüsenchromosomen ein Aufbau aus Teil- oder Elementarquerscheiben an. Hier fehlt die lichtoptische Kontrolle, d. h. es könnte sich um schon von HEITZ (1934) beschriebene „dichtere Abschnitte der Grundsubstanz" handeln, die ohnehin nicht als einheitliche „Querscheiben" gelten können (siehe unten).

Als morphologische Einheit ist die Querscheibe also durchaus eine Realität. Die dicksten Querscheiben der Riesenchromosomen sind etwa 0,5 bis 1,0 μ dick. Gewöhnlich liegt die Schichtdicke aber unter 0,5 μ. Die untere Grenze der lichtmikroskopischen Erkennbarkeit ist mit Querscheiben von 0,2 μ Dicke erreicht. Die elektronenoptischen Untersuchungen (BEERMANN und BAHR 1954, LOWMAN 1956) haben die Existenz von noch wesentlich dünneren Querscheiben demonstriert. Das Minimum liegt bei etwa 0,05 μ Schichtdicke (Abb. 42). Wären die dickeren Querscheiben also sämtlich aus Elementarchromomeren von 0,05 μ Dicke zusammengesetzt, so hätte man mit etwa 10 Dickenklassen zu rechnen. Zweifellos sind die dünneren Scheiben häufiger als die dicken. Lowman gibt an, daß in den lichtoptisch „leer“ erscheinenden Zwischenscheibenbereichen auf 1 Mikron etwa 10 „submikroskopische“ Querscheiben entfallen. Nach diesen Daten müßte die Anzahl der submikroskopischen Querscheiben mehr als das Doppelte derjenigen aller übrigen Scheiben zusammengenommen ausmachen. Die allgemeine Tendenz des Überwiegens dünnerer Querscheiben, die im Einzelnen noch statistischer Überprüfung bedarf, kann als ein erstes Indiz dafür gewertet

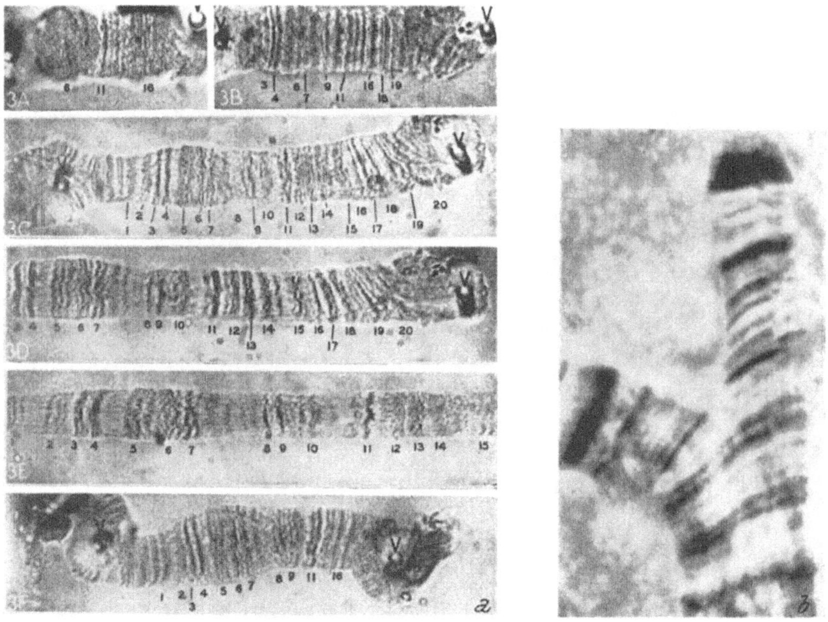

Abb. 43. Mit stärkerer Dehnung werden mehr Querscheiben erkennbar. *a*: Ein OsO_4-fixiertes *Chironomus*-Speicheldrüsenchromosom bei verschieden starker Dehnung mit dem Mikromanipulator; ganz unten elastische Kontraktion nach Entfernung der Mikronadeln. Nach Buck 1942. *b*: Verschiedene Dehnung der Homologen im Bereich einer Paarungslücke. Karminessigsäure-Quetschpräparat von *Chironomus*-Speicheldrüsenchromosomen. Nach Beermann 1952a.

werden, daß die dickeren Scheiben sich möglicherweise aus dicht aneinander liegenden Elementarscheiben einheitlicher Dicke zusammensetzen, auch wenn davon licht- oder elektronenoptisch nichts zu sehen ist.

Die licht- oder elektronenoptisch festgestellte Einheitlichkeit einer Querscheibe darf als Argument gegen einen möglichen Aufbau aus Untereinheiten nicht überbewertet werden. Die Querscheiben bestehen aus fibrillärem Nukleoprotein (vgl. S. 141 ff.), das bei Kontakt sicher zur Verschmelzung neigt. Die Wahrscheinlichkeit des Kontaktes und damit der Verschmelzung zweier benachbarter Querscheiben ist durch ihren Abstand und durch das Maß an innerer Ordnung im Fibrillengefüge des Riesenchromosoms gegeben. Die Anzahl der lichtmikroskopisch als Einheiten definierbaren Querscheiben hängt z. B. sicher vom Streckungszustand der polytänen Chromosomen (S. 19) ab. Keyl (1961 b) zählt bei *Chironomus striatus* im kurzen (4. oder „G“-) Chromosom nur 40 Querscheiben, gegenüber 158 im gleichen Chromosom von *C. thummi thummi*. Die Chromosomen von *C. striatus* sind außerordentlich gedrungen gebaut, und dies hat zweifellos eine Vergröberung des Querscheibenmusters zur Folge. Die feineren Querscheiben schließen sich entweder an dickere Nachbarn an und verschmelzen mit diesen, oder sie treten zu dichteren Abschnitten einer scheinbaren „Grundsubstanz" (siehe oben) zusammen. Hierbei wird die Schwierigkeit deutlich, den Begriff der „Zwischenscheibe" praktisch anzuwenden. In der Entwicklung der Speicheldrüsenchromosomen von *C. ten-*

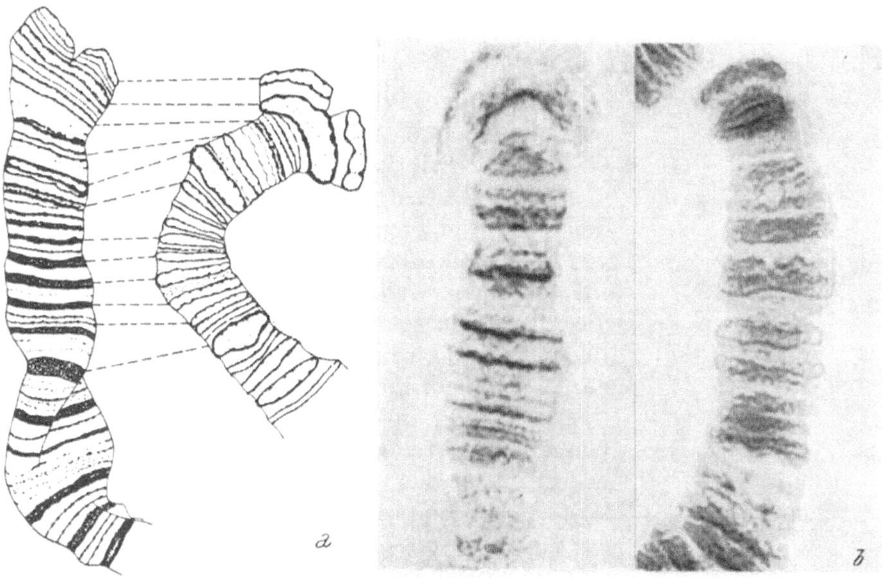

Abb. 44. „Kapseln" („doublets") als Fixierungsartefakte. *a*: Bei *Sciara*-Speicheldrüsenchromosomen, nach METZ und GAY 1934. *b* Bei *Chironomus*-Speicheldrüsenchromosomen. Zu den Artefakten kommt es, wenn die Drüsen direkt in Karminessigsäure fixiert werden.

tans (BEERMANN 1952 a, vgl. S. 48) ist die Anzahl der definierbaren Querscheiben direkt der erreichten Chromosomenlänge proportional. Bei gleicher Polytäniestufe hängt diese Anzahl außerdem davon ab, ob die Chromosomen wie bei Freilandtieren straff gebündelt sind oder, wie bei Labortieren, „unordentlicher" gebaut sind. Daß auch gewebespezifische Unterschiede im Ordnungszustand der Chromosomen vorkommen, wurde schon erwähnt (S. 27). Ordnungsbedingte Unterschiede in der Querscheibenanzahl können durch die präparative Dehnung der Chromosomen (beim Quetschen) nicht wieder ausgeglichen werden. Die einmal verschmolzenen Querscheiben bleiben im Gegensatz zu nur optisch nicht trennbaren, d. h. in Wirklichkeit nicht verschmolzenen Scheibenaggregaten einheitlich. Die letzteren lassen sich bekanntlich durch Überdehnung in Doppel- oder Mehrfachscheiben auflösen (BAUER 1935, BRIDGES 1936, BUCK 1942, vgl. Abb. 43), ohne daß man das Elektronenmikroskop zu Hilfe nehmen müßte.

Als Fixierungsartefakte sind zahlreiche der sogenannten „Kapseln" oder „doublets" (BRIDGES 1935 b, 1937) zu betrachten. Scheinbare Doppelscheiben entstehen durch die blasige Verquellung von ursprünglich einheitlichen, dicken, vielleicht heterochromatischen Querscheiben, und zwar bevorzugt nach Präparation in Ringerlösung und nach Fixierung in 50%iger Essigsäure (Abb. 44, METZ und GAY 1934, CASPERSSON 1936, SCHULTZ 1947). Zweifellos gibt es aber auch echte Doppelscheiben; P. N. BRIDGES (1942) zählt unter insgesamt 5149 Querscheiben bei *Drosophila melanogaster* 1299 doublets, die wohl nicht sämtlich als Kunstprodukte zu werten sind.

Die theoretische Möglichkeit, daß alle Querscheiben aus Elementarscheiben gleicher Dicke aufgebaut sind, braucht die praktische Definition einer Querscheibe nicht zu beeinträchtigen, solange die Untersuchungsbedingungen konstant gehalten werden. Wenn anfänglich für einfach gehaltene Querscheiben später als Doppel- oder Mehrfachscheiben erkannt werden, so ist das kein Unglück. Größere Schwierigkeiten bereitet die Definition von chromatischen Strukturen, die sich dem Prinzip der Querscheibengliederung überhaupt nicht ohne weiteres unterordnen lassen. Wohl alle Riesenchromosomen weisen Abschnitte auf, in welchen die Definition von Querscheiben der Willkür des Beobachters überlassen bleibt. Dichtere Abschnitte der „Grundsubstanz", d. h. deutlich feulgen-positive und nicht in Querscheiben gegliederte Zonen von über 1 μ Länge (Abb. 45), sind, wie schon erwähnt, möglicherweise Gruppen von submikroskopischen Querscheiben. Doch in einigen Fällen, etwa wenn zwei oder drei dicke Querscheiben in eine ziemlich dichte, gemeinsame „Matrix" aus DNS-haltigem Material eingebettet liegen (vgl. Abb. 16), überzeugt die konsequente Anwendung des Querscheibenprinzips nicht ganz, insbesondere wenn man die Variabilität derartiger Bilder in Abhängigkeit von der Gewebszugehörigkeit der Riesenchromosomen in Rechnung stellt (S. 94). Dies spricht eher für eine Beteiligung von „nichtgenetischer" DNS (vgl. S. 107) oder von Heterochromatin, das nicht in Querscheiben gegliedert ist.

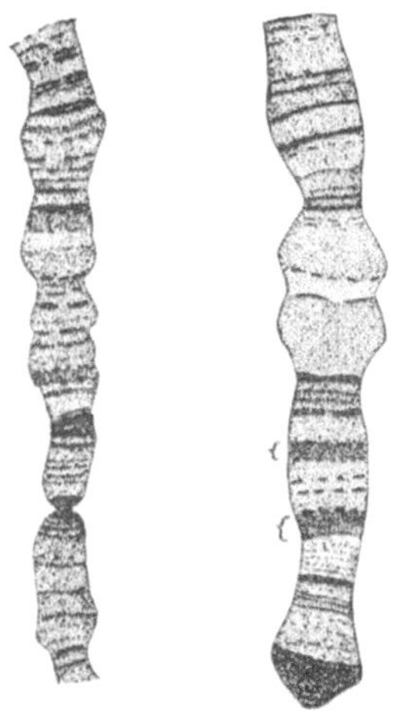

Abb. 45. Dichtere Abschnitte der „Grundsubstanz" in Speicheldrusenchromosomen von *Drosophila virilis*, nach HEITZ 1934.

In eine andere Kategorie gehören „durchbrochene" oder überhaupt „unordentliche" Chromosomenabschnitte. Neben dem puffing (S. 95 ff.) kommen zu ihrer Erklärung „repeats" in Frage, d. h. tandem-artig oder spiegelbildlich hintereinander angeordneten, verdoppelten Querscheibengruppen, wie bereits auf S. 55 ausgeführt wurde (vgl. Abb. 34). Die zwischen den homologen Chromomeren der verdoppelten Abschnitte wirksame Paarungsattraktion muß sich strukturell als Störungsfaktor auswirken.

Die Schichtdicke ist das wesentliche, aber nicht das einzige Merkmal, auf das sich die individuelle Kennzeichnung der Querscheiben gründet. Die zweite Kennzeichnungsmöglichkeit ergibt sich aus der variablen *Granulastruktur* der Querscheiben (Abb. 46), die von Querscheibe zu Querscheibe zwischen fast völliger Homogenität und der Aufteilung in wenige große Granula wechselt (Bridges 1935 a, b). Die Anzahl der Granula wurde anfänglich als Maß für die Polytänie betrachtet (Koltzoff 1934, Bridges 1935 c, vgl. Abb. 46 *a*), und wechselnde Granulazahlen der Querscheiben innerhalb eines Chromosoms wurden als Ausdruck einer von Gen zu Gen variierenden

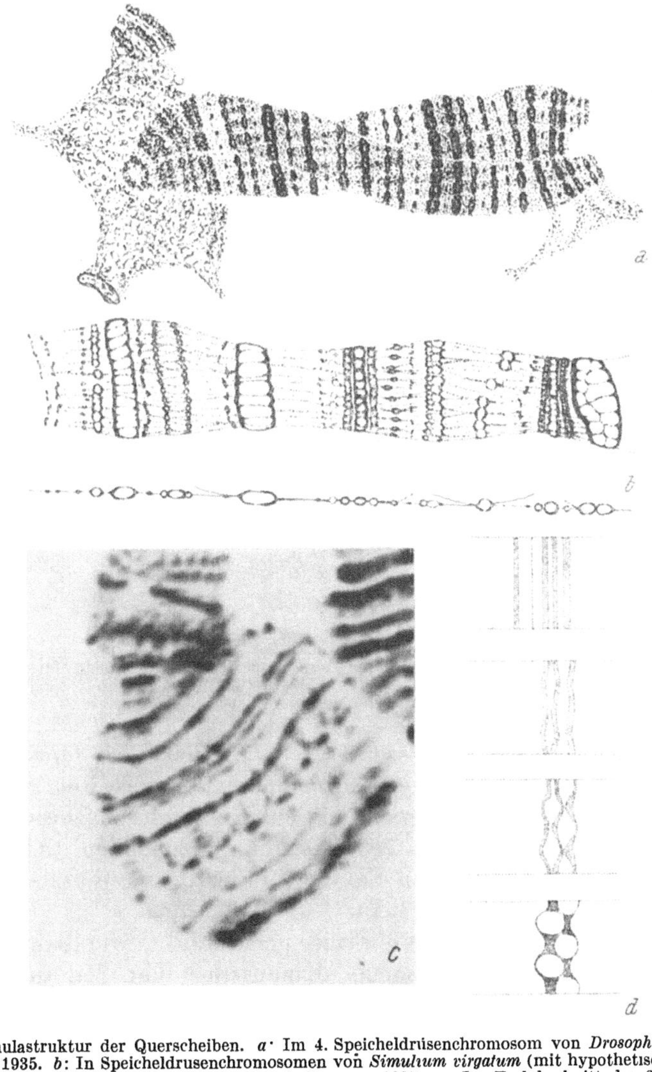

Abb. 46. Granulastruktur der Querscheiben. *a*: Im 4. Speicheldrüsenchromosom von *Drosophila melanogaster*, nach Bridges 1935. *b*: In Speicheldrüsenchromosomen von *Simulium virgatum* (mit hypothetischer Darstellung eines einzelnen Chromonema), nach Painter und Griffen 1937. *c*: Im Endabschnitt des 3. Malpighigefäß-Chromosoms von *Chironomus tentans*. *d*: Granula-Entstehung nach Metz 1935. Vergrößerungen: *a*: 3000fach, *b* nicht angegeben, *c* 2300fach.

Vermehrungsrate angesehen (Painter und Griffen 1937, vgl. Abb. 46 *b*). Bauer (1936 a) bemerkte, daß die Anzahl der Granula bei *Chironomus*-Chromosomen oft gerade zwischen zwei Zweierpotenzen fällt (so etwa die 350—400 „Heterochromomeren" in einer Heterochromatinscheibe von *Cryptochironomus*) und hielt es deshalb nicht für ausgeschlossen, daß sich die Einzelchromomeren einer Querscheibe zu verschiedenen Zeiten teilen.

Diese Anschauungen wurden auf Grund allgemeiner Überlegungen jedoch bald aufgegeben (BRIDGES 1937, BAUER 1938 b, PAINTER 1939, 1941): Den Anstoß gaben einmal die Kernvolumenmessungen von HERTWIG (1935, vgl. S. 45), dann die Beobachtung, daß die sehr dünnen primären Polytänchromosomen in Nährzellen (BAUER 1938 a) bereits aus 16 oder 32 Chromatiden bestehen, und schließlich Berechnungen über den maximalen Durchmesser der Chromatiden in Riesenchromosomen (MULLER 1935), die die Möglichkeit der lichtoptischen Darstellung der letzten Einheiten des

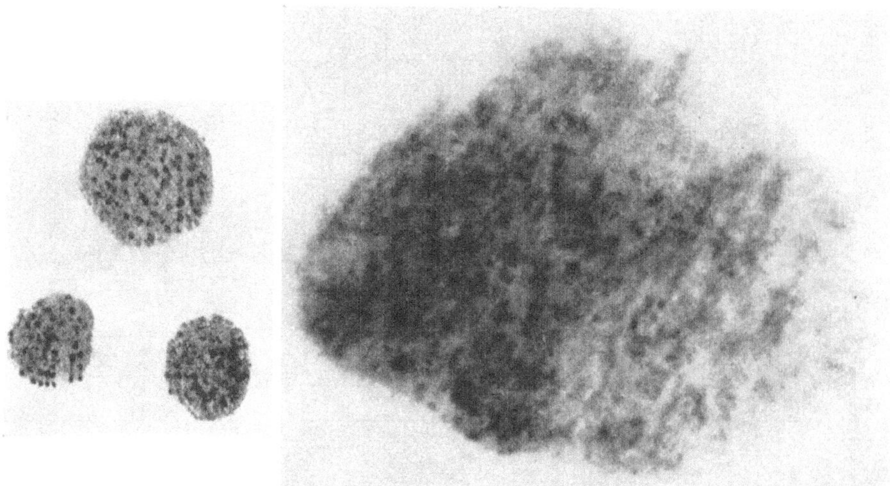

Abb. 47. Granulastruktur in Querschnitten von *Chironomus*-Speicheldrüsenchromosomen. Links: Paraffinschnitte (2 μ), Champy-Feulgen, etwa 2200fach; nach BAUER 1935. Rechts: Paraffinschnitt nach Gefriertrocknung, UV-Aufnahme, etwa 4000fach.

Chromosoms praktisch ausschlossen (vgl. S. 28). Selbst die feinsten Granula müssen danach als „Aggregat-Chromomeren" betrachtet werden. Bei *Chironomus* gelang es nach Anwendung einer besonderen Technik, in einem Chromosomenquerschnitt etwa 2000 Granula abzuzählen (Abb. 47), was immer noch mindestens um den Faktor 8 unter der geschätzten Polytäniestufe (etwa 16.000 n, vgl. S. 46) liegt.

Die Granulastruktur ist kein Fixierungsartefakt, wie BAUER (1935) an lebenden *Chironomus*-Chromosomen demonstriert hat. Mit der Fixierung kann allerdings eine Vergröberung oder eine Verdeutlichung der Granulastruktur erzielt werden. Auch mikrochirurgisch läßt sich die Granulastruktur verdeutlichen (D'ANGELO-GLANCY 1943, vgl. Abb. 48). Besondere Voraussetzungen sind bei den *Sciariden*-Arten gegeben, weil die Speicheldrüsenchromosomen dieser Arten im Leben derart gequollen sind, daß der ganze Kernraum von ihnen erfüllt wird (DOYLE und METZ 1935). Dies äußert sich nach der Fixierung, die eine beträchtliche Schrumpfung bewirkt, in einer allgemein granulären Grundstruktur der meisten Querscheiben. Wieweit sich trotz dieses übergeordneten Faktors in diesem Fall noch individuelle Unterschiede der Granulastruktur manifestieren, ist nicht untersucht worden. In den Malpighigefäß-Chromosomen von *Chironomus*, die zweifellos gegenüber den Speicheldrüsenchromosomen eine allgemein erhöhte Neigung zur Granulastruktur besitzen, bleiben individuelle Unterschiede durchaus erhalten (vgl. Abb. 46 *c*). Es muß darauf hingewiesen werden, daß bei *Drosophila, Chironomus* und anderen Dipteren neben den granulären auch zahlreiche völlig homogene Querscheiben vorkommen.

Wenn sich in der Granulastruktur der Querscheiben genetisch fixierte Eigenschaften der sie zusammensetzenden Einzelchromomeren widerspiegeln, so ist nach der Natur dieser Eigenschaften und nach den Faktoren zu fragen, die einmal eine feine und einmal eine grobe Granulierung bewirken. Die Hauptfaktoren sind sicher Grenzflächenkräfte, Paarungskräfte und die Viskosität. In der Variabilität dieser Faktoren äußern sich lokale Unterschiede in der Zusammensetzung des Nukleoproteins, sofern nicht auch die Spannungsverhältnisse im polytänen Fibrillenverband eine Rolle spielen. Es scheint aber eher so zu sein, daß in der stofflichen Natur der Querscheiben selber begründeten Faktoren den Ausschlag geben, denn auch benachbarte Querscheiben können sich erheblich in der Granulastruktur unterscheiden (Abb. 45 *c*). Das bedeutet, daß eine von Querscheibe zu Querscheibe wechselnde Aufspaltung des Fibrillenverbandes in feine und feinste Teilstränge vorliegt (BAUER 1935). In jedem Fall müssen auch die feinsten, lichtoptisch eben noch wahrnehmbaren Einzelgranula als zufällige Komplexe von Elementarchromomeren angesehen werden, deren Umfang hauptsächlich durch das Gegeneinander von Kohäsions- und Oberflächenkräften bestimmt ist. Für die von MULLER (1935) begründete, und an anderer Stelle schon erwähnte Auffassung, die Elementarfibrillen und damit auch die Elementarchromomeren seien in einer streng hierarchischen Ordnung zu höheren Einheiten (Zweierpotenzen) zusammengefaßt, gibt es in der Granulastruktur der Querscheiben keine Hinweise. Sie wird natürlich durch den zufälligen Charakter der Granulastruktur auch nicht widerlegt. Elektronenoptisch läßt sich eine weitere Unterteilung der Granula nicht durchführen. Die Granula sind aus der gleichen fibrillären Grundsubstanz aufgebaut wie alle chromatischen Anteile der Chromosomen. Eine Zuordnung zu etwaigen Einzelchromomeren ist im Schnittbild unmöglich. Über die Verhältnisse in Totalpräparaten vgl. S. 68.

Abb. 48. Verdeutlichung der Granulastruktur durch Auseinanderziehen in der Querrichtung. Nach D'ANGELO-GLANCY 1943.

Nach einer älteren, auf die Verhältnisse bei *Sciara* zugeschnittenen Hypothese von METZ (1941) sollte die Unterteilung der Querscheiben in Granula auf eine durch die Einlagerung von achromatischen Tröpfchen hervorgerufene Wabenstruktur zurückzuführen sein. Das Chromatin würde sich als zähe, plastische Masse in die Winkel zwischen den Tröpfchen einschieben und deshalb granuliert erscheinen (Abb. 45 *d*). Die Existenz einer Granulastruktur in den folienartig dünnen Malpighigefäß-Chromosomen von *Chironomus* zeigt aber, daß diese Hypothese nicht richtig sein kann. Wie sollen sich hier die hypothetischen Tröpfchen überhaupt im Fibrillenverband halten? Die Wabenstruktur ist nicht die Ursache, sondern die Folge der Granulastruktur.

Bestimmte, auf bestimmte Querscheiben beschränkte Variationen der Feinstruktur sind Begleiterscheinungen der Gen-Aktivität und insofern modifikatorischer Natur (Abb. 49). Sie äußern sich in den verschiedenen Graden des „puffing", von der „diffusen" Querscheibe bis zum Balbiani-Ring, und werden später ausführlich besprochen (S. 95 ff.). Obwohl maximal etwa jede fünfte Querscheibe eine derartige Strukturmodifikation aufweisen kann, so liegt darin keine grundsätzliche Schwierigkeit für die Charakterisierung einzelner Querscheiben, weil das „puffing" morphologisch und chemisch stets als besonderer Zustand erkennbar ist. Die charakteristische Schichtdicke und die Granulastruktur lassen sich meist durch eine

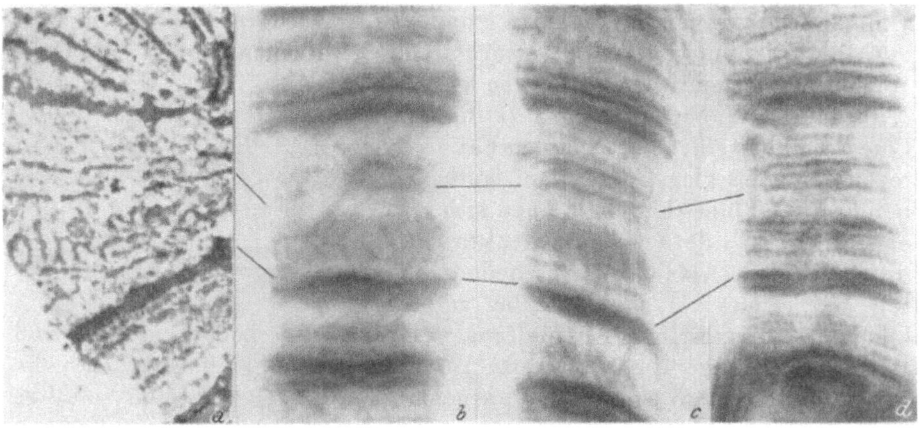

Abb. 49. Der gleiche Abschnitt des 2. Speicheldrusenchromosoms von *Chironomus tentans* im elektronenoptischen (*a*) und lichtoptischen (*b*, *c*, *d*) Bild. Undeutliche bzw. durchbrochene Querscheibenstruktur in dem durch die Linien eingegrenzten Bereich als Folge von puffing in *a*, *b* und *c*.

Untersuchung anderer Zelltypen oder Entwicklungsstadien ermitteln, in welchen am untersuchten Chromosomenort kein Puff gebildet wird.

b) Die Querscheibe als genetische Einheit

Das Querscheibenmuster der Riesenchromosomen demonstriert die vom klassischen Mendelismus geforderte lineare diskontinuierliche Gliederung des Genoms womöglich noch anschaulicher und noch überzeugender als es der Chromomerenbau der Meiosechromosomen tut. Nichts liegt deshalb näher, als die „Chromomeren" der Riesenchromosomen, ebenso wie die Chromomeren des Pachytäns (Belling 1928), hypothetisch mit einzelnen Mendelfaktoren, „Genen", gleichzusetzen. Schon Kostoff (1930) hatte diesen Gedanken ausgesprochen, aber wirkliches Gewicht erhielt er erst durch den Nachweis der Chromosomennatur der „Kernschleifen" und der Konstanz ihrer Querscheibengliederung (Heitz und Bauer 1933, Painter 1933, 1934 a—c, King und Beams 1934). „With these ... discoveries before us[5] ...

[5] Painter bezieht sich hier auch auf die Entdeckung der Paarnatur der Riesenchromosomen und auf die besonderen Verhältnisse im Chromocentrenkern von *Drosophila* (Lokalisierung der genetisch inerten Bereiche, Zuordnung der Chromosomenarme).

it was clear that we had within our grasp the material of which everyone had been dreaming. It was clear ... that the highway led to the lair of the gene" (PAINTER 1934 c).

Der klassischen Genetik war die Mehrdeutigkeit des Gen-Begriffs (siehe unten) noch fremd. Für sie existierte das „Gen" als diskretes Vererbungs-„Atom" mit einheitlicher Funktion, das weder durch crossing-over noch durch Mutationen oder Chromosomenbrüche unterteilt werden konnte. Da auf der morphologischen Seite keine grundsätzlichen Definitionsschwierigkeiten bestehen — die Querscheibe oder die Zwischenscheibe sind als diskrete morphologische Einheiten definierbar (vgl. S. 69) —, mußte es nur

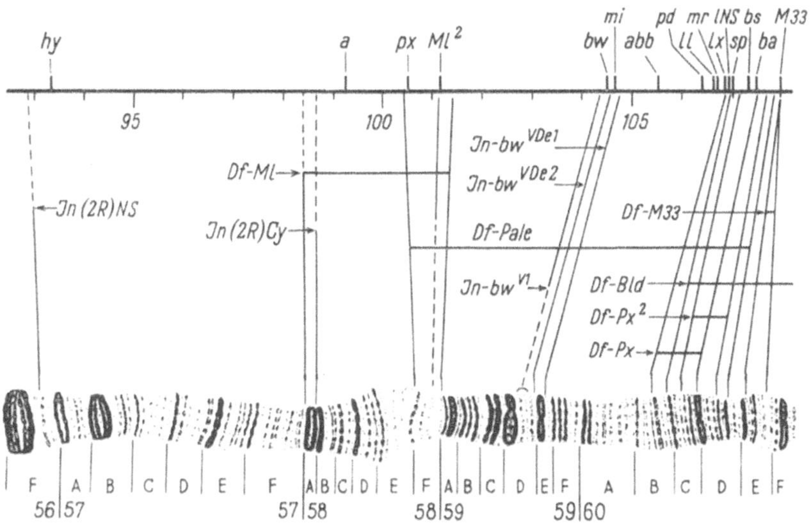

Abb. 50. Homologe Punkte in der Speicheldrüsen- und der genetischen Koppelungskarte am rechten Ende des 2. Chromosoms von *Drosophila melanogaster*. Oben die Koppelungskarte mit den genetisch lokalisierten Mutationen; in der Mitte die Grenzen von verschiedenen Chromosomen-Mutationen (In = Inversion, Df = Deficiency). Unten der zugehörige Abschnitt der Speicheldrüsen-Karte von BRIDGES. Nach BRIDGES 1937.

eine Frage der Methoden und des Fleißes sein, bis das morphologische Korrelat eines „Gens" in den Riesenchromosomen gefunden war. PAINTER (1934 a—c), dem bei *Drosophila melanogaster* zahlreiche genetisch bereits analysierte Chromosomenmutationen zur Verfügung standen, hat das Studium der Speicheldrüsenchromosomen von vorneherein unter dem Aspekt der Gen-Lokalisation betrieben und die Wege vorgezeichnet, auf welchen es ihm bzw. seinem Mitarbeiter MACKENSEN (1935) dann als ersten gelungen ist, die Loci bestimmter Mutationen (*white* und *vermilion*) einzelnen Querscheiben zuzuordnen. In großem Stil wurden diese Arbeiten von SLIZYNSKA (1938), von M. E. HOOVER (1938) und vor allem von E. SUTTON (DEMEREC und SUTTON 1942) weitergeführt (vgl. BRIDGES und BREHME 1944). nachdem BRIDGES (1935 c, 1938, 1939) die cytologischen Grundlagen in Form zuverlässiger Chromosomenkarten ausgearbeitet hatte. Auf *Drosophila melanogaster* und auf BRIDGES' Referenzsystem beziehen sich alle folgenden Angaben.

Nach PAINTER (1934 c) läßt sich die Lage einer Gen-Mutation (und damit auch die des Gens selbst) in den Riesenchromosomen entweder durch die

Verlagerung oder durch den induzierten Verlust (deletion) von Chromosomenstücken bestimmen. Durch Verlagerungen (Translokationen, Transpositionen, Inversionen) werden die Koppelungsbeziehungen der Gene charakteristisch geändert. Die Lage einer bestimmten Mutation ergibt sich in diesem Fall aus einem Vergleich der cytologischen Position der Bruchstellen derjenigen Verlagerungen, die eine Änderung der Koppelungsbeziehungen bewirken, und derjenigen, die eine solche Änderung nicht bewirken (Abb. 50). Dieses zeitraubende Verfahren wird, wenn die Lokalisation einer bestimmten Mutation beabsichtigt ist, in der Praxis nur in Verbindung mit anderen Methoden benutzt. Es hat aber allgemeine theoretische Bedeutung, weil es über die Frage der Diskontinuität des genetischen Materials etwas aussagt (siehe unten). PAINTER hat mit Translokationen, Inversionen etc. zum ersten Male die Übereinstimmung der cytologischen mit der genetischen Anordnung der Mendelfaktoren bei *Drosophila* demonstriert und die Bereiche, in welche die einzelnen Faktoren fallen müssen, zum Teil bis auf Gruppen von 2 oder 3 Querscheiben eingeengt.

Die genetische Position von Chromosomen-Stückverlusten oder Defizienzen wird ebenso wie die von Duplikationen ohne umfangreiche Koppelungsversuche einfach danach beurteilt, ob sie bestimmte Mutationen phänotypisch „abdecken" oder nicht. Alle Stückverluste, die die Manifestation einer rezessiven Mutation im heterozygoten Zustand zulassen, müssen sich zumindest im Bereich dieser Mutation überschneiden (Abb. 51). Die cytologische Position der Mutation ist durch diesen Bereich, in welchem sich die verschiedenen Stückverluste decken, definiert (MACKENSEN 1935). Die Defizienzen für den white-Locus überschneiden sich beispielsweise im Bereich der Querscheibe 3 C 2 des X-Chromosoms (SLIZYNSKA 1938, DEMEREC und SUTTON 1942; Ausnahmen siehe unten), die Defizienzen für Mutationen am komplexen „*Notch*"-Locus (*facet, split*) im Bereich der Querscheibe 3 C 7. Auf der Grundlage dieser Methode (weitere Lokalisationsmöglichkeiten siehe unten) ist es gelungen, die folgenden Mutationen im X-Chromosom einzelnen Querscheiben oder Doppelscheiben zuzuordnen (DEMEREC und SUTTON 1942, aus BRIDGES und BREHME 1944; SUTTON 1943 a, b; einzelne Ergänzungen nach dem Referat von CARLSON 1959): *yellow* und *achaete* 1 A 5—1 A 8, *scute* 1 B 3—4, *silver* 1 B 5—6, *ommatidia* 1 C 1 (?), *prune* 2 D 5—6, *zeste* 3 A 3, *white* 3 C 2—3, *roughest* 3 C 4, *split-facet* (*Confluens, Abruptex, Notch*) 3 C 7, *diminutive* 3 D 1—2, *echinus* 3 F 1—2, *rugose* 4 E 1—3, *Bar* 16 A 1. Diese Aufstellung zeigt, daß in manchen Regionen die Anzahl der mutierten „Gene" der Anzahl der Querscheiben mindestens gleichkommt, z. B. in der *yellow-scute-silver*-Region oder von *white* bis *facet* (Abb. 52). Schon MACKENSEN (1935) weist außerdem auf die bis heute nicht bestrittene Tatsache hin, daß in jeden experimentell abgegrenzten Gen-„Locus" mindestens eine Querscheibe fällt; Zwischenscheiben für sich allein sind niemals als Genorte definiert worden.

Gegen die Bestimmung der Gen-Loci mit Stückverlusten lassen sich methodische und theoretische Einwände erheben, vor allem derjenige, daß zugleich mit der cytologischen Defizienz, aber örtlich unabhängig von ihr, im definierten Chromosom am Orte des zu lokalisierenden Genes eine

Mutation induziert worden sein könnte (Mackensen 1935). Wie diese Schwierigkeit überwunden wird, sei an einem konkreten Beispiel demonstriert (cf. Sutton 1943 b): Versuche von Dubinin et al. (1937) hatten gezeigt, daß die Gene *yellow, achaete* und *scute* voneinander durch crossing-over trennbar sind und direkt in der genannten Reihenfolge nebeneinander liegen. Eine *yellow-deficiency* (260-10) erweist sich cytologisch als Verlust der

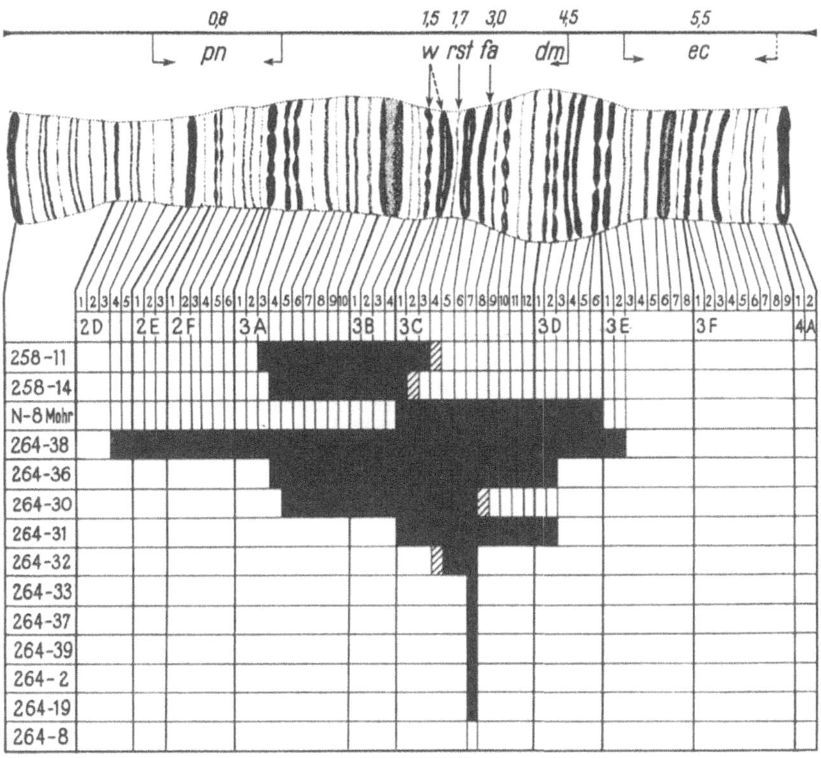

Abb. 51. Genlokalisation in Speicheldrusenchromosomen von *Drosophila* mit Deficiencies. Fehlende Chromosomenstucke schwarz, gestrichelt sind solche Bereiche, deren Fehlen nicht eindeutig festzustellen war. Nach Slizynska 1938.

beiden Querscheiben 1 A 1 und 2 am äußersten linken Ende des X-Chromosoms. Sie wirkt gleichzeitig auch als Defizienz des Gens *achaete.* Andererseits liegen aber die Bruchstellen von Translokationen, die gleichzeitig als *yellow*-Mutationen wirken, alle im Bereich der Querscheiben 1 A 4 bis 1 B 1. Eine weitere Defizienz (260-5), die genetisch nicht als Verlust der Gene *yellow* und *achaete* wirkt und die sich cytologisch über die Querscheiben 1 A 1 bis 1 A 4 erstreckt, zeigt nun, daß die linke Grenze für die Loci *y* und *ac* tatsächlich durch 1 A 4 gebildet wird, daß also bei *y* 260-10 neben der sichtbaren Defizienz von 1 A 1—2 noch eine Mutation im *y-ac* Bereich vorliegen muß. Die Begrenzung des *y-ac*-Bereiches nach rechts, d. h. gegenüber *scute,* folgt aus der Tatsache, daß eine Duplikation für die Querscheiben 1 A 1 bis 1 A 8 die Mutationen *y* und *ac,* nicht jedoch *scute,* „abdeckt". *Yellow* und *achaete* liegen also im Bereich 1 A 5 bis 1 A 8. *Scute* seinerseits muß rechts von 1 B 1—2 liegen, weil Df (1) 260-2 diese Doppelscheibe mit einschließt, aber nicht als genetischer Verlust von *sc* wirkt. Da die Bruchstellen aller Chromosomenmutationen, die *sc*-Effekte hervorrufen, entweder zwischen 1 A 8 und 1 B 1—2, zwischen 1 B 1—2 und 1 B 3—4, oder zwischen 1 B 3—4 und 1 B 5 fallen, während Brüche weiter rechts keinen *sc*-Effekt haben, muß der *sc*-Locus mit 1 B 3—4 zusammenfallen.

An diesem Beispiel wird zugleich ein anderes Phänomen deutlich: die simultane Erzeugung von Chromosomen- und Genmutationen (bzw. Positionseffekten). Wäre man sicher, daß die mit den Chromosomenmutationen meist verbundenen phänotypischen Effekte stets auf Brüche unmittelbar

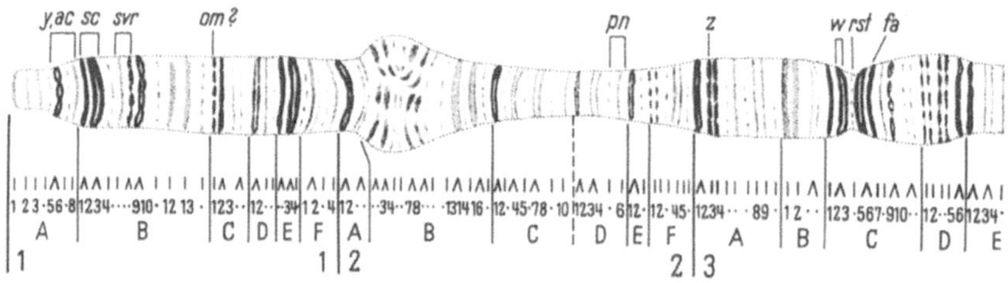

Abb. 52. Das linke Ende des Speicheldrüsen-X-Chromosoms von *Drosophila melanogaster*, nach der Karte von Bridges 1938 und mit Eintragung der lokalisierten Mutationen (Lokalisation im y-ac-sc-Bereich nach Sutton 1943). Näheres im Text.

neben dem mutierten Genort zurückgehen, so hätte man damit, wie Mackensen ausführt, ein besonders einfaches Verfahren zur Genlokalisation in der Hand. Die Erfahrung zeigt aber (siehe oben), daß die Wirkung von Chromosomenbrüchen sich auf 2 oder 3 weitere Querscheiben links und rechts von den Bruchstellen erstrecken kann (Positionseffekt). Besonders der Locus von *scute* ist in dieser Hinsicht sehr anfällig, nicht so der *Notch*-Locus (3 C 7). Nur eine Kombination aller Verfahren führt daher zu verläßlich (wenn auch nur manchmal, S. 84, zu scheinbar widersprüchlichen) Ergebnissen.

Zunächst kann man also sagen, daß einzelne Querscheiben oder sogar nur Teilscheiben (nach Mackensen z. B. die linke Hälfte von 10 A 1—2 im Falle von *vermilion*) in der Regel jene chromosomalen Einheiten darstellen, in welchen die Mutationen stattfinden, die wir mit den Methoden der genetischen Rekombination und nach ihrem Verhalten im Allelie-Test bestimmten „Genen", oder, wie im Falle von 3 C 7, 2 bis 3 Teilgenen (*facet-split*, siehe unten) zuschreiben. Wenn man von Positionseffekten einmal ganz absieht, so scheint die „one band — one gene relationship" weitgehend gesichert, sofern die Doppelscheiben auch als Einheiten gewertet werden[6]. Diese klassische Interpretation ist aber theoretisch anfechtbar. Zunächst

[6] Bei diesen „Doppelscheiben" handelt es sich oft — nicht immer! — um Elemente, deren Doppelnatur morphologisch nicht feststeht, vgl. S. 71; auch sind Doppelscheiben nicht überall so verbreitet wie bei *Drosophila*, Bauer 1935. Die Ansicht von Bridges (1935 b, c; 1937), wonach jedes Gen eine „Kapsel" mit achromatischem Zentrum darstellt, kann, wie Bauer belegt hat, schon aus morphologischen Gründen nicht allgemein zutreffen.

liegt es in der Natur der Lokalisationsexperimente selbst, daß man über die Kontinuität oder Diskontinuität des genetischen Materials keinen klaren Aufschluß erhält. Die allermeisten Verlagerungen sind von phänotypischen Effekten begleitet. Der cytologischen Diskontinuität könnte also ein genetisches Kontinuum zugrundeliegen. Lokalisiert sind ja zunächst nur Mutationen, nicht etwa irgendwelche diskreten Funktionseinheiten des Genoms. Hinzu kommt, daß der klassische Genbegriff selber sich gewandelt hat, so daß das „Gen“ ohne weiteres als Abschnitt eines durchlaufenden

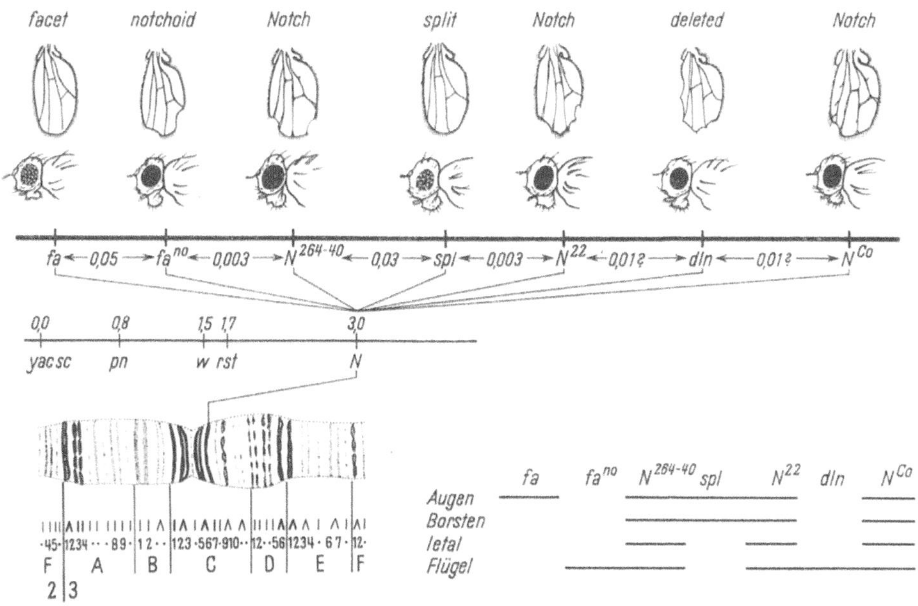

Abb. 53. Genetische und cytologische Feinstruktur des facet-Notch-Bereiches bei *Drosophila melanogaster*, nach Welshons 1958 aus Carlson 1959. Rechts unten sind die pleiotropen Wirkungen der verschiedenen Mutanten graphisch dargestellt.

DNS-Fadens, ohne Zwischenstücke, verstanden werden könnte (siehe unten). Zwei Befunde lassen sich gegen die Annahme eines Kontinuums anführen.

Muller und Prokofieva (1935) haben eine ganze Reihe von strahleninduzierten Inversionen mit *scute*-Effekten, d. h. solche mit einer Bruchstelle im *y-ac-sc*-Bereich und mit der anderen im Heterochromatin, durch crossing-over rekombiniert. Wenn zwei solche Inversionen im *sc*-Bereich nicht identische Bruchstellen besitzen, so müssen rekombinante Chromosomen mit Defizienzen und Duplikationen entstehen, die homozygot letal wirken. Nach diesem Kriterium — Letalität oder Nichtletalität der Rekombinationsprodukte — wurden 16 Chromosomenbrüche auf Identität geprüft. und es stellte sich heraus, daß sie sich auf nur 5 Bruchstellen verteilen (Muller 1956). Die inneren drei Bruchstellen fallen cytologisch wahrscheinlich mit Zwischenscheiben in der Querscheibengruppe 1 A 8 bis 1 B 3—4 zusammen (die von Prokofieva ungenau als „ring 2“ beschrieben wird). Wäre der Genstrang beliebig unterteilbar, so fände dieses Resultat höchstens darin eine Erklärung, daß sehr geringfügige Defizienzen nicht letal wären. Das Versuchsergebnis liefert nach Muller auch ein allgemeines Argument für die Gleichsetzung der Querscheiben mit Genorten. Stellt man die cytologische Länge des gesamten Genoms derjenigen der geprüften Region gegenüber, so müßte das gesamte Genom etwa 5000 bis 15.000 selbständige, durch Bestrahlung nicht unterteilbare Einheiten (= dünnste Querscheiben) enthalten, was den Schätzwerten auf rein genetischer Grundlage[7] direkt entspricht. Die Auszählung der Querscheiben bestätigt dies. Bridges hatte bis 1939 in den Speicheldrüsenchromosomen von *D. melanogaster* 5149 Querscheiben definiert, wobei möglicherweise noch einige sehr dünne Querscheiben übersehen worden waren. Selbst wenn sich die Anzahl durch Hinzurechnung der submikroskopischen Querscheiben (S. 69) verdoppeln würde, bliebe die Übereinstimmung hervorragend.

Ein weiteres Argument für die Existenz diskreter Genorte in Form von Querscheiben (oder Doppelscheiben) ergibt sich aus der Untersuchung *multipler Allele.* Als Allele werden Mutationen definiert, die sich gegenseitig nicht komplementieren, d. h. in cis-trans-Stellung kombiniert, nicht den Normal-Phänotypus ergeben. Wenn zudem ihre phänotypische Wirkung das gleiche Merkmal betrifft, so darf man auch ohne Kenntnis der zugrundeliegenden Enzymwirkungen wohl annehmen, daß es sich um Mutanten ein- und derselben „informatorischen Einheit" (siehe unten) handelt. Fallen die mutanten Allele im Lokalisationsexperiment in den Bereich derselben Querscheibe, so muß diese Querscheibe selber die „informatorische Einheit" darstellen. Beispiele liefern die Serien multipler Allele an den Loci von *vermilion, forked, garnet,* und besonders von *white* (siehe unten, Literatur bei Carlson 1959).

Besondere Verhältnisse herrschen am *Notch*-Locus, weil dieser in der Querscheibe 3 C 7 auch komplementierende Untereinheiten, also keine echten Allele, vereinigt (Welshons 1958). Die verschiedenen Mutationen wirken sich zum Teil mehr auf die Augenfacettierung, zum Teil auch auf die Borstenstruktur, oder mehr auf die Flügelmorphologie aus (Abb. 53). Zu den 4 rezessiven „Subgenen" *facet, facet-notchoid, split* und *deleted* kommen noch 3 dominante *Notch*-„Allele", deren phänotypische Wirkung sich mit jener der rezessiven aber ebenfalls überlappt, so daß an der „informatorischen" Einheitlichkeit des Bereichs ebenso wie an seiner cytologischen auch hier kein Zweifel bestehen kann.

Das Beispiel *Notch* deutet die Unzulänglichkeit des klassischen Genbegriffs bereits an. Nach Welshons (1958) läßt sich der *Notch*-Locus durch crossing-over in insgesamt 7 linear angeordnete Untereinheiten zerlegen (Abb. 53), die sich, wie oben erwähnt, zum Teil als physiologische Allele, zum Teil nicht als solche verhalten (Komplementation — Nichtkomplementation). Sollen wir diese Untereinheiten oder den ganzen Bereich als „Gen"

[7] Hierzu wird die Mutationsrate an einzelnen (durch Allelie definierten) Genorten mit der Mutationsrate des gesamten Genoms verglichen. Für das X von *Drosophila melanogaster* kommt z. B. Alikhanian (1937) mit dieser Methode auf die Zahl von 968 Loci — gegenüber 1024 Querscheiben nach Bridges (1938).

betrachten? Mit der Entdeckung des „Pseudo-Allelismus“ wird diese Schwierigkeit noch offenkundiger: Die bekannten Serien von multiplen Allelen an den Loci von *w, v, g,* usw. erweisen sich nämlich im Rekombinationsversuch häufig überhaupt nicht als positionsgleich, sondern lassen sich innerhalb des klassischen Gen-Locus auf einer linearen Genkarte anordnen (siehe unten). Deshalb kann auch die Frage, ob die einzelne Querscheibe des Riesenchromosoms einem einzelnen „Gen“ entspricht, erst dann widerspruchsfrei beantwortet werden, wenn die verschiedenen Möglich-

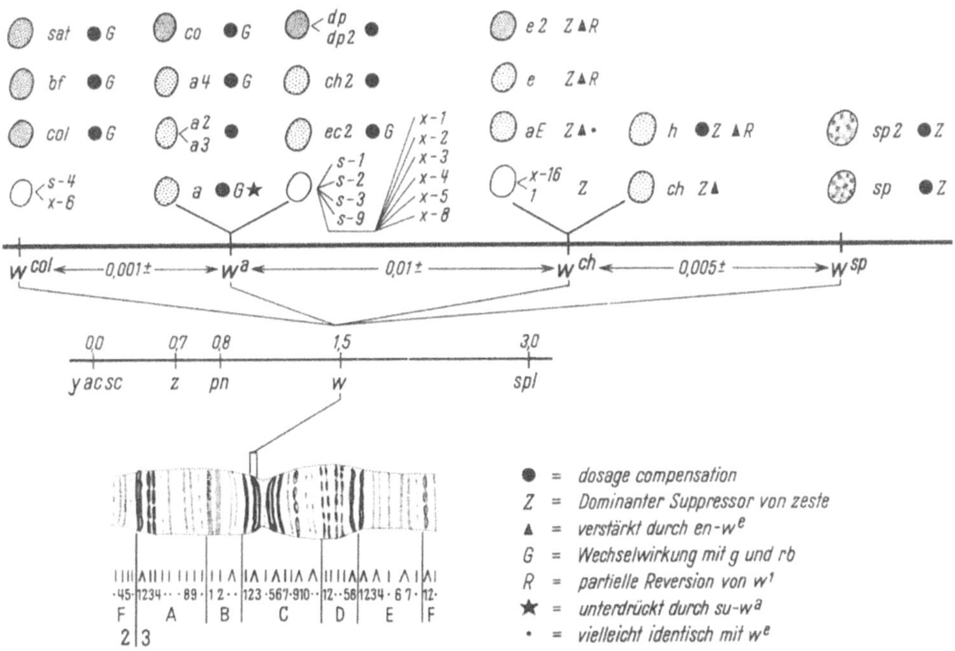

Abb. 54. Genetische und cytologische Feinstruktur des white-Locus von *Drosophila melanogaster*. Nach Daten von GREEN und anderen Autoren aus CARLSON 1959. col = colored; a = apricot; ch = cherry; sp = spotted; *s* und *x* zeigen spontane oder durch Röntgenstrahlen induzierte reinweiße Allele an. Weitere Allelen-Symbole: sat = satsuma; bf = buff; e = eosin; h = honey. Weitere Einzelheiten im Text.

keiten der Unterteilung des genetischen Materials klar definiert sind. Die biochemische Genetik der Mikroorganismen liefern uns diese Definitionen.

Die feinste Unterteilung des genetischen Materials wird auf der Basis von Rekombinations- und Mutationsversuchen erreicht. Als Mutationseinheit („Muton“) und vielleicht auch als Rekombinationseinheit („Recon“) hat wahrscheinlich letzten Endes das einzelne Nukleotidpaar innerhalb des die nächst-höhere Einheit bildenden DNS-Moleküls zu gelten. Diese nächsthöhere Einheit ist die „Informationseinheit“, das informatorische „Gen“. Es soll die vollständige Information zum Aufbau einer bestimmten Sorte von Proteinmolekülen enthalten. Seine experimentelle Definition ist dadurch gegeben, daß alle Mutationen, die eine Änderung der Struktur und Funktion des zugehörigen Proteins bewirken, der gleichen informatorischen Einheit zugerechnet werden, soweit sie auch strukturell zusammengehören. Im engeren Sinn, als „Cistron“, werden dem informatorischen Gen nur diejenigen Mutanten zugerechnet, die sich physiologisch nicht komplementieren. Das informatorische Gen entspricht also seiner Ausdehnung nach am besten dem klassischen Gen. Schließlich ergibt sich aus den Untersuchungen an Mikroorganismen noch die Notwendigkeit, eine „operative“ genetische Einheit zu definieren (Monod 1960). Als „Operon“ verhält sich ein Abschnitt des Genoms, dessen Aktivität (als Informationsabgabe verstanden) der Kontrolle eines gemeinsamen Repressors oder Aktivators unterliegt. Ein Operon kann also mehrere in operativer Hinsicht „gleichgeschaltete“, aber sonst verschiedenartige informatorische Einheiten umfassen.

Aus der vorstehenden Erörterung ergibt sich ohne weiteres, weshalb die Querscheiben der Riesenchromosomen „informatorischen“ Einheiten am nächsten kommen. Ob und wieweit es auch für die anderen Einteilungsmöglichkeiten des Genoms in der Morphologie der Riesenchromosomen Entsprechungen gibt, sei nunmehr an einem Beispiel, dem *white*-Locus, besprochen. Der *white*-Locus (Abb. 54) ist von Slizynska, und später von Demerec und Sutton auf die Doppelscheibe 3 C 2—3 eingegrenzt worden, obwohl auch die Möglichkeit offen blieb, daß 3 C 1 beteiligt ist. Durch die Entdeckung des Pseudoallelismus und durch neuere cytogenetische Untersuchungen (Green 1959, Judd 1961, weitere Literatur bei Carlson 1959) hat sich die folgende interessante Situation ergeben. Die zahlreichen *white*-Allele gliedern sich in 4 Gruppen, die man 4 „Sub-Loci“ zuschreiben kann. Angehörige verschiedener Sub-Loci zeigen Rekombination. Die zwei links gelegenen Sub-Loci, w^{col} und w^{a}, unterscheiden sich auch in ihrem physiologischen Verhalten von den zwei rechts gelgenen, wch und w^{sp}. Mit einer Ausnahme zeigen nämlich die w^{ch}-Allele keine „Dosis-Kompensation“ (Genmanifestation im ♀ schwächer als im ♂) und werden durch ein modifizierendes Gen, *en-*w^{e}, spezifisch verstärkt. Außerdem wirken alle Allele, die den beiden rechts gelegenen Sub-Loci angehören, als dominante Suppressoren des Gens *zeste*; die beiden links gelegenen Sub-Loci haben auf *zeste* keinen Einfluß. Green (1959) hat zeigen können, daß alle vier Gruppen von *white*-Allelen durch Duplikationen der Querscheiben 3 C 2—3 abgedeckt werden, so daß wahrscheinlich w^{col} und w^{a} der Teilscheibe 3 C 2, und wch und w^{sp} der Teilscheibe 3 C 3 angehören. Erstaunlich ist nun die Tatsache, daß Defizienzen für die Querscheibe 3 C 1 ebenfalls wie Verluste des *w*-Locus wirken, daß also die 3 C 1-Defizienzen in Kombination mit den verschiedenen *w*-Allelen und selbst in Kombination mit Defizienzen für die Querscheiben 3 C 2—3 den *white*-Phänotypus ergeben. Wie erklärt sich dieser Widerspruch? Die formal berechtigte Annnahme, mit den 3 C 1-Defizienzen werde jedesmal auch eine *w*-Mutation am Locus 3 C 2—3 induziert, führt hier nicht weiter. Man geht wohl nicht fehl in der Vermutung, daß 3 C 1 zur Aktivierung von 3 C 2—3 notwendig ist, also ein Kontroll-Gen darstellt, das mit dem rechts von ihm gelegenen informatorischen Locus eine operative Einheit bildet. Leider läßt sich diese Vermutung nicht direkt am *puffing* des *w*-Locus prüfen (vgl. S. 104), weil dieser Locus in der Speicheldrüse keinen Puff bildet, also wahrscheinlich still liegt. Auf die Frage der operativen Einheiten komme ich in anderem Zusammenhang noch zurück (S. 100).

Die informatorischen Gen-Loci von *Drosophila* lassen sich, wie die Verhältnisse am *white*-Locus oder am *Notch*-Locus zeigen, nicht wie bei Mikroorganismen in fast beliebig viele Rekombinationseinheiten zerlegen. Hierin deutet sich die Möglichkeit der Existenz von realen strukturellen Untereinheiten oberhalb der Nukleotidebene an, oder, was dasselbe besagt, hierin kommt vielleicht die enge Zusammenfassung von mehreren funktionell verwandten Loci zu „komplexen" (informatorischen) Loci zum Ausdruck. Das morphologische Korrelat dazu würden die zum Teil ja schon im Lichtmikroskop erkennbaren „Teilscheiben" bilden, in die die dickeren Querscheiben (z. B. als „Doppelscheiben") öfter zerfallen. Die Frage, ob grundsätzlich alle dickeren Querscheiben „Komplexe" von dünneren Elementarscheiben darstellen, wurde bei der Besprechung der Querscheibenmorphologie schon angeschnitten. Ein Argument für diese Möglichkeit liefern die DNS-Messungen von Rudkin, Corlette und Schultz (1956) an einzelnen Querscheiben der Chromosomen 2 L, 2 R und X aus den Speicheldrüsen von *Drosophila melanogaster*. Die 59 mikrophotometrisch untersuchten Querscheiben ordnen sich in eine arithmetische Reihe von neun DNS-Klassen, deren Basiswert bei Umrechnung auf die einzelne Chromatide eine „genetische Elementareinheit" von der Größe eines einzelnen DNS-Moleküls mit etwa 50.000 Nukleotidpaaren ergibt. Dickere Chromomeren wären danach allgemein als komplexe Genorte mit mehreren hintereinandergeschalteten DNS-Molekülen aufzufassen, doch ist damit keineswegs ausgesagt, daß der geforderte komplexe Aufbau auch morphologisch manifest werden müßte. Das genetische Material innerhalb der Querscheiben ist auf jeden Fall stark gefaltet oder spiralisiert (vgl. S. 66) — schon ein einziges DNS-Molekül wäre bei völliger Abspulung erheblich länger als die dicksten Querscheiben dick sind — und es ist nicht bekannt, ob die möglichen Untereinheiten eines Gens sich gemeinsam oder getrennt zu Chromomeren zusammenfalten. Bei getrennter Spiralisierung würde jedes Teil-Gen nach der Rechnung von Muller (1935) höchstens $1/8\,\mu$ lang, d. h. jede Teilscheibe höchstens $1/8\,\mu$ dick sein können (S. 68).

Zusammenfassend erhalten wir ungefähr das folgende Bild: Die Querscheiben sind informatorischen Einheiten gleichzusetzen. Die dickeren Querscheiben und insbesondere die Doppelscheiben setzen sich aus mehreren, durch Rekombination trennbaren genetischen Untereinheiten mit gemeinsamen bzw. verwandtem Informationsgehalt zusammen. Diese entsprechen etwa einzelnen DNS-Molekülen. Kleinere Rekombinationseinheiten wurden bisher nicht gefunden, doch ist aus allgemeinen Gründen zu fordern, daß zumindest die mutierende Einheit im Extrem das einzelne Nukleotidpaar ist. Die Anzahl der mutanten (nicht-identischen) „Allele" ist deshalb praktisch unbegrenzt. Auf der anderen Seite können mehrere Querscheiben zu operativen Einheiten zusammengeschlossen sein.

c) Die Konstanz des Querscheibenmusters

Frühere Beobachter haben den Riesenchromosomen eine ähnliche regelmäßige Querstreifung zugeschrieben wie etwa den Muskelfasern (z. B. Korschelt 1884, vgl. Abb. 1 a). Erst allmählich setzte sich die erstmals von

Flemming (1882) und von van Gehuchten (1890) klar formulierte Erkenntnis durch, daß Dicke und Abstand der Querscheiben in aperiodischer Folge wechseln. Die Tatsache, daß die Querscheibengliederung in den homologen Chromosomen aller Zellkerne der gleichen Spezies identisch ist, wurde freilich viel später entdeckt. Sie bildete eines der wesentlichen Argumente für die Chromosomennatur der „Kernschleifen" und für ihren polytänen Aufbau (Abb. 55, Heitz und Bauer 1933, Painter 1933 ff., King und Beams 1934).

Die Anordnung und Reihenfolge der Querscheiben in den Riesenchromosomen ist in demselben Sinn als „konstant" aufzufassen wie die genetische Struktur jedes einzelnen Gens, d. h. sie ist nur durch Mutationen abwandelbar. Als solche kommen einmal die gewöhnlichen Umlagerungen, wie Inver-

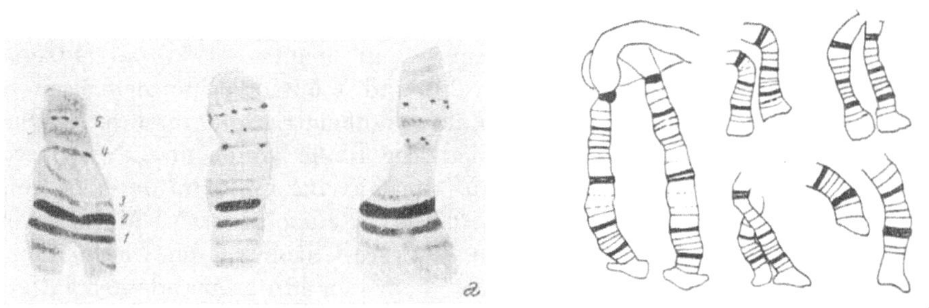

Abb. 55. Konstanz des Querscheibenmusters bei *Bibio* (*a*) und bei *Simulium* (*b*), nach Heitz und Bauer 1933 und nach Geitler 1934

sionen und Translokationen, oder Duplikationen und Defizienzen in Betracht, zum andern auch strukturelle „Klein-Mutationen" (Strukturabwandlungen). Bekanntlich lassen sich interspezifische Unterschiede im Querscheibenmuster, besonders bei näher verwandten Arten, oft vollständig auf Inversionen oder auf Translokationen ganzer Chromosomenarme zurückführen (Abb. 56). Die phylogenetischen Beziehungen innerhalb einer Gattung sind auf diese Weise einfacher und eindeutiger rekonstruierbar als an Hand von äußeren Merkmalen; denn in der Struktur des Chromosomensatzes „spielen Konvergenzen, die so häufig eine natürliche Systematik verdunkeln, keine Rolle" (Bauer 1936 a, 1946). Besonders eingehend sind die „Chromosomenstammbäume" innerhalb der Gattung *Drosophila* (zusammengestellt bei Patterson und Stone 1952), neuerdings auch innerhalb der Gattungen *Chironomus* (Keyl 1960 c) und *Simulium* (Basrur 1959, Dunbar 1959) bearbeitet worden.

Neben den eindeutig auf Translokation etc. beruhenden Veränderungen des Karyotypus sind sicher auch feinere Struktur-„Abwandlungen" (Keyl 1961 b) an seiner Evolution beteiligt, worauf in anderem Zusammenhang schon hingewiesen wurde (S. 60). Geringfügige Strukturmutationen waren zuerst von Pätau (1935, Abb. 57 *a*) und von Metz (zusammengefaßt 1947) als Grundlage von Spezies-Unterschieden bei *Drosophila* und *Sciara* entdeckt worden. Metz (l. c.) hat sie orthodox als winzige Duplikationen, Inversionen etc. gedeutet. Diese Deutung liegt in manchen Fällen (Abb. 57 *b*) zwar nahe, befriedigt in anderen aber durchaus nicht (Abb. 58,

59). Hier sei besonders an die *thummi*-Bastarde (S. 60, vgl. Abb. 38) erinnert. KEYL (1961 b) schlägt deshalb das Wort „Struktur-Abwandlungen" als neuen Terminus für genetische Änderungen in der Struktur und Färbbarkeit einzelner Querscheiben oder Querscheibengruppen vor.

Die *Chromosomenkarten* sind in der Regel Zeichnungen, die den Chromomerenbau (Querscheibenmuster + Einschnürungen) der Riesenchromosomen in allen

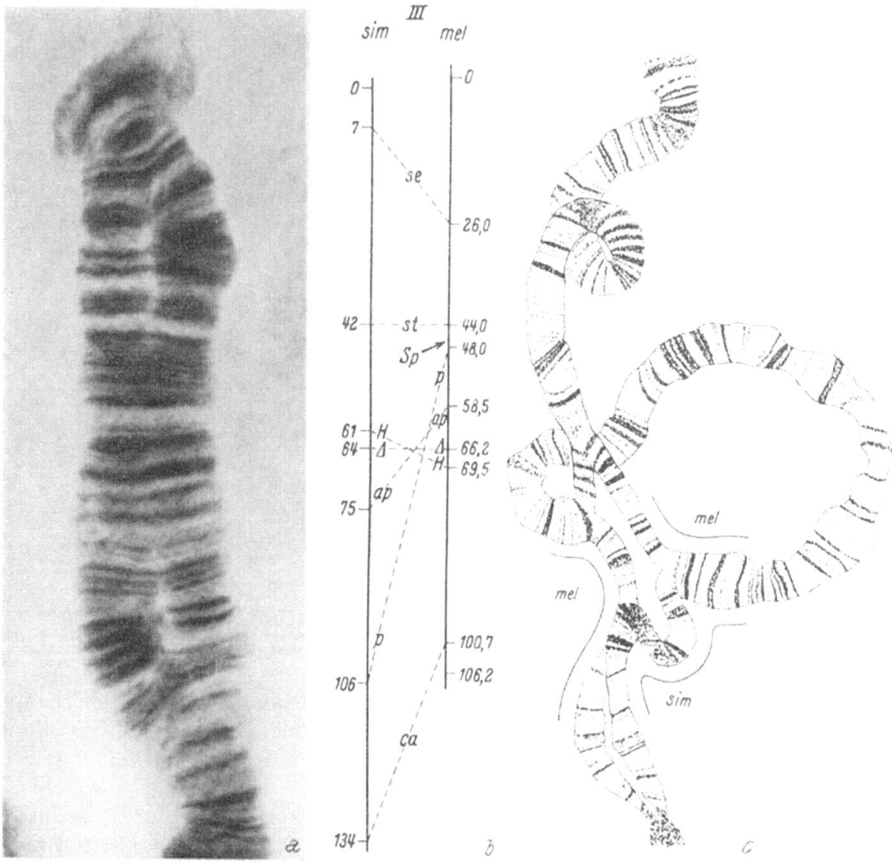

Abb. 56. Inversionen von Chromosomenabschnitten in der Evolution. *a*: Intraspezifische Varianten bei *Chironomus*; heterozygote Kombination zweier Inversionen, die sich nicht genau decken (der eine Partner ist also gegenüber dem anderen doppelt invertiert); nach BEERMANN 1955. *b, c*: Interspezifische Inversion, dargestellt am 3. Chromosom des Bastards *Drosophila simulans/melanogaster*. Die genetische Analyse der veränderten Koppelungsbeziehungen (Mutationen p, ap, Δ, H) durch Sturtevant (links) wird durch den cytologischen Befund von PATAU 1935 (rechts) bestätigt.

Einzelheiten möglichst vollständig und wirklichkeitsgetreu darstellen sollen, also in einem optimalen Zustand, wie er im Einzelfall nur selten, und meist nur in wenigen Abschnitten der Chromosomen, verwirklicht ist. Außerdem gehört zu jeder Chromosomenkarte ein Referenzsystem aus Buchstaben und Ziffern, das die eindeutige Kennzeichnung der Chromosomenabschnitte und Querscheiben gestattet. Wenn auf Vollständigkeit zunächst kein Gewicht gelegt wird, können auch, wie dies ROTHFELS (1954) bei *Simulium* gezeigt hat, photographische Aufnahmen als Karten dienen. Sonst geht man mit BRIDGES (1935 b) folgendermaßen vor: Nach

Feststellung der relativen Länge der verschiedenen Chromosomen des Satzes (nur die euchromatischen Abschnitte können berücksichtigt werden) werden die einzelnen Chromosomen in kleinere Abschnitte unterteilt, deren Grenzen durch besonders auffällige Marken („landmarks"), z. B. dicke Querscheibengruppen, besonderer Scheibensequenzen etc. gegeben sind. Auf die maßstabgerechte Eintragung dieser Marken folgen die feineren Einzelheiten, d. h. es werden Abschnitt für Abschnitt die jeweils besten Stellen aus den Präparaten herausgezeichnet und der Karte eingefügt. Mit Rücksicht darauf, daß Chromosomensätze von Dipteren in der Regel Tausende von Querscheiben erkennen lassen, sind der Genauigkeit der

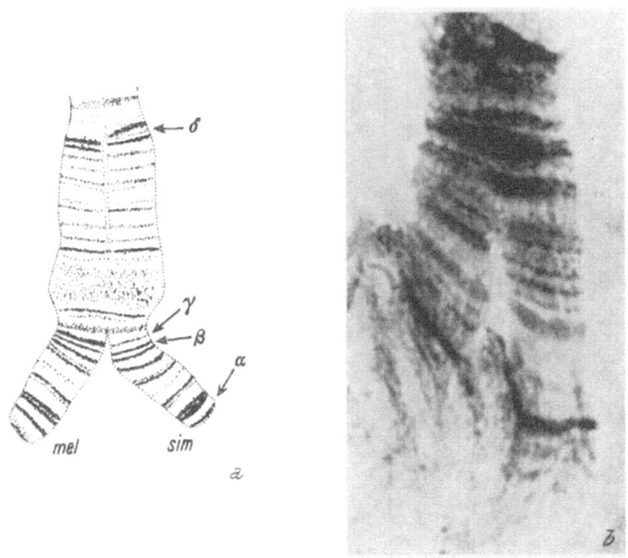

Abb 57. Kleine Strukturmutationen in der Chromosomen-Evolution. *a*: Linkes Ende des X im Bastard *D. simulans/melanogaster*. α, β, γ. δ: Strukturdifferenzen, nach PÄTAU 1935. *b*: Intraspezifische Varianten bei *Chironomus tentans* (rechtes Ende von Chromosom 1).

Karten praktische Grenzen gesetzt; für die wohl vollständigste Karte überhaupt, die des X-Chromosoms von *D. melanogaster*, hat BRIDGES bis zur Fertigstellung Jahre gebraucht. Welche Genauigkeit im Einzelfall zu fordern ist, hängt selbstverständlich ganz von der Fragestellung ab.

Mit BRIDGES (1935 b) werden die Chromosomenkarten in durch arabische Ziffern gekennzeichnete Abschnitte (Regionen) eingeteilt, diese sodann in Unterabschnitte, die mit Buchstaben bezeichnet sind; die Querscheiben werden innerhalb jedes Unterabschnittes durchnumeriert. Das „3 C 7-Band" z. B. ist die Querscheibe 7 im Unterabschnitt C der Region 3 (des X-Chromosoms) von *D. melanogaster*. Abschnittsgrenzen werden durch gut erkennbare Querscheiben gebildet; dabei beginnt möglichst jeder Abschnitt mit einer Querscheibe und hört mit einer Zwischenscheibe auf. BRIDGES hat in seinen Karten die Abschnitte, beginnend mit dem linken Ende des X-Chromosoms über 2 L . 2 R, 3 L . 3 R bis zum distalen Ende vom Chromosom 4 fortlaufend numeriert, während andere Autoren (bei anderen Dipteren) die Bezifferung in jedem Chromosom neu beginnen lassen.

Obwohl die Speicheldrüsen-Chromosomenkarten von *Drosophila melanogaster* (BRIDGES 1935 c, 1938, 1939) sich in fast 20 Jahren cytogenetischer Arbeit als verläßliches Referenzsystem bewährt haben, ist die Konstanz des Querscheibenmusters von einigen Autoren (Sengün und Kosswig 1947) bestritten worden und zwar mit dem Argument, daß die Übereinstimmung im Querscheibenmuster homologer Chromosomen von Zelle zu Zelle oder zumindest von Organ zu Organ nicht hinreichend belegt sei. Nun läßt sich tatsächlich die völlige Gleichheit zweier Dinge niemals be-

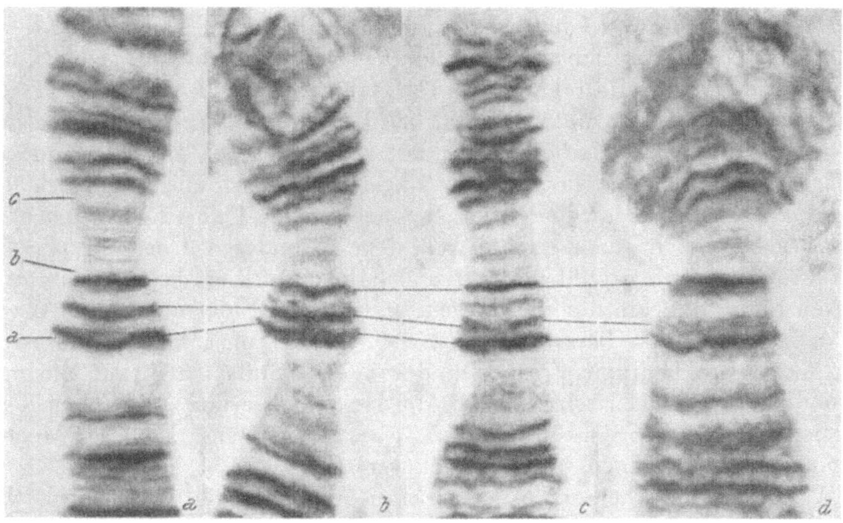

Abb. 58. „Strukturabwandlungen" in der Evolution eines Chromosomenabschnitts von *Chironomus*. *a*: *Chironomus thummi thummi*; *b, c*: *Chironomus parathummi*; *d*: *Chironomus obtusidens*. Nach Keyl 1961.

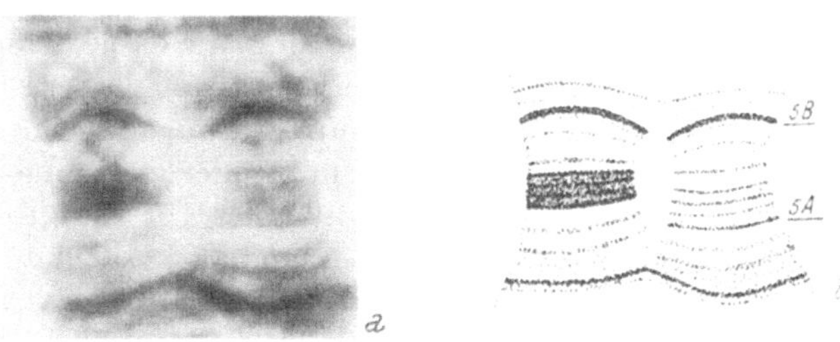

Abb. 59. Eine kleine Struktur-Mutation im 4. Chromosom von *Chironomus tentans*, heterozygot. Nach Beermann 1955.

weisen, aber Sengün versucht auch, seine Meinung, daß nämlich das Spektrum der Querscheiben in den Kernen verschiedener Organe „vollkommen verschieden" sei, konkret zu demonstrieren. Nur in ganz groben Strukturmerkmalen seien Übereinstimmungen erkennbar. Es wird also in Bausch und Bogen geleugnet, was vorher allgemein als selbstverständlich galt. Lange Zeit hatte man sich ja mit der Verläßlichkeit der Chromosomenkarten begnügt und geringere Abweichungen auf mangelnde Technik, „physiologische" Schwankungen etc. zurückgeführt. Von Sengün wird nun zunächst geltend gemacht, die Anzahl der Querscheiben liege nicht fest; man zähle im gleichen Chromosom je nach der Herkunft einmal mehr und einmal weniger Querscheiben. Sengün geht aber noch weiter: Es gelingt ihm nicht einmal, wenigstens die nach ihrer Lage und ihren Struktureigentümlichkeiten besonders markanten Querscheiben in homologen Chromosomen verschiedener Herkunft wiederzuerkennen.

Natürlich ist die Anzahl der von Fall zu Fall erkennbaren Elemente eines Musters keineswegs ein ausschlaggebendes Kriterium für seine Konstanz. Das gleiche Querscheibenmuster kann in gröberer oder in feinerer Differenzierung vorliegen, je nach der Technik und je nach der Herkunft und Polytäniestufe des Chromosoms (man vergleiche die Karten des X von *D. melanogaster*, die Bridges 1935 und 1938 veröffentlicht hat, siehe S. 69). Im konkreten Einzelfall hängt es von zahlreichen Faktoren ab, ob eine Querscheibe als solche noch erkannt wird oder nicht, insbesondere, wenn es sich um dünne Querscheiben handelt (Bridges 1936). Deshalb muß zunächst die Übereinstimmung in der Lage und Anordnung der durch ihre Dicke oder Feinstruktur eindeutig gekennzeichneten Querscheiben den Ausschlag geben. Sieht man einmal von dem besonderen Umstand ab, daß manche Querscheiben bald doppelt und bald einfach erscheinen, so sind es letzten Endes ohnehin nur die dünnen und blassen Elemente, deren Anzahl nicht feststeht (vgl. bereits Bridges 1935 a, b). Sonst können höchstens modifikatorisch bedingte Zustandsänderungen („puffs" etc.), auf die noch besonders eingegangen wird (S. 95), die Homologisierung erschweren. Daß es Sengün technisch nicht möglich war, wenigstens gröbere Musterhomologien zu erkennen, ist schwer zu verstehen.

Wäre das Querscheibenmuster wirklich „völlig" variabel, so würde das, wie Sengün und Kosswig (1947) richtig gefolgert haben, auch bedeuten, daß das Querscheibenmuster nicht die primäre Genanordnung der mitotischen Chromosomen widerspiegeln kann (vgl. Abschnitt Entwicklung). Bloße Ausprägungsunterschiede in der Struktur der Musterelemente würden sich der These der genetischen Konstanz noch einfügen lassen, Umlagerungen aber nicht, denn die Hypothese fordert zunächst nur die Konstanz des „gene arrangements", nicht dagegen die Konstanz aller individuellen Struktureigentümlichkeiten. Berger (1941) hat als erster für die gröberen Musterelemente der Mitteldarmchromosomen („landmarks") und der Speicheldrüsenchromosomen von *Sciara* den Nachweis der Konstanz erbracht. Aber zwischen den „landmarks" blieb hypothetisch immer noch Platz für etwaige sekundäre Strukturumlagerungen im Sinne von Sengün. Detailliertere Daten sind zunächst von Slizynski (1950) für einen bestimmten strukturheterozygoten Abschnitt des X-Chromosoms in Speicheldrüsen und Mitteldarm von *Drosophila melanogaster* beigebracht worden; die Übereinstimmung war in allen Einzelheiten vollständig. Ebensowenig konnten Pavan und Breuer (1952) in einer vergleichenden Untersuchung an verschiedenen Organen von *Rhynchosciara angelae* irgendeinen Hinweis zugunsten der Sengünschen Vorstellungen entdecken. Schließlich wurden Sengüns Ergebnisse auch an *Chironomus* selbst eingehend überprüft (Beermann 1950, 1952 a).

Die Untersuchungen (Beermann 1952 a) beschränken sich auf das Chromosom 3 von *C. tentans* und nehmen ihren Ausgang von einem kurzen, strukturheterozygoten und daher eindeutig definierten Abschnitt dieses Chromosoms (Regionen 14 A bis 15 B der Chromosomenkarte). In diesem Bereich war die Homologie der Musterelemente in den vier auch von Sengün und Kosswig studierten Organen — Speicheldrüse, Malpighische

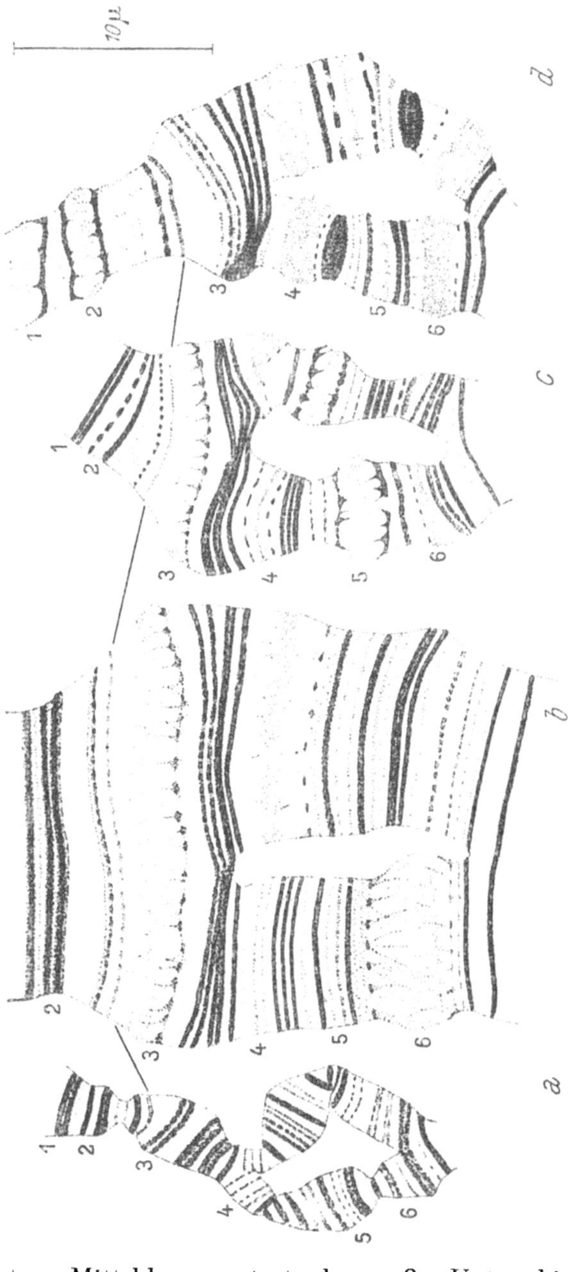

Abb. 60. Gewebespezifische Puffs im Bereich einer kleinen Inversion des 3. Chromosoms von *Chironomus tentans*. *a* Mitteldarm, *b* Speicheldrüse, *c* Malpighigefäß, *d* Rectum. Nach Beermann 1952a.

Gefäße, Rectum, Mitteldarm — trotz der großen Unterschiede im „Habitus" der Chromosomen (S. 16) verhältnismäßig einfach sicherzustellen, wenn man von einzelnen sehr feinen Querscheiben im Bereich der „puffs" einmal absieht (Abb. 60). Der Vergleich wurde dann auf das ganze dritte Chromosom ausgedehnt, indem für jedes der vier Organe eine unabhängige Chromosomenkarte entworfen wurde. Die Gegenüberstellung dieser vier Chromosomenkarten bestätigt die Befunde von Berger, Slizynski und Pavan und Breuer: Alle auffälligen Musterelemente sind in den vier Organen in gleicher Lage und Anordnung wiederzufinden. Es kommen aber auch deutliche Unterschiede vor, und zwar in der Anzahl und in der individuellen Ausprägung der Musterelemente. Die Karte des Speicheldrüsenchromosoms zeigt etwa 380, die des Malphigigefäß-Chromosoms 440, die des Rectum-Chromosoms etwa 380, und die des Mitteldarmchromosoms 490 Querscheiben. Diese Zahlenunterschiede gehen, wie erwähnt, auf das Konto der feinsten Querscheiben und außerdem zu Lasten der wechselnden Erkennbarkeit der Doppelscheiben (Beispiele siehe unten). Aus der Größe der Zahlendifferenzen (maximal 100 Querscheiben) läßt sich also der Anteil der feineren und feinsten Querscheiben am Aufbau der Riesenchromosomen abschätzen (vgl. auch S. 70). Die höhere Querscheibenanzahl in Malpighigefäß- und Mitteldarmchromosomen ist sicher eine Folge der größeren Länge und größeren inneren Ordnung dieser Chromosomen, außerdem der Tatsache, daß sie sich leichter dehnen lassen. Dieser Vorteil wird bei den Rectum-Chromosomen durch die Neigung zu stellenweiser Strukturauflockerung teilweise wieder aufgehoben. Am Rande sei vermerkt, daß die Zeichnung eines von Sengün und Kosswig (1947) als Beleg für die Variabilität abgebildeten langen Mitteldarmchromosoms insgesamt nur 260 bis 270 Querstreifen (gegen 480 bei Beermann 1952 a) erkennen läßt.

Um bei den qualitativen Unterschieden zunächst ein Maß für die „Homologisierbarkeit" von Organ zu Organ zu erhalten, kann man die eindeutig mit Querscheiben eines Bezugsorgans identifizierbaren Querscheiben in den anderen Organen auszählen. Hierbei ergeben sich für die Karten des dritten Chromosoms von *C. tentans* folgende Zahlen: Bezugsorgan Speicheldrüse, mit 380 Querscheiben; homologisierbar in Malpighigefäßen 270, im Rectum 240, im Mitteldarm 260 Querscheiben. Oder: Bezugsorgan Mitteldarm, mit 480 Querscheiben; homologisierbar in Malpighigefäßen 310, im Rectum 265. Mindestens 60—70% aller Querscheiben sind also in den homologen Chromosomen anderer Organe unverwechselbar wiederzuerkennen. Bei dem Rest, der nicht „aufgeht", handelt es sich in erster Linie um sehr feine Querscheiben, deren Homologisierung einfach mangels eindeutiger Kennzeichen (Schichtdicke, Granulierung usw.) unmöglich ist. Wenn z. B. in einem Bereich des Mitteldarmchromosoms vier feine gleichartige Scheiben nebeneinander stehen, im gleichen Bereich des Rectumchromosoms aber nur zwei, so muß die Homologie offenbleiben, es sei denn, man versucht eine experimentelle Homologisierung mit Chromosomenmutationen.

Während die vorstehend genannten Daten höchstens geeignet wären, die Konstanz des Querscheibenmusters in den Chromosomen von *Chironomus* noch zu unterstreichen — denn sie beziehen sich auf generelle Unklarheiten oder auf Unsicherheiten in der Ortsbestimmung, die zu erwarten waren —, führt die genauere Analyse der Unterschiede in einigen Punkten über die bloße Feststellung der Konstanz hinaus. Die Untersuchung beschränkt sich von vorneherein auf solche Querscheiben oder Querscheibengruppen, deren Homologiebeziehungen eindeutig definierbar sind. Hier ergeben sich nun die folgenden, zum Teil schon erwähnten Möglichkeiten: 1. Präsenz-Absenz: Eine Querscheibe wird in einem oder mehreren Organen immer gefunden, ist aber in einem anderen bisher nicht beobachtet worden (z. B. Abschnitt 3 C in der Karte des dritten Chromosoms von *C. tentans*, BEERMANN 1952 a, auf welche sich auch die folgenden Beispiele beziehen). 2. Einfach-Doppelt: Eine Querscheibe erscheint in einem Organ

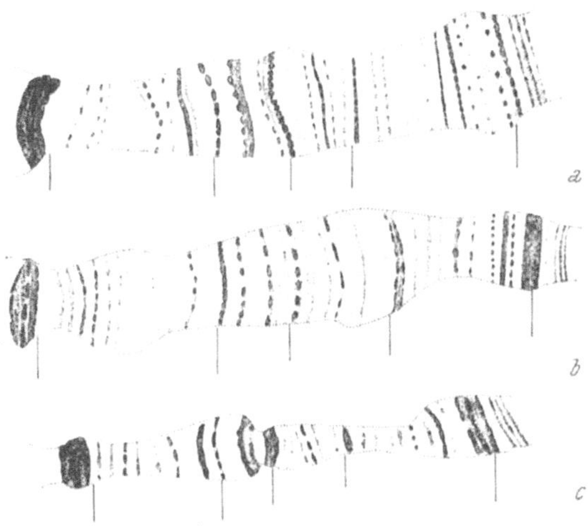

Abb. 61

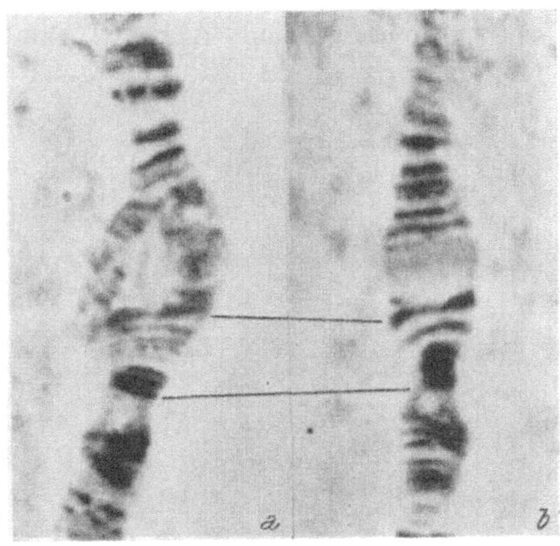

Abb. 62

Abb. 61. Diffuse Querscheiben und andere gewebsspezifische Strukturmodifikationen im 3. Chromosom von *C. tentans*. *a* Malpighigefaß, *b* Rectum, *c* Mitteldarm. Nach BEERMANN 1952a.

Abb. 62. Zellspezifische Unterschiede in der Ausprägung einer Querscheibengruppe bei *Trichocladius vitripennis*. *a* aus den „Körnchenzellen", *b* aus den Normalzellen der Speicheldrüse.

doppelt, während sie in einem anderen nur als Einheit darzustellen ist (z. B. Querscheibe 13 A 1 im dritten Chromosom von *C. tentans*, Speicheldrüse gegenüber Malpighigefäßen). 3. Abstand: Das Abstandsverhältnis dreier Querscheiben ist in einem Organ deutlich gegenüber dem in einem anderen Organ verschoben (z. B. im Abschnitt 14 B, Mitteldarm gegenüber Speicheldrüse und Malpighigefäßen). 4. Granulation: Eine Querscheibe ist in einem Organ in Granula unterteilt, in einem anderen nicht (z. B. Abschnitt 15 B, Malpighigefäße und Rectum gegenüber Speicheldrüse und Mitteldarm). 5. Färbung: Dieselbe Querscheibe ist in einem Organ immer intensiv gefärbt, in einem anderen blaß (z. B. Scheibe 12 B 1 im Rectum gegenüber den anderen Organen); hierher gehören auch Unterschiede in der „Dichte der Grundsubstanz" (vgl. S. 72), so z. B. in den Abschnitten 7 C oder 9 A (vgl. Abb. 61). 6. „Puffing" (z. B. Abschnitte 2 A, 7 C, und in kleinerem Ausmaß an vielen Stellen). Die meisten Varianten werden in Abb. 61 deutlich.

Die meisten der hier definierten Unterschiede vertragen sich ohne weiteres mit den orthodoxen Vorstellungen über die genetische Konstanz der Chromosomenstruktur, so z. B. Unterschiede in der Erkennbarkeit (Punkt 1 und 2) oder manche Unterschiede in der Granulation (4). Dagegen sind spezifische Verschiebungen in den Abstandsrelationen, welchen man ja auch einen Teil der unter Punkt 2 genannten Unterschiede zurechnen muß, nicht unmittelbar verständlich, und mehr noch gilt dies für die beobachteten gewebespezifischen Änderungen der DNS-Menge oder DNS-Verteilung (Punkt 5). Teilweise wird man diese Unterschiede vielleicht einmal auf die unterschiedliche Zusammensetzung oder unterschiedliche Reaktion der lokalen Chromosomenproteine zurückführen können (das gilt ebenso für die Granulastruktur). Ob man die vereinzelt sehr krassen Färbungsunterschiede, die in ihrem Effekt den genetischen Strukturabwandlungen (S. 87) vergleichbar sind (Abb. 62), sämtlich als bloße Dispersionsunterschiede der

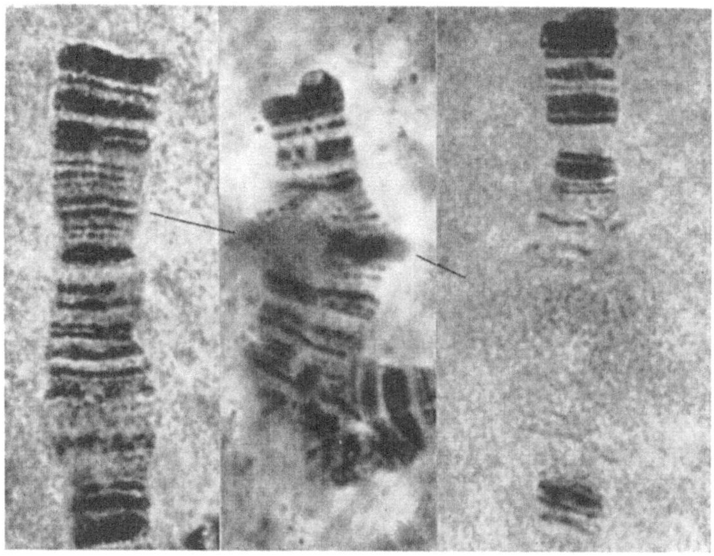

Abb. 63. Verschiedene Entwicklungsstadien eines Puffs in den Speicheldrusenchromosomen von *Sciara*. Nach Poulson Metz 1938.

DNS, also nur auf der Basis der Proteinstruktur, erklären kann, bleibe dahingestellt. Vielleicht gibt es doch auch irreversible, gewebespezifische Veränderungen im DNS-Gehalt ein- und desselben Chromosomenortes — eine Möglichkeit, die besonders durch die Befunde an den *Sciara*-Puffs (Rudkin und Corlette 1957, vgl. S. 107) und durch die vor kurzem entdeckte asynchrone Vermehrung der DNS im Heterochromatin (Lima-de-Faria 1959) nahegelegt wird.

Am auffälligsten sind von allen Unterschieden zweifellos diejenigen, die auf das Phänomen des *puffing* zurückgehen. Das kommt in den Karten des dritten Chromosoms von *C. tentans* (Beermann 1952 a) nur deshalb weniger zum Ausdruck, weil diesen Karten solche Stadien zugundegelegt wurden, die möglichst wenig *puffing* zeigten. Gewöhnlich sind die Unterschiede viel ausgeprägter. Wie die Untersuchung gezeigt hat, beruhen diese Unterschiede auf Modifikationen der Chromosomenstruktur, die nicht bloße Begleiterscheinungen der Zelldifferenzierung sein können, sondern als Ausdruck einer spezifischen Aktivierung einzelner Genorte aufgefaßt werden müssen. Diese Erscheinungen sollen deshalb in dem folgenden Abschnitt gesondert besprochen werden.

7. Aktivitätsbedingte Modifikationen der Chromosomenstruktur

a) Puffs und Balbiani-Ringe, Morphologie

Auf das Vorkommen von örtlich begrenzten und in ihrer Ausprägung stark variablen Anschwellungen in Speicheldrüsenchromosomen, im Englischen kurz „puffs" genannt, haben erstmalig BRIDGES (1937) sowie POULSON und METZ (1938) hingewiesen. Bei *Drosophila melanogaster* z. B. sind nach BRIDGES die Abschnitte 58 E und F des Speicheldrüsenchromosoms 2 R „often ... converted into a much swollen light staining ‚puff' in which the banding is very hard to see". Bei den *Sciariden* und bei den *Chironomiden* kommt das *puffing* häufiger vor bzw. ist deutlicher ausgeprägt als bei den höheren Dipteren. Nach POULSON und METZ (1938) gibt es in den Speicheldrüsenchromosomen von *Sciara ocellaris* mindestens 10 Regionen „which may become expanded". In diesen angeschwollenen Regionen ist die Querscheibenstruktur nicht mehr erkennbar. Das chromatische Material scheint diffus über den ganzen veränderten Bereich verteilt zu sein, und dieser Bereich kann nach den Angaben von POULSON und METZ in jedem Puff bis zu 30 Querscheiben umfassen (vgl. Abb. 63). Das heißt nicht, daß die Puffs von ebensovielen Querscheiben gebildet werden. Wie das Studium der Übergangsstadien bei *Chironomus* (BEERMANN 1952 a) deutlich zeigt, beginnt das *puffing* stets im Bereich einzelner bestimmter Querscheiben. Die benachbarten Querscheiben werden in den Auflockerungsprozeß nur sekundär hineingezogen.

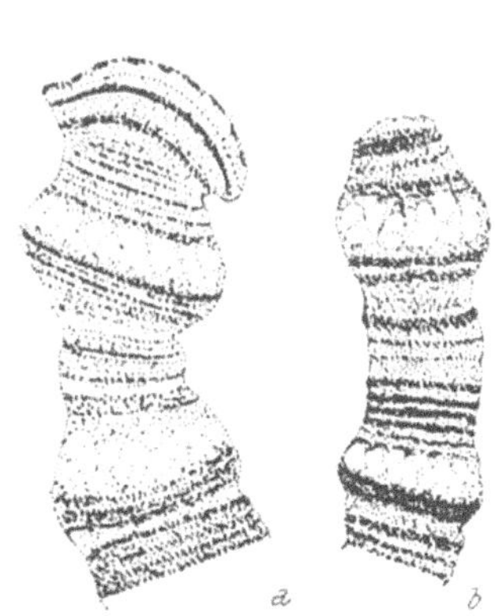

Abb. 64. Nebennukleolen-Bildungsorte in den Speicheldrusenchromosomen von *C. thummi*. Nach BAUER 1935.

Morphologisch lassen sich verschiedene Typen von Puffs unterscheiden. POULSON und METZ (1938) stellen den typischen Puffs, die eine völlig diffuse Binnenstruktur aufweisen, die „bulbs" gegenüber, die durch die lokale Ansammlung von Stoffwechselprodukten entstehen. Es handelt sich um vakuolisierte Bereiche, ähnlich denen, die BAUER (1935) als Bildungsorte von „Nebennukleolen" darstellt (Abb. 64). Nebennukleolen in *Chironomus*-Speicheldrüsenchromosomen beschreiben auch KING und BEAMS (1934). Ihre Entstehung ist immer an Puffs gebunden, wie sich auch durch die experimentelle Induktion der „Tröpfchen"-Bildung in Puffs demonstrieren läßt (Abb. 65 *c, d*; vgl BEERMANN 1952 a). Zwischen „bulbs" und „puffs" besteht. also kein prinzipieller Unterschied. Die Tröpfchen färben sich schwach mit basischen Farbstoffen, sind aber feulgennegativ. Sie enthalten also RNS. Außerdem läßt sich höheres Protein nachweisen. FAUSSEK (1913) hat festgestellt, daß die Tröpfchen mit Silbermethoden elektiv darstellbar sind (Abb. 65 *d*). Sie teilen die „Argentophilie" mit den Nukleolen (vgl. Abb. 42).

Manche Puffs besitzen nicht die typische homogene Binnenstruktur, sondern lassen noch andeutungsweise den Verlauf einer oder mehrerer dicker Querscheiben erkennen. Kleine Puffs sind bei oberflächlicher Betrachtung von Querscheiben kaum zu unterscheiden, besonders wenn sich das *puffing* auf unscheinbare Änderungen in der Feinstruktur einer einzelnen Querscheibe beschränkt. Nur in der diffusen Kontur, in der blasseren Färbung und in einer leichten Schwellung verrät sich dann noch das *puffing* (Abb. 61, 65). Da alle Puffs cytochemisch durch höhere Proteine gekennzeichnet sind (und durch RNS, die jedoch zuweilen nicht nachweisbar ist,

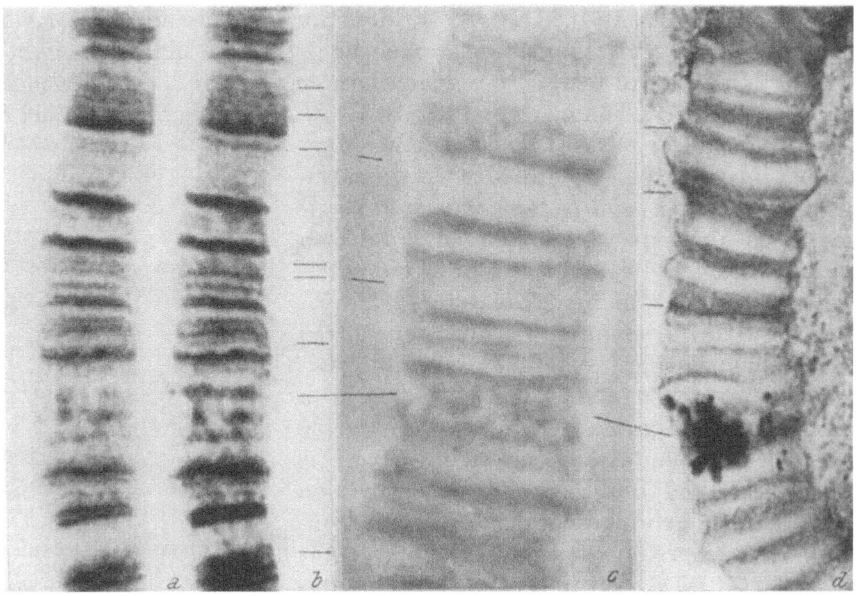

Abb. 65. Der gleiche Chromosomenabschnitt (1 R von *Chironomus tentans*) bei verschiedener Behandlung zur Darstellung von Puffs. *a*, *b* Doppelfärbung mit Orcein-Lichtgrün, einmal in Grünlicht (*a*) und einmal in Rotlicht (*b*) photographiert. Puffs durch Striche markiert. *c*: Lebendaufnahme im Phasenkontrast: Nebennukleolen (Tröpfchen) im Bereich des großen Puffs. *d*: Versilberung mit Protargol. Nebennukleolen und Puffs dunkel, andere Querscheiben hell.

vgl. S. 145), kann in Zweifelsfällen die Färbung mit sauren Farbstoffen (Lichtgrün) zur Charakterisierung dienen (Abb. 65 *a*, *b*).

Eigentümlich für die Riesenchromosomen, und besonders für die Speicheldrüsenchromosomen, der *Chironomiden, Simuliiden* und anderer *Nematoceren* sind die „Balbiani-Ringe“ (Abb. 66—72, vgl. Abb. 1 *a*). Sicher kommen Balbianiringe auch in Malpighigefäß-Chromosomen vor (BEERMANN 1959, vgl. Abb. 75). Ihrer besonderen Größe und ihrer geringen Anzahl wegen wurden die Balbianiringe früher den Nukleolen gleichgestellt (BAUER 1935, POULSON und METZ 1938). In Wahrheit sind sie besonders große Puffs, wie das Fehlen einer scharfen Phasengrenze, die symmetrische Gestalt und die Feinstruktur deutlich zeigen. Jeder Zelltyp ist durch eigene Puffs und Balbianiringe ausgezeichnet. Die Balbianiringe sind im Gegensatz zu anderen Puffs ringwulstartige Gebilde (BALBIANI 1881), in welchen die Chromosomen immer feiner auffasern, bis die feinsten Teilstränge in die diffuse Randzone eintreten und lichtoptisch verschwinden. Alle, auch die feinsten Teilstränge zeigen das gleiche Querscheibenmuster (Bauer und Beermann 1952 a).

Nur in der ringwulstartigen Anordnung des diffusen Bereichs unterscheiden sich also die Balbianiringe von anderen Puffs. Wenn die Längselemente den Ringwulst ohne Unterbrechung durchlaufen sollen, so müssen sie Schleifen bilden. Die Schleifenbildung kann auf der Basis der Kabelstruktur der Riesenchromosomen modellmäßig verständlich gemacht und elektronenoptisch direkt demonstriert werden (Beermann 1952 a, Beermann und Bahr 1954, vgl. Abb. 67). Der Balbianiring ist also nichts anderes als ein Kranz von vielen Tausenden von Fibrillenschleifen. Dazu kommt eine extreme Dehnung der Fibrillen mit dem Maximum in der Peripherie des Ringwulstes. Das Herausspreizen der Schleifen führt im Zuge der zunehmenden Polytänisierung des Chromosoms zu einer immer weiter reichenden Aufsplitterung der an den Balbianiring angrenzenden Chromosomenabschnitte. Auch die größten Balbianiringe enstehen primär aus einfachen, vielleicht auch zusammengesetzten Querscheiben. Der Nachweis gründet sich auf den Vergleich verschiedener Ausprägungsstufen ein und desselben Balbianiringes, z. B. bei „BR 1“ und „BR 2“ im vierten Speicheldrüsenchromosom von *C. tentans* (Beermann 1952 a; vgl. Abb. 68). Bei geringeren Graden des *puffing* bildet sich an Stelle des Balbianiringes ein gewöhnlicher Puff oder nur eine „diffuse Querscheibe“, in welcher dann der „Entstehungsort“ (siehe unten) des Balbianiringes zu sehen ist.

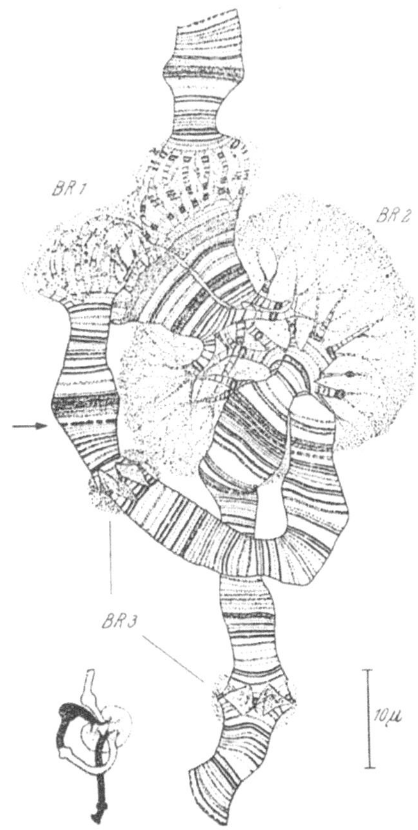

Abb. 66. Balbianiringe im 4. Chromosom von *Chironomus tentans* bei Heterozygotie für eine lange Inversion. Spindelansatz („Kopf an Kopf“-Paarung) durch Pfeil markiert, nach Bauer und Beermann 1952.

Bei der Untersuchung der Balbianiringe anderer Chironomiden, z. B. *Acricotopus lucidus* (Mechelke 1953) hat sich die unilokale Entstehungsweise im allgemeinen bestätigt. Mechelke (1961) beschreibt jedoch auch einen Balbianiring, dessen Zentrum sich in relativ kurzer Zeit zu Beginn der Metamorphose über einen Bereich von etwa 15 Querscheiben hinweg verschieben soll. Hier sind zwei Deutungen möglich: 1. Es handelt sich überhaupt nicht um einen einheitlichen Balbianiring, sondern um zwei nacheinander entstehende, benachbarte Balbianiringe. Der Eindruck des

Wanderns käme dadurch zustande, daß der erste sich zurückbildet, wenn der zweite entsteht. 2. Es wird tatsächlich Locus für Locus nacheinander von der wandernden „Aktivitätszone" (siehe unten) erfaßt. Diese Deutung vertritt MECHELKE. Für die erste Möglichkeit sprechen Beobachtungen an

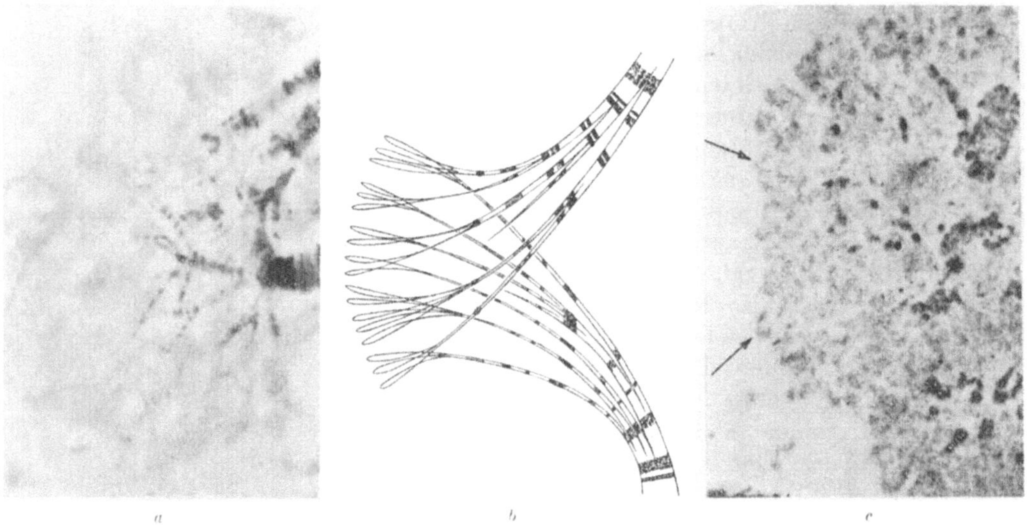

Abb. 67. Fibrillenverlauf in Balbianiringen. *a* *Metriocnemus spec.*, Speicheldrüse *b*: Schleifenbildung in der Peripherie des Balbianiringes nach der Interpretation von BEERMANN 1952a und 1956. *c*: Elektronenoptischer Nachweis der Schleifen (Pfeile) bei *Chironomus tentans*, nach BEERMANN und BAHR 1954.

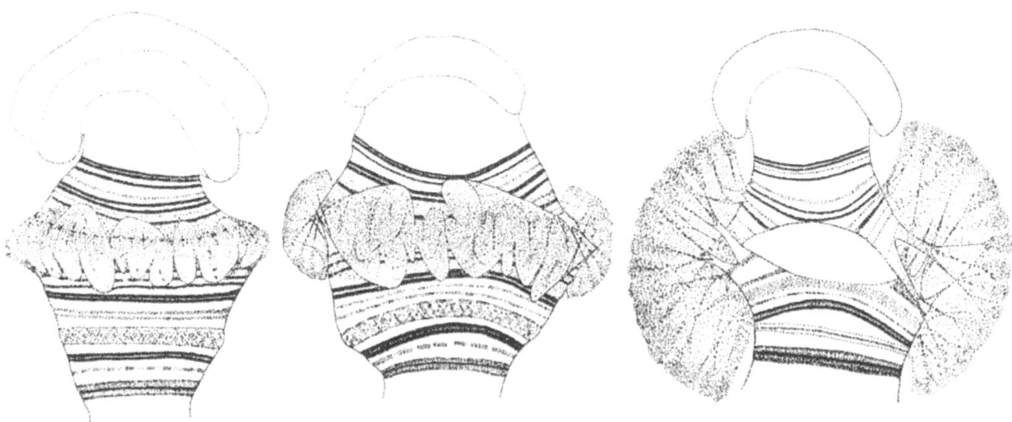

Abb. 68. Verschiedene Entwicklungsstufen des Balbianiringes BR 1 im 4. Speicheldrüsenchromosom von *C. tentans*, nach BEERMANN 1952a.

dem großen Balbianiring BR 1 im vierten Speicheldrüsenchromosom von *C. tentans.* Das Studium der Anfangsstadien ist hier doppeldeutig, d. h. zwei nur durch drei Querscheiben voneinander getrennte Orte können wechselweise als Entstehungsorte fungieren; es können aber auch an beiden Orten gleichzeitig Puffs entstehen (Abb. 69). Eine im Rahmen von Bestrahlungsexperimenten induzierte Translokation, deren eine Bruchstelle genau zwischen die beiden Loci fällt, liefert den Beweis, daß beide Loci unabhängig voneinander zur Bildung eines richtigen Balbianiringes befähigt sind. Ein morphologisch einheitlicher Balbianiring kann also von zwei oder mehreren benachbarten Loci gemeinsam aufgebaut sein. Es muß

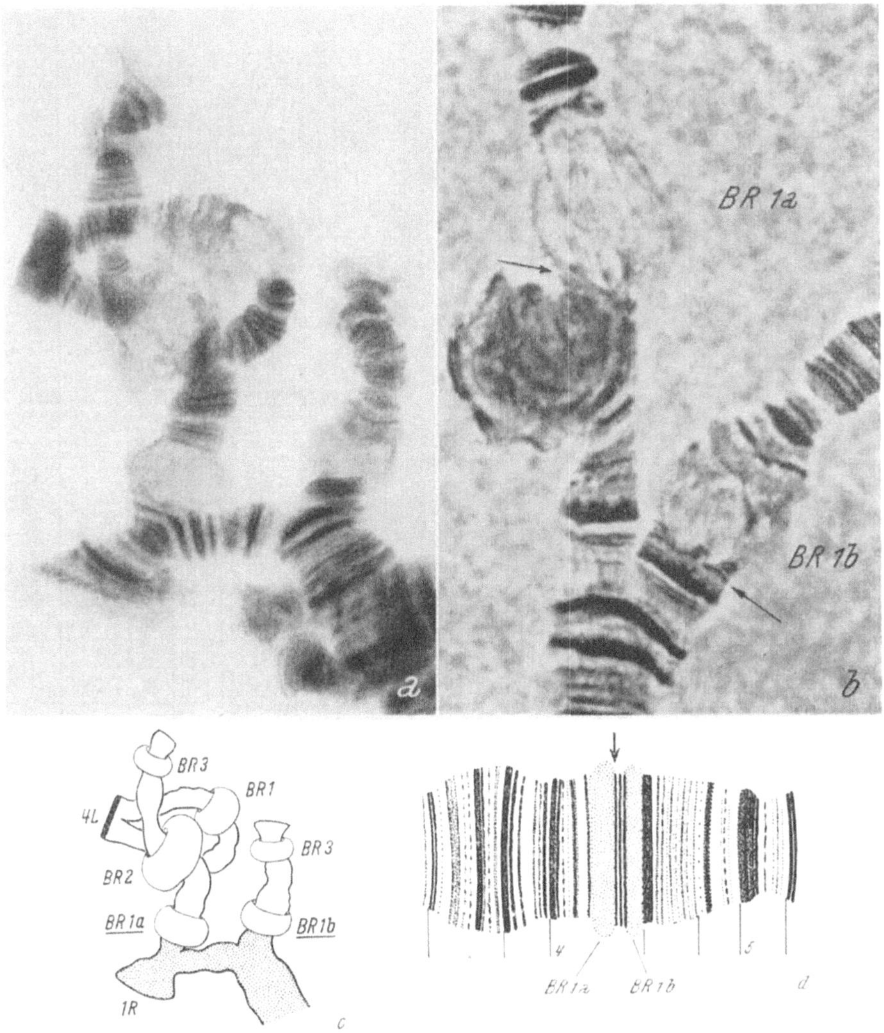

Abb. 69. Rontgeninduzierte Translokation T 1-4 mit Bruch (Pfeile) im Bereich eines Balbianiringes (BR 1 von *C. pallidivittatus*). Links Übersichtsbild: Aufteilung des scheinbar einheitlichen BR 1 in zwei Teil-Balbianiringe (BR 1a und BR 1b). Rechts: Lokalisation der Bruchstelle (Pfeile) in der Chromosomenkarte mit schematischer Darstellung der beiden Puffs, aus denen BR 1 entsteht.

aber betont werden, daß die strahleninduzierte Auftrennung von Balbianiringen bisher nur in dem einen genannten Fall und in einem weiteren Fall bei *Smittia* (Bauer 1957) gelungen ist. Eine ganze Reihe von induzierten Translokationen und Inversionen mit Bruchstellen unmittelbar in oder an Balbianiringen haben bei *Chironomus* niemals zur Aufteilung in Teil-Balbianiringe geführt. Das Konzept der unilokalen Entstehung erhält noch eine weitere Stütze dadurch, daß mit den Verlagerungen ja Querscheibengruppen in den Bereich der Balbianiringe gelangen müssen, die ursprünglich mit der Bildung dieser Balbianiringe gar nichts zu tun hatten. Und doch werden immer symmetrische Balbianiringe gebildet.

Die zweite Möglichkeit, daß die „Aktivitätszonen" von Balbianiringen

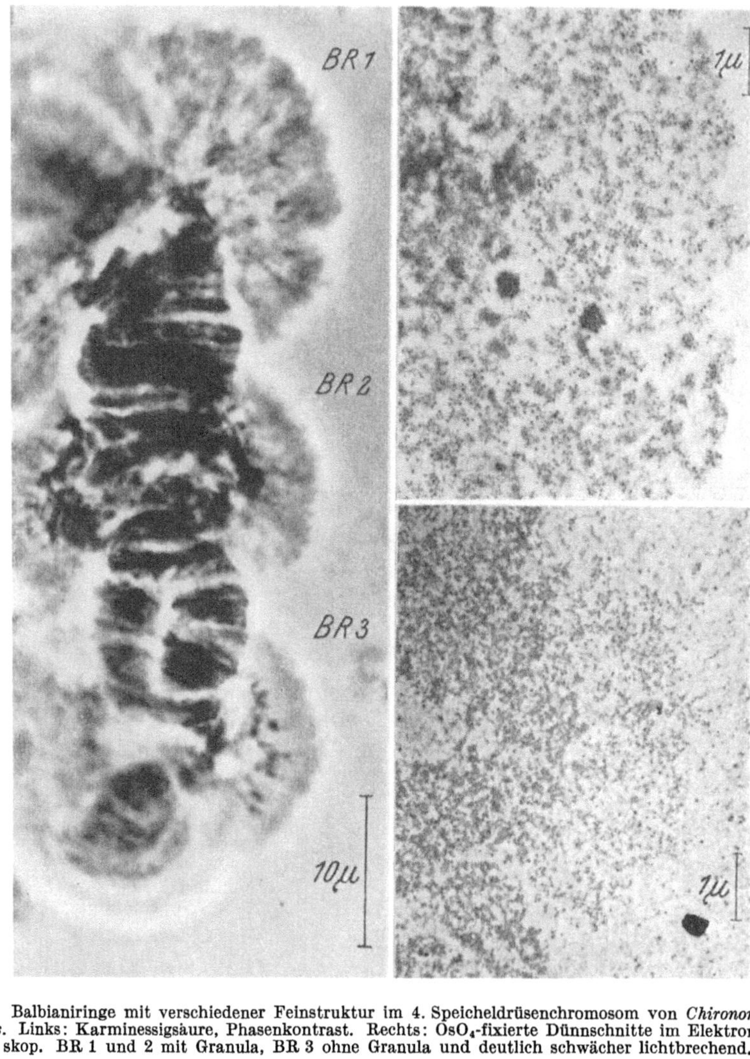

Abb. 70. Balbianiringe mit verschiedener Feinstruktur im 4. Speicheldrüsenchromosom von *Chironomus pallidivittatus*. Links: Karminessigsäure, Phasenkontrast. Rechts: OsO_4-fixierte Dünnschnitte im Elektronenmikroskop. BR 1 und 2 mit Granula, BR 3 ohne Granula und deutlich schwächer lichtbrechend.

tatsächlich wandern können, ist unter gen-physiologischen Gesichtpunkten natürlich die interessantere. Man wird an die „komplexen" Gen-Loci (S. 82 ff.) erinnert. Vielleicht bilden die am Aufbau von „wandernden" Balbianiringen beteiligten Querscheiben also in operativer Hinsicht eine übergeordnete Einheit (Mechelke l. c.). Hier ist zunächst eine Klärung der Begriffe am Platze. Der „Entstehungsort" eines Balbianiringes ist derjenige

Chromosomenort, an welchem das puffing zuerst beobachtet wird und von dessen Anwesenheit die Entstehung eines Balbianiringes überhaupt abhängt. Die „Aktivitätszone" umfaßt alle Querscheiben, die im voll ausge-

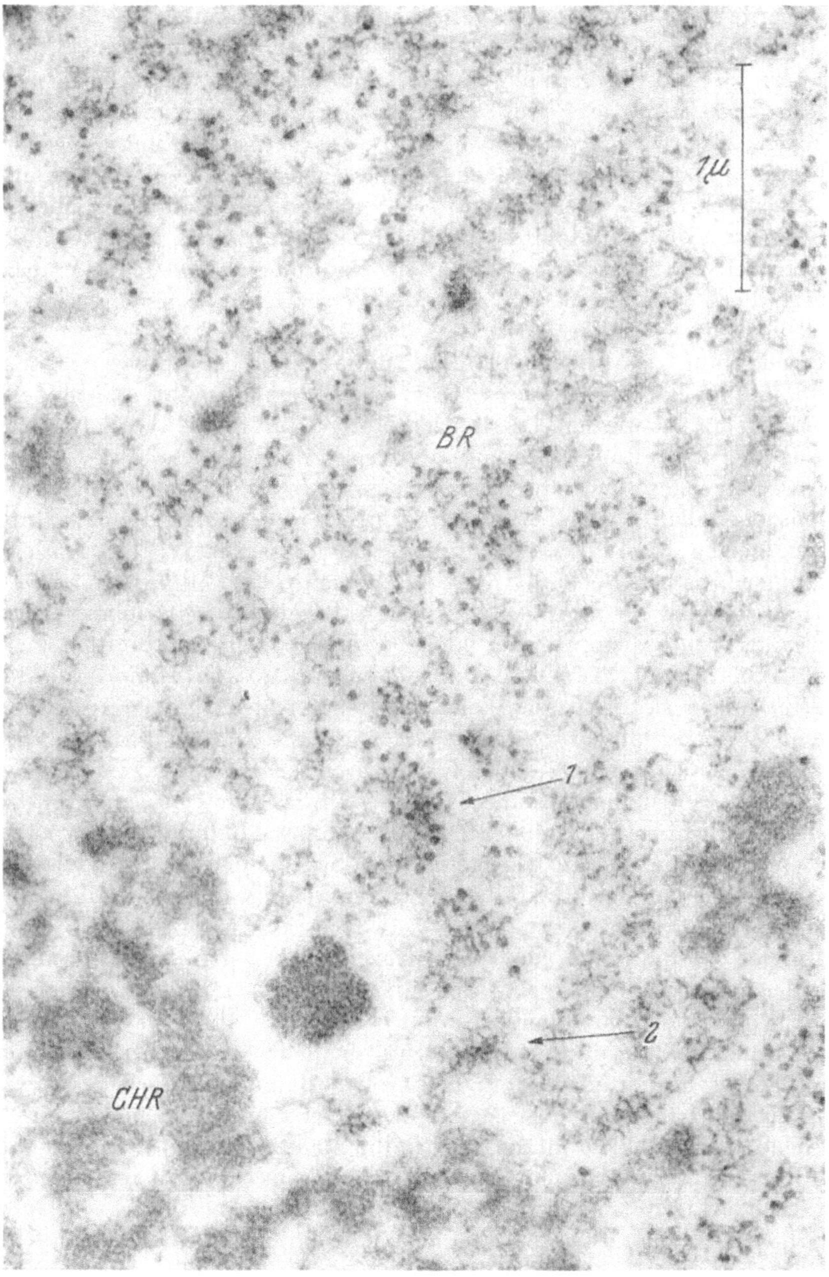

Abb. 71. Feinstruktur in Balbianiring BR 2 von *C. tentans* bei hoher elektronenoptischer Auflosung. CHR = Chromosom (außerhalb des eigentlichen Puffs). BR = diffuser Bereich des Balbianiringes. Flaschenbürstenartige Fibrillenabschnitte, (1) mit (2) ohne Kornchen.

bildeten Balbianiring tatsächlich vom *puffing* betroffen sind. Es ist klar, daß Entstehungsort und Aktivitätszone sich a priori nicht genau zu decken brauchen, d. h. daß der diffuse Bereich eines Balbianiringes unter Umständen mehr Querscheiben als nur den Entstehungsort einschließen könnte. Dies würde besonders dann zu gelten haben, wenn man sich größere Querscheibengruppen zu operativen Einheiten zusammengefaßt denkt. Das Wandern der Aktivitätszone in dem von MECHELKE beschriebenen Fall braucht also keineswegs ein Wandern des Entstehungsortes mit einzuschließen. Man wird abwarten müssen, wieweit Bestrahlungsexperimente die Berechtigung solcher Überlegungen bestätigen. Eine weitere Hypothese von MECHELKE (1960), die eine positive Korrelation zwischen der Maximalgröße verschiedener Balbianiringe und der Schichtdicke bzw. dem abgeschätzten DNS-Gehalt der in ihre „Aktivitätszone" fallenden Querscheiben fordert, ließe sich am besten mit der Identität von Entstehungsort und Aktivitätszone vereinbaren.

Primär muß das *puffing* in allen Fällen, auch bei Balbianiringen, als Auflockerung der die Querscheiben zusammensetzenden Einzelchromomeren verstanden werden. Die Auflockerung kann man sich als Entspiralisierung oder Entfaltung eines normalerweise zu einem kompakten Chromomer zusammengerollten oder zusammengelegten Desoxyribonukleoprotein-Fadens vorstellen. Daß sich beim *puffing* an der Menge der DNS nichts ändert, zeigen Messungen von RUDKIN und CORLETTE (1957). Nach den elektronenoptischen Beobachtungen an Balbianiringen (BEERMANN und BAHR 1954) setzen sich die lichtoptisch diffusen Bereiche der Balbianiringe aus Tausenden von schleifenförmig umgebogenen Fibrillenabschnitten zusammen (Abb. 70 und 71). Diese Fibrillenabschnitte weichen in ihrer Feinstruktur in charakteristischer Weise von der Feinstruktur anderer Chromosomenteile ab, so daß sich auch ihre Länge gut abschätzen läßt. Jede Schleife ist anscheinend aus einem durchlaufenden Achsenfaden und ihm ansitzenden kurzen Verästelungen aufgebaut, so daß das Bild von submikroskopischen „Flaschenbürsten" entsteht. Bei bestimmten Balbianiringen, nämlich BR 1 und BR 2 im vierten Chromosom der Speicheldrüsen von *Chironomus tentans* sitzen den seitlichen Verästelungen charakteristische Granula von etwa 300 Å Durchmesser an (Abb. 70, 71).

In der Modifikation der Feinstruktur und damit Lockerung des Fibrillengefüges hat man eine der Ursachen des *puffing* zu suchen. Das *puffing* äußert sich im submikroskopischen Bereich aber vor allem auch in der enormen Länge der modifizierten Fibrillenbereiche (der „Aktivitätszonen"). Aus den Schnittbildern der großen Balbianiringe von *C. tentans* läßt sich ihre Länge auf über 5 μ schätzen. Der Chromosomenabschnitt, aus welchem sich die Aktivitätszone der Balbianiringe aufbaut, kann aber z. B. bei BR 2 von *C. tentans* höchstens 1 μ lang sein, wenn man in den vermutlichen Aktivitätsbereich außer dem Entstehungsort noch die rechts benachbarte kräftige Doppelscheibe einbezieht. In den einzelnen Querscheiben müssen auf jeden Fall Fadenlängen von mehreren μ zur Abspulung verfügbar sein (vgl. S. 85). Hier hat man eine Parallele zu den Beobachtungen an den Lampenbürstenchromosomen in den Oocyten von *Amphibien* (vgl. z. B. CALLAN 1960), wo sich ebenfalls aus einzelnen Chromomeren riesige Schleifen von einem Vielfachen der ursprünglichen „Länge" des Chromomers herausbilden. Auch diese Schleifen sind in ihrer Feinstruktur „Flaschenbürsten" ähnlich.

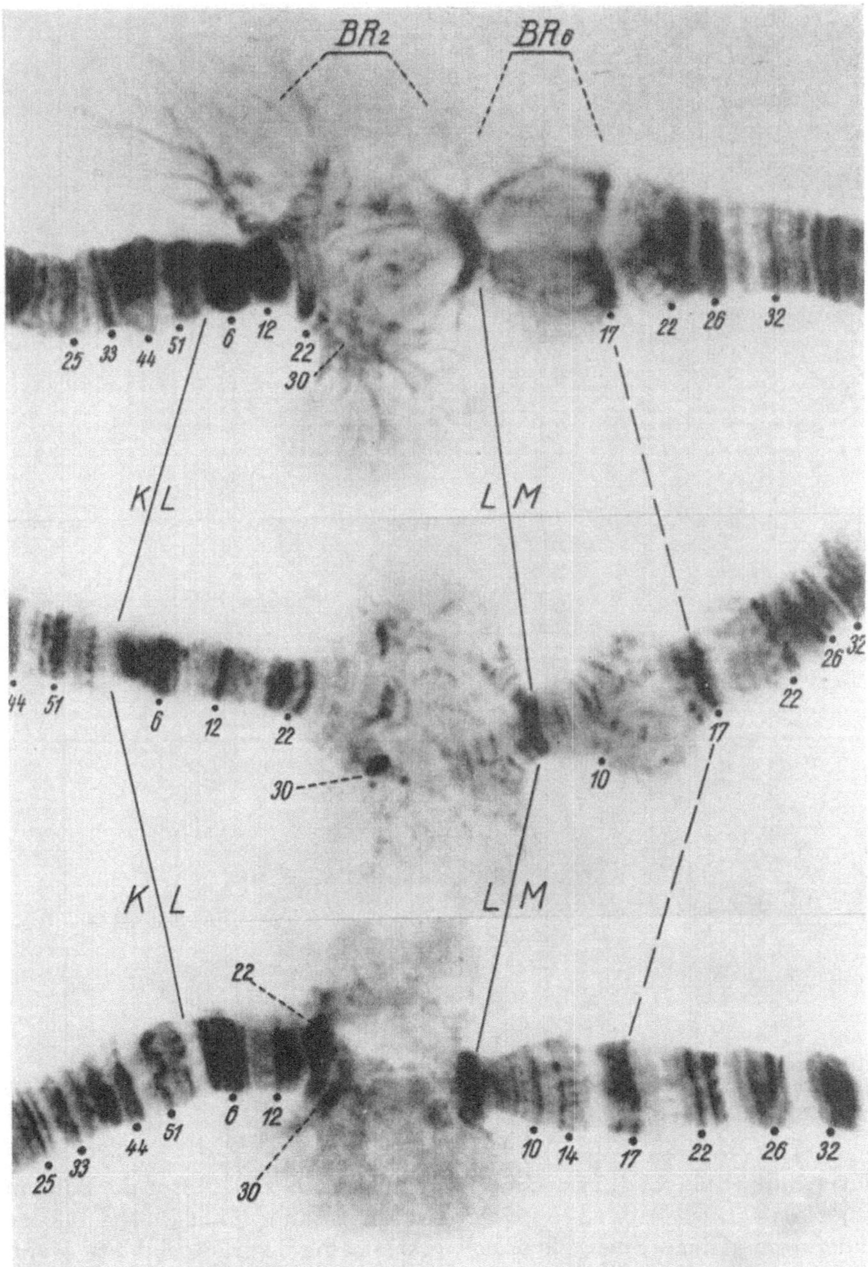

Abb. 72. Rückbildung eines Balbianiringes (BR 6) bei *Acricotopus lucidus* während des Überganges vom 4. Larvenstadium zur Vorpuppe. BR 2 bleibt unverändert. Nach MECHELKE.

b) Puffing und Genaktivität

Puffs und Balbianiringe sind nicht „Mutationen“, sondern „Modifikationen“ der Chromosomenstruktur. In ihnen äußert sich die funktionelle Aktivität einzelner Chromosomenorte. Der modifikatorische Charakter der beobachteten Veränderungen geht unter anderem aus ihrer völligen

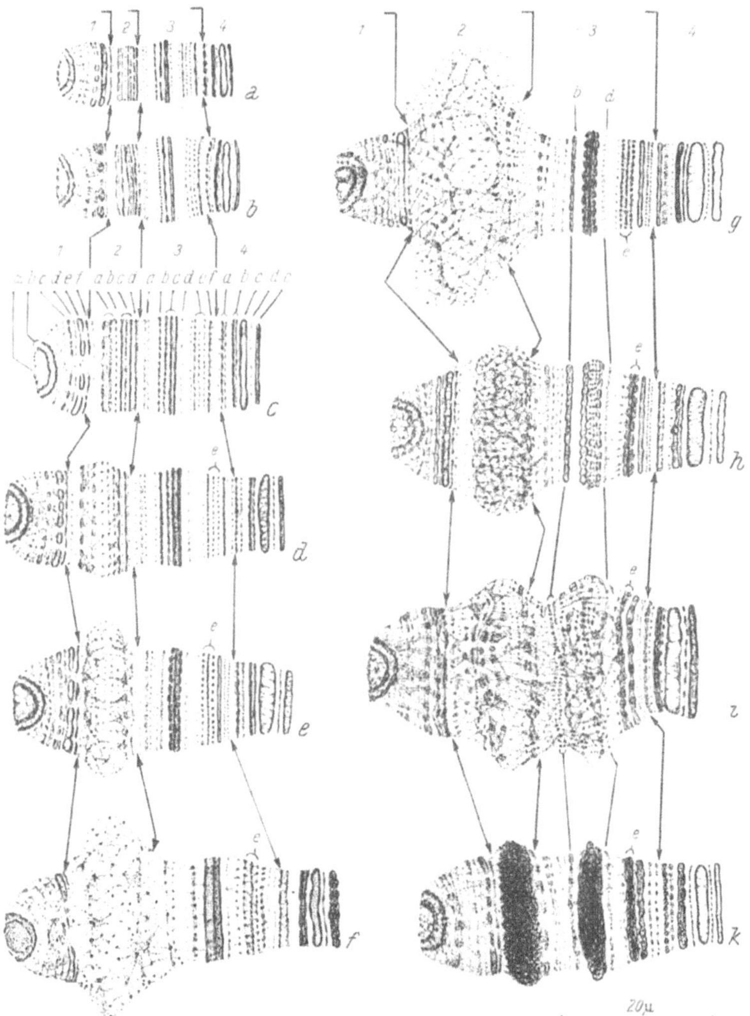

Abb. 73. Das linke Ende von Chromosom *b* in verschiedenen Stadien der Larvenentwicklung von *Rhynchosciara angelae*. Stadium *c* ist fur voll ausgewachsene Larven charakteristisch. *b* liegt 3 Tage und *a* 8 Tage vor *c*. *c*—*k* umfassen 8 Tage der Weiterentwicklung wahrend der Metamorphose; beachte besonders das Ruckbildungsstadium *k* (DNS-Anhaufung, vgl. Text). Nach Breuer und Pavan 1955.

Reversibilität hervor (Beermann 1952 a, Mechelke 1953). Selbst die Balbianiringe können, wie Mechelke gezeigt hat, im Zusammenhang mit Funktionsänderungen der Speicheldrüsen gesetzmäßig zurückgebildet werden (Abb. 72), wobei ein Rest von Unordnung meist bestehen bleibt. Zu einer ganzen Kette von auffälligen, gesetzmäßigen Veränderungen im Puff-spektrum, die neben Rückbildungen auch Neubildungen einschließen, kommt es in den Vorbereitungsstadien der Metamorphose, etwa bei *Rhynchosciara*

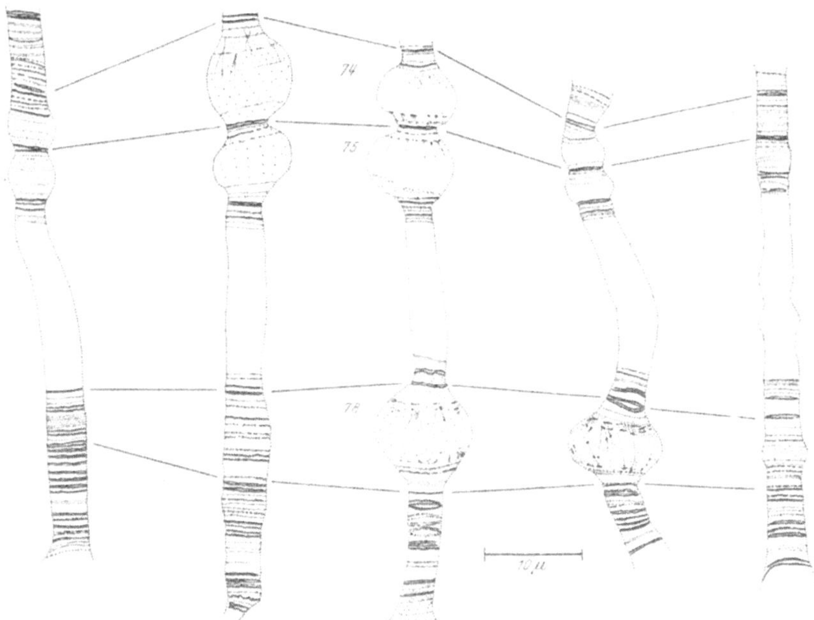

Abb. 74. Neuentstehung und Rückbildung von Puffs in den Unterabschnitten 74, 75 und 78 des Chromosomenarmes 3 L von *Drosophila melanogaster* am Ende des 3. Larvenstadiums bis zur Bildung des Puparium:s (rechts). Nach BECKER 1959.

(BREUER und PAVAN 1955, vgl. Abb. 73) oder bei *Drosophila* (BECKER 1958, vgl. Abb. 74). Diese sind, wie Untersuchungen an *Chironomus* (CLEVER und KARLSON 1960) und an *Acricotopus* (PANITZ 1960) zeigen, hormonal induziert.

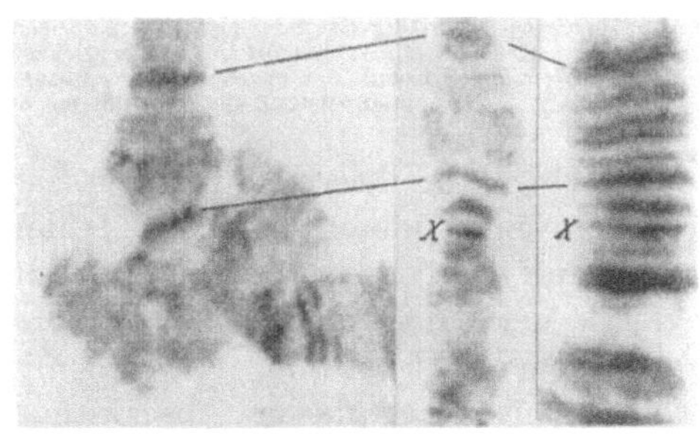

Abb. 75. Gewebsspezifität der Balbianiringe bei *C. tentans*. Links: Balbianiring in 1 R aus der proximalen Hälfte der Malpighigefäße. Daneben der homologe Bereich aus der distalen Hälfte der Malpighigefäße und aus der Speicheldrüse. Entstehungsort des BR durch × markiert. Nach BEERMANN 1959.

Die Beziehungen des *puffing* zur Physiologie der Zelle treten besonders deutlich bei einem Vergleich der Riesenchromosomen verschiedener Organe ein und desselben Individuums zutage (BEERMANN 1952 a, b; MECHELKE 1953, vgl. Abb. 60 und 61). Es lassen sich allerdings immer nur wenige Organe bzw. Zelltypen cytologisch prüfen (bei *Chironomus* höchstens 6); deshalb ist eine allgemeine Aussage über die tatsächliche Zellspezifität eines Puffs auf Grund der vergleichenden Chromosomenanalyse prinzipiell ausgeschlossen. Eine ungefähre Vorstellung von dem Grad der Spezifität läßt sich aber auch durch Vergleiche im Rahmen der untersuchten Zell- und

Organtypen gewinnen. Zahlreiche kleinere Puffs und „diffuse Querscheiben“ werden in mehr als einem Organ gefunden (vgl. Abb. 60); dagegen sind bestimmte Puffs, besonders die Balbianiringe, immer für ein bestimmtes Organ charakteristisch. Die drei Balbianiringe, die das vierte Speicheldrüsenchromosom von *Chironomus tentans* auszeichnen, kommen z. B. weder in den Malpighigefäßen noch im Rectum oder im Mitteldarm vor. Die

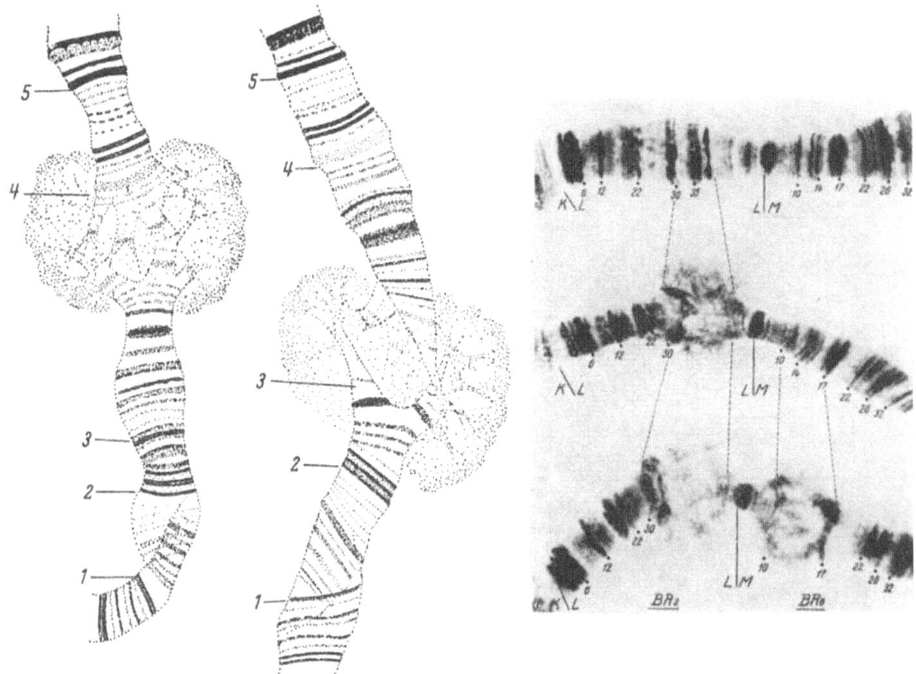

Abb. 76. Zellspezifität der Balbianiringe in den Speicheldrüsen von *Chironomiden*. Links: *Trichocladius vitripennis*; der gleiche Chromosomenabschnitt in Normalzellen und in „Kornchenzellen“. Nach BEERMANN 1952b. Rechts: *Acricotopus lucidus*, der gleiche Chromosomenabschnitt (von oben nach unten): im Vorderlappen, im Hauptlappen und im Nebenlappen der Speicheldruse. Nach MECHELKE.

Malpighigefäße ihrerseits besitzen Balbianiringe, die in den Speicheldrüsen (und in den anderen Organen) fehlen (BEERMANN 1959; vgl. Abb. 75). Die Spezifität geht noch weiter: Die Speicheldrüsen wie auch die Malpighigefäße der *Chironomiden*-Larven gliedern sich jeweils in zwei Abschnitte verschiedener Funktion, und in allen bisher untersuchten Fällen war mindestens einer dieser Abschnitte durch den Besitz eines oder sogar mehrerer für ihn spezifischer Balbianiringe ausgezeichnet (Abb. 75, 76). Sicher haben wir also in den Balbianiringen besonders zellspezifische Puffs vor uns. Die Existenz einzelner zellspezifischer Loci als Träger der Information für den Aufbau von zellspezifischen Proteinen ist ja durchaus zu erwarten. Für einen bestimmten Balbianiring von *Chironomus* ist die spezifische Beziehung zur Speicheldrüsenfunktion auch genetisch demonstriert worden (BEERMANN 1961). Abgesehen von solchen Sonderfällen wird man aber von einer „Zellspezifität“ nur mit Bezug auf das ganze Puff-Spektrum sprechen können.

Die Vermutung, daß das *puffing* wirklich ein Ausdruck und vielleicht auch ein Maß der Aktivität eines Genortes ist — „Aktivität" im Sinne von Informationsabgabe —, kann durch den Nachweis bestimmter chemischer Aktivitäten direkt bewiesen werden (PELLING 1959). Die entscheidende Mittlerrolle zwischen der DNS des informatorischen Gen-Locus und dem von ihm abhängigen Protein spielt eine besondere Art der Ribonukleinsäure, die „messenger-RNS". Die Genaktivität muß chemisch also als Synthese dieser RNS erfaßbar sein. Injiziert man *Chironomus*-Larven als RNS-

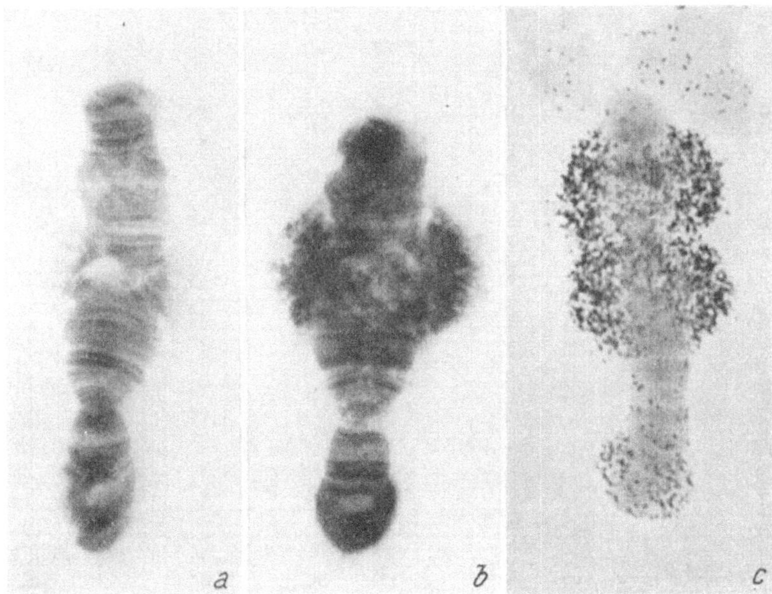

Abb. 77. Physiologie der Balbianiringe im 4. Speicheldrusenchromosom von *C. tentans* *a* Feulgen, *b* RNS-Darstellung mit Toluidinblau, *c* Autoradiographie mit ^{3}H-Uridin als RNS-Vorstufe. Nach PELLING.

Vorstufe mit Tritium markiertes Uridin, so beschränkt sich der in Autoradiographien der Speicheldrüsenchromosomen nachweisbare Einbau innerhalb der ersten 2 Stunden nach der Injektion fast ausschließlich auf die Balbianiringe und die Puffs (Abb. 77, 78), und außerdem noch auf die Nukleolen. Die Basenzusammensetzung der Puff-RNS weicht signifikant von der der Cytoplasma-RNS und der der Nukleolen-RNS ab (EDSTRÖM und BEERMANN 1962). Auch diese Daten zeigen, daß das *puffing* eine Aktivierung der betroffenen informatorischen Genorte bedeutet. Es wäre interessant, wenn sich auf diese Weise die Existenz von größeren operativen Einheiten — im Sinne gemeinsamer Aktivierung mehrerer benachbarter Genorte direkt demonstrieren ließe.

Eine eigentümliche cytochemische Sonderstellung nehmen bestimmte Puffs der Chromosomen von *Rhynchosciara angelae* (BREUER und PAVAN 1955), von *Sciara ocellaris* (RASCH, briefliche Mitteilung) und wahrscheinlich auch von anderen *Sciariden* ein. In diesen Puffs, die allgemein erst im Verlauf der Metamorphose gebildet werden, häufen sich während ihrer Entstehung oder auch bei ihrer späteren Rückbildung große Mengen von

Feulgen-positivem Material an (vgl. Abb. 68). Die Messungen von RUDKIN und CORLETTE (1957) haben erwiesen, daß hier tatsächlich eine disproportionale, vom normalen Replikationscyclus der Chromosomen-DNS unabhängige Vermehrung von DNS vorliegt. So war z. B. die Totalabsorption bei 257 mμ im Bereich eines Puffs (Puff a in Region II des B-Chromosoms) nach Rückbildung des Puffs viermal größer als vor seiner Entstehung, auch

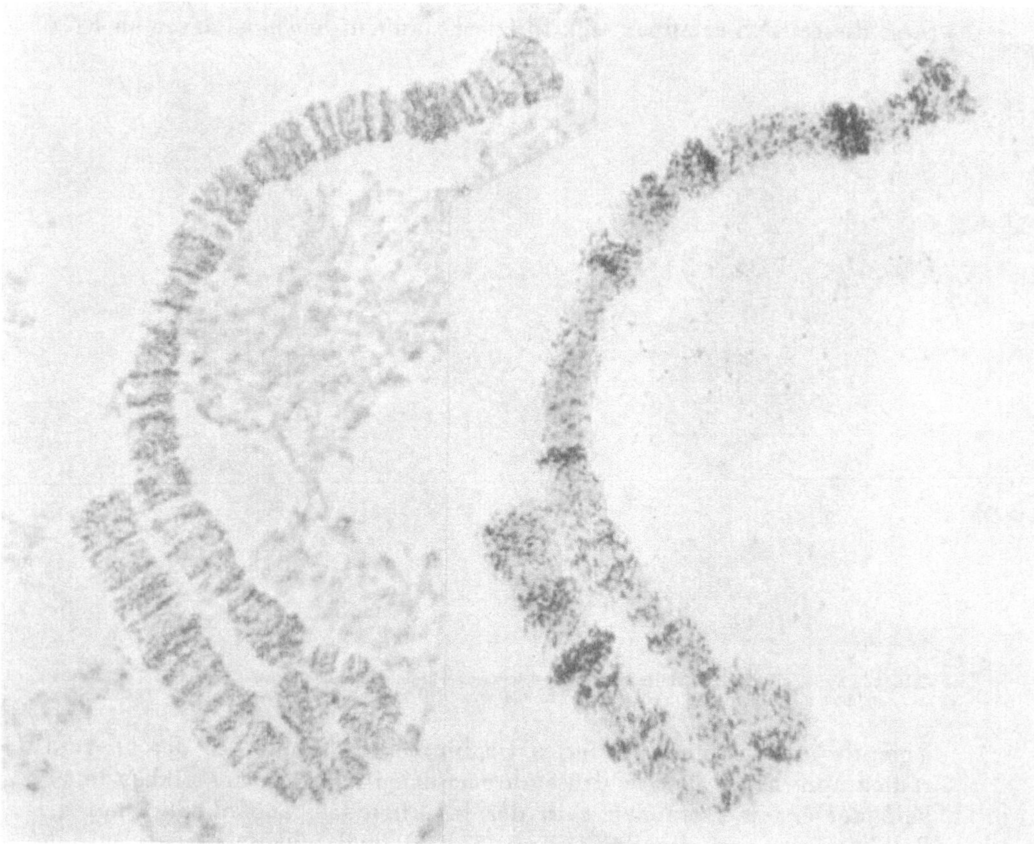

Abb 78. Puffs als Syntheseorte von RNS im 1. Speicheldrusenchromosom von *C. tentans*. Autoradiographie nach Injektion von ^{3}H-Uridin. Links Einstellung auf die Ebene des Objekts, rechts Einstellung auf die Photoemulsion. Nach PELLING 1959.

nach Vorbehandlung mit Ribonuklease. Der Unterschied verschwindet völlig nach Vorbehandlung mit heißer Trichloressigsäure, die alle Nukleinsäure entfernt. Bemerkenswert ist die Tatsache. daß Desoxyribonuklease entgegen der Erwartung das absorbierende Material nur unvollständig (15—30%) entfernt. Vielleicht wird also in den DNS-Puffs eine besondere „metabolische" Form der DNS produziert. Es muß hervorgehoben werden, daß „DNS-Puffs" auch bei *Sciara* selten sind. Ob sich die trommelartig angeschwollenen Kinetochorenbereiche der Speicheldrüsenchromosomen der *Chironomiden*-Gattung *Glyptotendipes* (vgl. Abb. 89) ähnlich verhalten, wie STICH und NAYLOR (1958) annehmen, bleibt noch zu prüfen. In diesem

Falle läge eine Deutung als asynchrone DNS-Replikation näher, denn es handelt sich bei den „Trommeln“ sicher um Heterochromatin (vgl. S. 113).

c) Nukleolenbildungsorte

Die Nukleolen entstehen durch die Aktivität bestimmter Chromosomenorte in der Interphase. Diese Chromosomenorte funktionieren im Gegensatz zu den Balbianiringen und Puffs unabhängig von dem Funktions- oder Differenzierungszustand in allen Zellen und Entwicklungsstadien des vielzelligen Organismus. In der Feinstruktur bilden die Nukleolen-Bildungs-

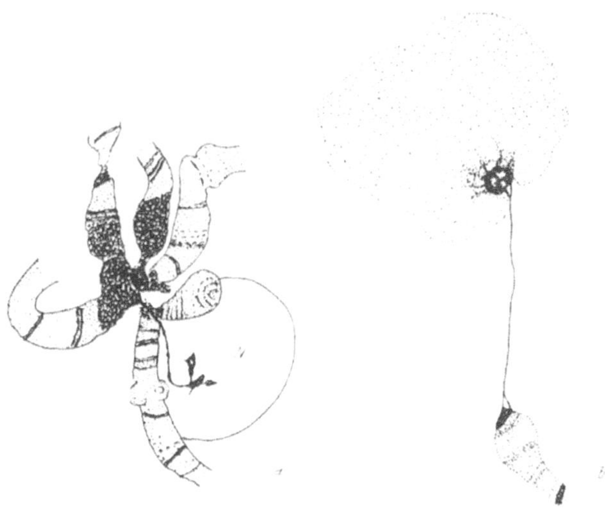

Abb. 79. Nukleolenbildung im Heterochromatin polytäner Speicheldrüsenkerne, *a* bei *Drosophila virilis* (HEITZ 1934), *b* bei *Phryne cincta* (WOLF 1956). Der Nukleolus (*N*) hangt an einem Heterochromatinfaden.

orte („nucleolus-organizers“) unter den funktionell bedingten Modifikationen der Chromosomenstruktur eine Klasse für sich. Ihr Aufbau ist durch die klassischen Untersuchungen von HEITZ (1931) und von McCLINTOCK (1934) für den Fall normaler mitotischer oder meiotischer Pro- und Metaphasechromosomen aufgeklärt worden. In diesen Stadien erscheinen die Nukleolen-Bildungsorte als charakteristische Einschnürungen oder „Feulgen-negative Lücken“ im Chromosom. Die Einschnürungen liegen oft im Heterochromatin oder grenzen an dieses unmittelbar an, wie z. B. beim Mais (McCLINTOCK 1934). Beim Mais erweist sich nicht die Einschnürung selbst, sondern das danebenliegende heterochromatische Knöpfchen des sechsten Chromosoms als eigentliche Bildungsstelle des Nukleolus. Diese und andere Beobachtungen haben zu der weit verbreiteten Meinung geführt, daß die Nukleolen stets in heterochromatischen Chromosomenabschnitten entstehen bzw. daß die Nukleolenbildung ein Kennzeichen des Heterochromatins sei. Die Untersuchungen an polytänen Chromosomen gestatten eine Überprüfung dieser Anschauung.

In zahlreichen Dipterenfamilien, besonders bei den „höheren“ Dipteren (z. B. *Drosophila, Calliphora* usw.), aber auch bei den Nematoceren (z. B.

den *Tipuliden, Limnobiiden, Sciariden,* und den *Phryneiden*), steht die Zugehörigkeit der Nukleolen-Bildungsorte zum Heterochromatin der polytänen Chromosomen außer Frage. Die morphologische Beziehung zwischen Nukleolus und Nukleolen-Bildungsort ist in diesen Fällen nicht besser analysierbar als bei gewöhnlichen (d. h. nicht polytänen) Interphasechromosomen auch; der Nukleolus ist mit dem Sammelchromozentrum oder mit einzelnen heteropyknotischen Elementen, z. B. dem Y-Chromosom in mehr oder minder zufälliger Weise verbunden oder verschmolzen (Abb. 79). Nur durch experimentelle Verlagerung kann überhaupt festgestellt werden, daß nicht das ganze Heterochromatin zur Nukleolenbildung befähigt ist.

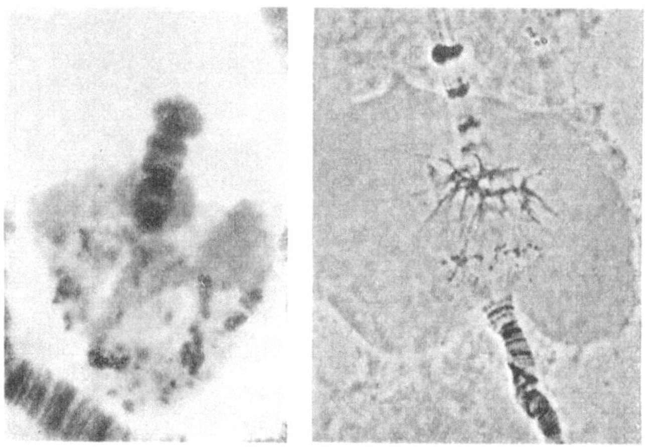

Abb. 80. Nukleolenbildung im Heterochromatin bei Chironomiden. Links: *Chironomus halophilus*, 4. Speicheldrüsenchromosom. Das Heterochromatin sitzt dem Nukleolus in dicken Brocken auf. Rechts: *Acricotopus lucidus* (Hauptlappen der Speicheldruse).

Kaufmann (1938) hat diesen Nachweis z. B. für die Speicheldrüsenchromosomen von *Drosophila melanogaster* geführt. Es gelang ihm, den Nukleolen-Bildungsort durch Transposition in einen euchromatischen Chromosomenabschnitt als ein relativ kleines Segment des proximalen Heterochromatins des X-Chromosoms zu definieren.

Bei den *Chironomiden* (Bauer 1935, 1936 a), bei den *Simuliiden* (Geitler 1934, Rothfels 1950) und bei den *Cecidomyiden* (White 1948) liegen die Nukleolen-Bildungsorte ebenfalls oft im Heterochromatin (Abb. 80). Öfter aber sind sie in Chromosomenabschnitte eingeschaltet, die auf Grund ihrer geordneten Querscheibenstruktur im polytänen Zustand als euchromatisch bezeichnet werden müssen. Bei *Chironomus* (Beermann 1960) hat das Studium der Nukleolen-Bildungsorte folgendes ergeben: Die Bildungszone ist etwa 0,5—1 μ dick und gleicht darin einer etwas dickeren Querscheibe (Abb. 81). Sie ist wahrscheinlich in ihrer ganzen Ausdehnung zur Nukleolenbildung befähigt, denn es gelingt, sie durch Bestrahlung in selbständig Nukleolen bildende Teilbildungsorte zu zerlegen. Ein Partial-Bildungsort, der als Querscheibe nur noch ein Fünftel der Dicke des ganzen Bildungsortes besitzt, kann die physiologischen Funktionen des ganzen Bildungsortes erfüllen. Geographische Rassen der gleichen Spezies z. B. von *Chironomus tentans* (Acton 1959), oder nahe verwandte Arten, z. B. *Chironomus tentans* und *C. pallidivittatus* (Beermann 1955) unterscheiden sich oft durch den Besitz bestimmter Nukleolen. Die Analyse der Heterozygoten zeigt, daß es bei der Nukleolenbildung allein auf die morphologisch und experimentell als Nukleolen-Bildungsorte angesprochenen Stellen ankommt und daß die nicht zur Nukleolenbildung befähigten Chromosomenbereiche in

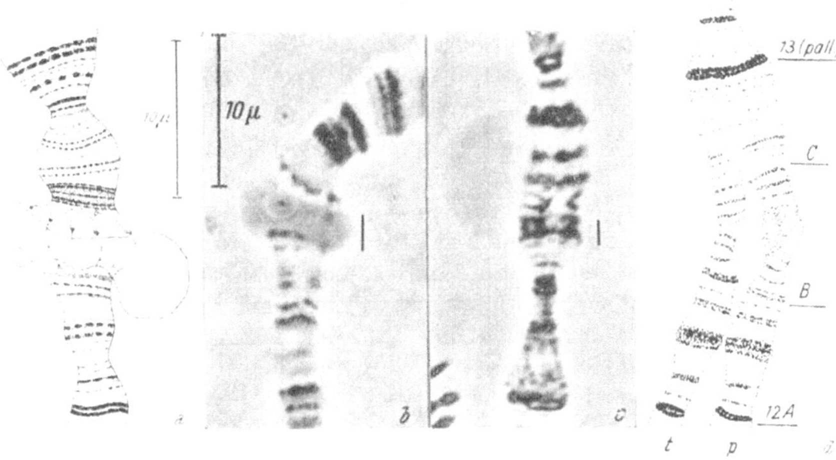

Abb. 81. Nukleolenbildung im Euchromatin von polytanen Chromosomen (*Chironomus tentans* und *Chironomus pallidivittatus*). *a*: *C. tentans*, 3. Chromosom im Rectum, *b*: *C. tentans*, 3. Chromosom in Malpighigefäßen; *c*: *C. pallidivittatus* (Imago), Nukleolenbildungsort in 2 R; *d*: heterozygoter Nukleolenbildungsort im Chromosomenarm 2 R eines Bastards *C. tentans/pallidivittatus*. Nach Beermann 1952a, 1955, 1960.

der Umgebung des Bildungsortes wirklich dem Euchromatin angehören (vgl. Abb. 81 *d*). Ob man trotzdem den Nukleolenbildungsort selber als heterochromatisch ansehen soll, ist eine Definitionsfrage. Nach ihrer Feinstruktur und ihrem färberischen Verhalten ist die Bildungszone bei *Chironomus* weder typisch euchromatisch noch typisch heterochromatisch. Der Nukleolenbildungsort kann auch nicht als Puff betrachtet werden, denn er besteht aus einem schwach, aber deutlich Feulgen-positivem diffusem Material, das im elektronenoptischen Bild eine Dichte aufweist, die etwa zwischen der normaler euchromatischer Querscheiben und derjenigen der Puffs liegt (Beermann und Bahr 1954). Auch ist der Nukleolenbildungsort zu beiden Seiten scharf begrenzt. Diese Abgrenzung tritt oft durch eine etwas intensivere Färbung hervor, so daß der Eindruck entsteht, als sei der Nukleolenbildungsort „sandwich"-artig zwischen zwei dünne Querscheiben eingeschlossen (Abb. 81 *c*). Dieses Bild entspricht, wie die Unterteilungsexperimente beweisen, nicht einer tatsächlich gegebenen inneren Gliederung.

Die Feinstruktur der Nukleolenbildungsorte wird in den meisten Fällen durch die sekundäre Aufsplitterung der Nukleolenzonen verwischt, die weite Bereiche in der Umgebung des Nukleolus mit erfassen kann (*Chironomus*: King und Beams 1934, Bauer 1935 und 1936 a; *Simulium*: Geitler

1934; *Cecidomyiden*: White 1948). Derartige Auflockerungszonen im Bereich der Nukleolen sollten nicht von vorneherein als „diffuses Heterochromatin" abgestempelt werden, nur weil sie aufgelockert sind (White l. c.). In vielen Fällen erweisen sich nämlich die Verästelungen der polytänen Chromosomen in den Nukleolenbereichen auf Grund ihrer Querscheibenstruktur bis in die feinsten Stränge hinein als euchromatisch, ähnlich wie in Balbianiringen. Der Nukleolenbildungsort selber scheint in der Regel keinen Puff zu bilden. Bei *Chironomus tentans* wurde allerdings im Bereich des Nukleolus ausnahmsweise ein regulärer Balbianiring beobachtet (Beermann 1952 a). Im Vorderlappen der Speicheldrüse von *Acricotopus* (Mechelke 1953) bildet sich in unmittelbarem Kontakt mit dem Nukleolus regelmäßig eine Balbianiring-artige Zone aus.

Die Nukleolen polytäner Zellkerne gleichen in ihrem Aufbau, ihren physikalischen und chemischen Eigenschaften (Gehalt an RNS und höheren Proteinen), selbstverständlich den Nukleolen anderer, kleinerer Zellkerne. Bestimmte Eigentümlichkeiten treten aber auf Grund der größeren Dimensionen deutlicher hervor. So kann man in bezug auf die Binnenstruktur des Nukleolus ohne Schwierigkeit zwei extreme Typen unterscheiden, die eine Beziehung zum jeweiligen Funktionszustand des Tieres erkennen lassen. Gut ernährte, in raschem Wachstum begriffene *Chironomus*-Larven zeichnen sich in den Speicheldrüsen (wahrscheinlich auch in anderen Organen) durch Nukleolen von schaumiger granulärer Struktur und zerklüfteter, fransiger Peripherie aus. Die Nukleolensubstanz ist durchweg fein granuliert. Zugleich erscheinen die nukleolären Chromosomenbereiche maximal aufgespalten (siehe oben). Bei schlecht ernährten, wenig wachsenden, in einer Art von Diapause verharrenden Larven sondert sich das Nukleolenmaterial in eine sehr dichte, homogene periphere Phase und eine weniger dichte, wahrscheinlich flüssige Phase, die im Innern des Nukleolus große Vakuolen bildet (Vonwiller und Audova 1933). In den Vakuolen sind Kugeln der dichteren Phase suspendiert. Außerdem ist der Nukleolenbereich des Chromosoms weniger weit aufgespalten. Zwischen den beiden extremen Zuständen kommen Übergänge vor.

In fixierten Präparaten wird das Erscheinungsbild des Nukleolus von der Methode (Quetschpräparat, Totalpräparat oder Schnitt) und von der Färbung bestimmt. Am schlechtesten ist der Erhaltungszustand der Nukleolen in Orcein- oder Karmin-Essigsäure-Quetschpräparaten. Nach Bauer (1936 a) sollen sich die Nukleolen verschiedener Spezies in ihrem Verhalten gegenüber Karminessigsäure unterscheiden.

Die Untersuchung der polytänen Chromosomen hat auch zur Entdeckung von physiologisch verschiedenen Nukleolen geführt, die sich in der Entstehungsweise, im Aufbau und im Verhalten deutlich voneinander unterscheiden (Beermann 1960). Neben den Hauptnukleolen von *Chironomus tentans* und *C. pallidivittatus* tritt an bestimmten genetischen Typen des 4. Chromosoms terminal ein kugelrunder, in seiner Größe außerordentlich variabler akzessorischer Nukleolus auf, der niemals mit den Hauptnukleolen verschmilzt und eine andere Binnenstruktur besitzt. Durch

Kreuzungsexperimente wurde nachgewiesen, daß dieser Nukleolus die Hauptnukleolen physiologisch nicht ersetzen kann, obwohl er wie sie RNS enthält und produziert. Vielleicht liegen bei *Eusimulium* (Dunbar 1959) ähnliche Verhältnisse vor.

E. Heterochromatin und Heteropyknose in Riesenchromosomen

1. Allgemeines

Ihr charakteristisches Gepräge als „Riesenchromosomen" erhalten die polytänen Chromosomen fast ausschließlich durch das Euchromatin. Die heterochromatischen Chromosomenabschnitte, die oft das Bild des Chromosomensatzes entscheidend mitbestimmen, treten im polytänen interphasischen Zustand wenig in Erscheinung, weil sie an der Gestaltung und am Wachstum der Riesenchromosomen kaum teilnehmen. Als „heterochromatisch" bezeichnet Heitz (1928) Chromosomen oder Chromosomenabschnitte, deren Kondensationsgrad in bestimmten Phasen des Formwechsels oder permanent erhöht ist („Heteropyknose"). Die genetisch-physiologische Bedeutung des Heterochromatins und seine chemische Zusammensetzung sind Gegenstand zahlreicher Untersuchungen gewesen (vgl. Resende 1945, Barigozzi 1950, Hannah 1951). Die heterochromatischen Anteile des Genoms haben sich nach der Voraussage von Heitz (1929) dort, wo sie daraufhin untersucht wurden, als genetisch „inert" erwiesen, d. h. der Verlust oder die Vermehrung derartiger Abschnitte hat keine schwerwiegenden Folgen, und es gelingt nicht, das Heterochromatin mit genetischen Methoden in diskrete, qualitativ verschiedene genetische Einheiten aufzugliedern. Die experimentelle Verlagerung euchromatischer Chromosomenabschnitte an heterochromatische führt in den verlagerten euchromatischen Loci zu Positionseffekten vom „variegated"-Typus. In seiner Substanz scheint das Heterochromatin durch einen Mangel an höheren Proteinen gekennzeichnet zu sein. Yasuzumi und Yoshida (1950) beschreiben eine differentielle Neutralviolettfärbung des Heterochromatins der Riesenchromosomen nach „oxydativer" Behandlung mit Ultraschall, doch dürfte diese Reaktion kaum als generell verläßlicher Nachweis für Heterochromatin brauchbar sein. Auch die von Yamasaki (1961) für mitotische Chromosomen eingeführte Desoxyribonukleasetechnik, die die heterochromatischen Abschnitte unverdaut läßt, ist nicht auf ihre allgemeine Anwendbarkeit geprüft worden. Mit den neueren Befunden über die DNS-Replikation in Chromosomen scheint sich dagegen eine physiologische Definitionsmöglichkeit für das Heterochromatin zu ergeben. In allen bisher untersuchten Fällen, auch bei Riesenchromosomen (Abb. 82, Pelling und Keyl, unveröffentlicht), war die Replikation des Heterochromatins gegenüber der des Euchromatins zeitlich verschoben, oft sogar um Stunden (Lima de Faria 1959). Manche Befunde (S. 132) legen neben der bloßen Phasenverschiebung auch die Möglichkeit eines verlangsamten Replikationsrhythmus nahe. Wo physiologische oder genetische Kriterien nicht anwendbar sind, wird man sich weiter an die überlieferten morphologischen Kennzeichen des Heterochromatins halten müssen.

Bauer (1936 a, b) hat sich den Aufbau der polytänen heterochromatischen Abschnitte im einzelnen zunächst so vorgestellt, daß in diesen ebenso wie im Euchromatin das Chromonema und das Chromomer die eigentlichen Struktureinheiten bilden, wobei sich die „Heterochromomeren" nur durch ihre Größe und durch die Neigung zu unspezifischer Verklebung

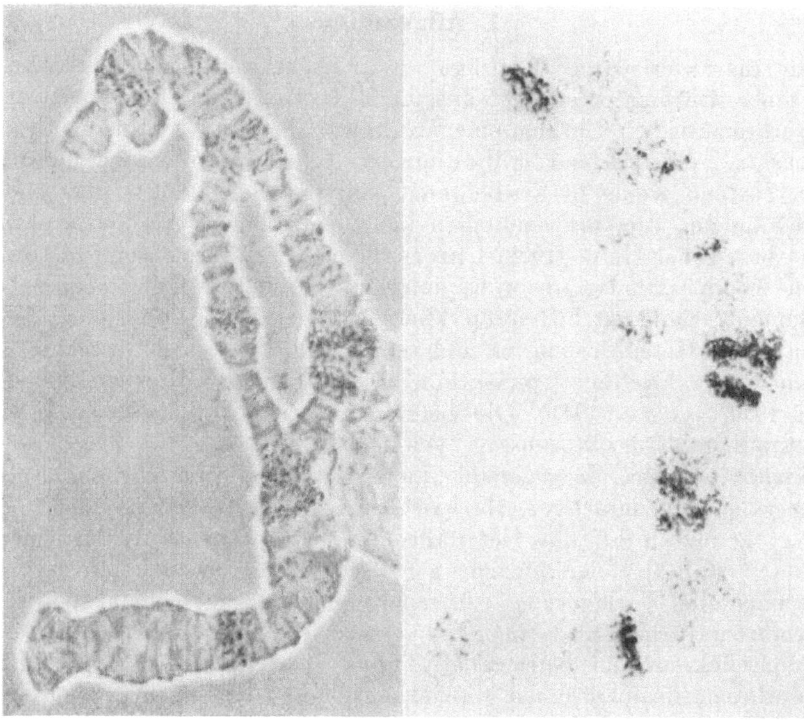

Abb. 82. Asynchronie der DNS-Verdoppelung im Heterochromatin. Speicheldrüsenchromosom von *Chironomus thummi*-Bastard (*th. thummi* × *th. piger*). Nach Pelling und Keyl (1962).

von den Eu-Chromomeren unterscheiden sollen. Die als „Heterochromomeren" bezeichneten wakuolisierten Granula sind aber, wie es spätere Untersuchungen gezeigt haben, mehr oder minder zufällige Aggregate von Heterochromatin. Auch sonst hat die im Heterochromatin häufig beobachtete Vakuolenbildung mit einem Chromomerenbau wohl nichts zu tun. Selbst die von Bauer angenommene Übereinstimmung in der Chromonemenzahl des Hetero- und des Euchromatins muß heute nicht mehr unbedingt gefordert werden, wenn man die Möglichkeit von asynchronen DNS-Verdoppelungen in Betracht zieht. Was bleibt, ist die Erkenntnis, daß das Heterochromatin der Riesenchromosomen mikroskopisch weitgehend homogene und submikroskopisch sicher fibrillär gebaute Chromosomenabschnitte repräsentiert. Es ist kein akzessorisches Material.

Bisher ist kein Beispiel dafür bekannt geworden, daß Chromosomenabschnitte, die ihrem mitotischen Verhalten nach als heteropyknotisch zu gelten haben, im polytänen Zustand völlig normale Querscheibenstruktur besitzen. Allerdings kann sich die Struktur von „allocyklischen" Chromosomen oder Chromosomenabschnitten in manchen Phasen des Formwechsels, besonders im Zuge der Polytänisierung, dem euchromatischen Zustand weitgehend nähern. Man muß deshalb neben mehreren Formen und Graden der „konstanten" Heteropyknose im polytänen Chromosom auch noch verschiedene Abstufungen der „Allocyklie" unterscheiden. Als „konstant" heteropyknotisch seien solche Chromosomen bzw. Chromosomenabschnitte definiert, die während der Polytänisierung stets in derselben Weise durch Aufbau und Gestalt eindeutig von Euchromatin abweichen. Ihre Merkmale sind hohe DNS-Konzentration und Massendichte, fehlende Querscheibengliederung — bis zum völligen Verlust jeglicher inneren Ordnung —, und unbestimmte äußere Gestalt. „Allocyklische" Chromosomen bzw. Chromosomenabschnitte besitzen dagegen noch einen deutlichen Querscheibenbau und unterscheiden sich nur durch den abweichenden Formwechsel während der Polytänisierung, durch andersartige Bündelung der Fibrillen oder durch allgemein erhöhte oder verminderte Färbbarkeit (= DNS-Konzentration) vom Euchromatin. Ob die vorher genannten Merkmale des Heterochromatins voll oder nur mit Einschränkungen auch für allocyklische Chromosomen gelten, müßte von Fall zu Fall geprüft werden. Zumindest die genetische Aktivität scheint in manchen Fällen (z. B. in den kurzen Chromosomen von *Drosophila* und von *Chironomus*) noch mit derjenigen von völlig euchromatischen Chromosomen vergleichbar zu sein.

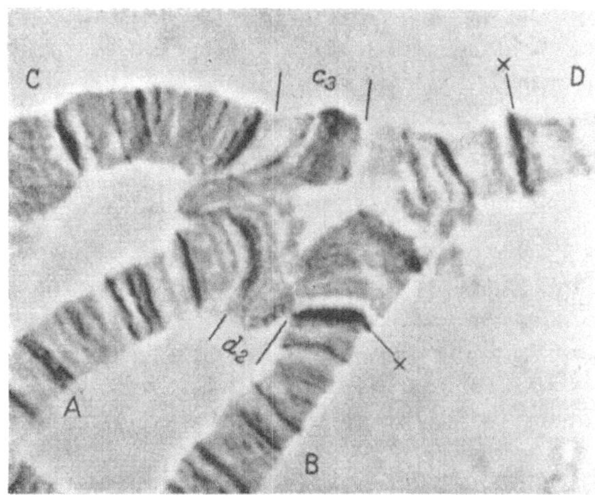

Abb. 83. Röntgeninduzierte Translokation der Chromosomen 1 (AB) und 2 (CD) von *C. th. thummi*. Die Bruchstellen liegen in beiden Chromosomen innerhalb des Kinetochorenheterochromatins, und nicht in den mit *x* bezeichneten Heterochromatinblöcken. Das neu entstandene BD-Chromosom enthält beide Heterochromatinblöcke.

Im Zusammenhang mit den Positionseffekten, die bei der Verlagerung von Euchromatin an heterochromatische Abschnitte beobachtet werden, ist auch die Frage diskutiert worden, ob das Euchromatin durch die Verlagerung an heterochromatische Bereiche strukturell „heterochromatisiert" werden kann. Die Frage läßt sich cytologisch nicht eindeutig beantworten. Für die Heterochromatisierung plädieren PROKOFIEVA (1937 a), sowie SCHULTZ (1941); gegen sie SUTTON (1940). Hierbei ist zu berücksichtigen, daß auch in strukturell unveränderten Speicheldrüsenchromosomen von *Drosophila* die

Grenze zwischen eu- und heterochromatischen Bereichen niemals ganz genau zu definieren ist, sondern wie im Falle von *Drosophila pallidipennis* deutlich fluktuiert (DOBZHANSKY 1944).

2. Konstante Heteropyknose

a) Die Kinetochoren-Bereiche und ihre Ausdehnung

Da die Riesenchromosomen keine mitotischen Bewegungen mehr ausführen, ist die Lage ihres „Kinetochors" zunächst offen. Sie läßt sich näherungsweise aus den mitotischen Armrelationen erschließen und daraus, daß Heterochromatin in größerer Menge meist nur in der Umgebung des Spindelansatzes vorkommt. Weitere Möglichkeiten, die Kinetochore zu lokalisieren, bietet die Cytogenetik. Natürlich vorkommende Inversionen übergreifen nur in den seltensten Fällen den Spindelansatz, weil perizentrische („transkinetische") Inversionen die Fertilität der Heterozygoten entscheidend herabsetzen. Die Spindelansatzregion muß also bei zweiarmigen Chromosomen in jenen medianen Bereich fallen, der in der Natur von Inversionen frei bleibt (BEERMANN 1955). In der Gattung *Camptochironomus* z. B. (BEERMANN l. c.) besitzen die drei langen Chromosomen im vermuteten Kinetochorenbereich kein Heterochromatin. Cytogenetisch ist aber der Kinetochorenbereich des Chromosoms 1 auf eine einzelne Querscheibe eingrenzbar, die zwar nicht besonders dick ist, sich aber ungewöhnlich intensiv anfärbt und deshalb wahrscheinlich heterochromatisch ist. Intensiv gefärbte, heterochromatische „Blöcke" im Kinetochorenbereich der Riesenchromosomen müssen nicht stets mit Kinetochoren identisch sein. Bei *C. thummi thummi* (KEYL 1961 b, vgl. Abb. 83) finden sich in den Kinetochorenregionen der drei langen Chromosomen dicke, kompakt-heterochromatische Elemente, die aber, wie eine induzierte Translokation zeigt, ihrer Lage nach nicht den mitotischen Spindelansätzen entsprechen können.

Die Länge der heterochromatischen Bereiche in der Umgebung der Kinetochoren ist von Spezies zu Spezies und in geringerem Maße auch von Chromosom zu Chromosom verschieden. Diese Variabilität wird in den Riesenchromosomen noch durch Unterschiede in der Wachstumsfähigkeit verschiedener Heterochromatinsorten überlagert (HEITZ 1934, siehe unten). Vergleiche sind deshalb nur innerhalb enger Verwandtschaftsgruppen sinnvoll. Von 13 untersuchten Arten der Gattung *Chironomus s. str.* (KEYL 1959, 1960) besitzt die Mehrzahl kein nachweisbares Heterochromatin im Bereich der Kinetochore der drei langen, zweiarmigen Chromosomen. Nur am Kinetochor des kurzen vierten Chromosoms, besonders deutlich bei *C. annularius*, findet sich bei allen Arten kompaktes Heterochromatin. Zwei Arten, *C. crassimanus* und *C. melanotus* (KEYL 1960) fallen aber aus dem Rahmen, denn bei ihnen bilden auch die drei langen Chromosomen im Kinetochorenbereich dicke, kompakte, zum Teil vakuolisierte Heterochromatinmassen (Abb. 84). Ähnlich variiert auch die Ausdehnung des β-Heterochromatins im Bereich der Kinetochoren der verschiedenen *Drosophila*-Arten (hierüber mehr im Zusammenhang mit den Chromozentren, siehe unten).

Durch welche Evolutionsfaktoren Umfang und Verteilung des Heterochromatins im Genom bestimmt werden, kann hier nicht erörtert werden.

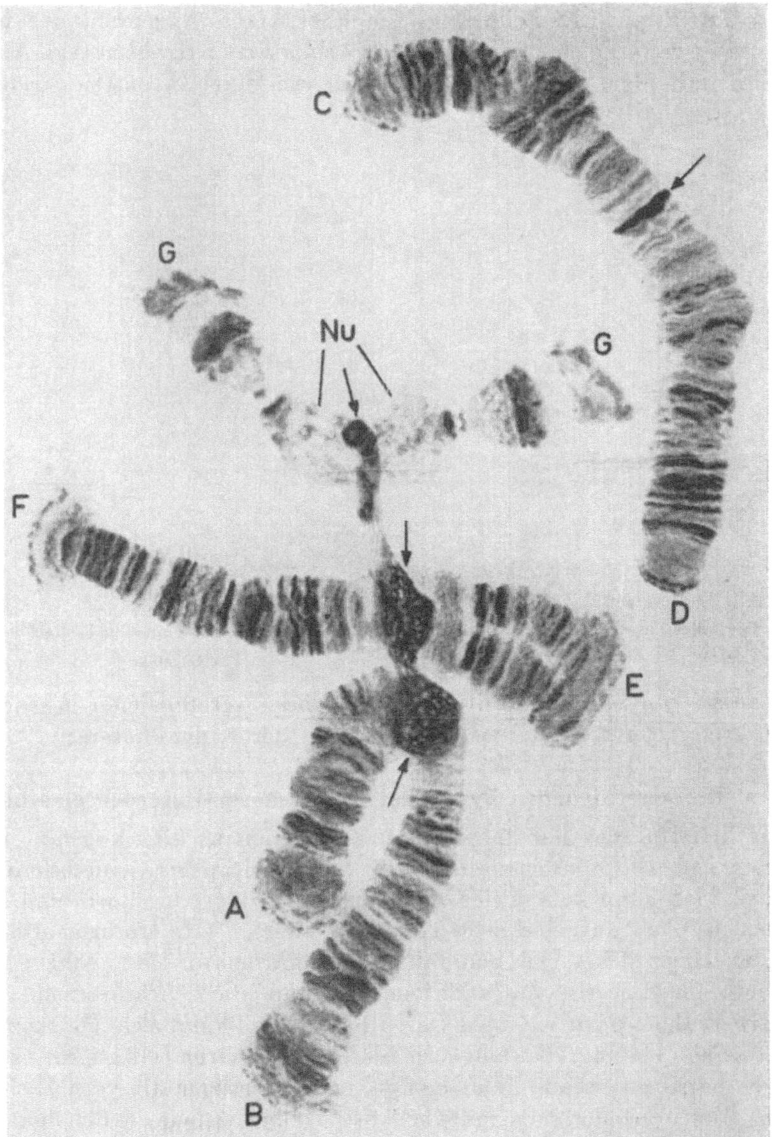

Abb. 84. Speicheldrüsenchromosomen von *Chironomus melanotus* mit stark entwickeltem Kinetochorenheterochromatin, besonders in den Chromosomen AB und EF. Das 4. (G-) Chromosom ist nicht gepaart. Nach KEYL 1961.

Besonders rätselhaft ist die allgemeine Anreicherung mit heterochromatischen Elementen, wie sie von KEYL und STRENZKE (1956) bei *Chironomus thummi thummi* im Vergleich zu der Schwesterart *C. thummi piger* gefunden wurde (siehe S. 60), und die auch die Kinetochoren mitbetrifft. Während die Unterart *C. thummi thummi* im Kinetochorbereich der drei langen Speicheldrüsenchromosomen die charakteristischen „Trommeln" (siehe unten) ausbildet, findet man bei *C. thummi piger* nur in den Chromosomen 1 und 2 leichte Anschwellungen, die aber keine Anzeichen der Heteropyknose, etwa in Form einer erhöhten Färbbarkeit aufweisen (vgl. Abb. 38). Zugleich mit der verstärkten Kinetochoren-Heterochromasie treten bei

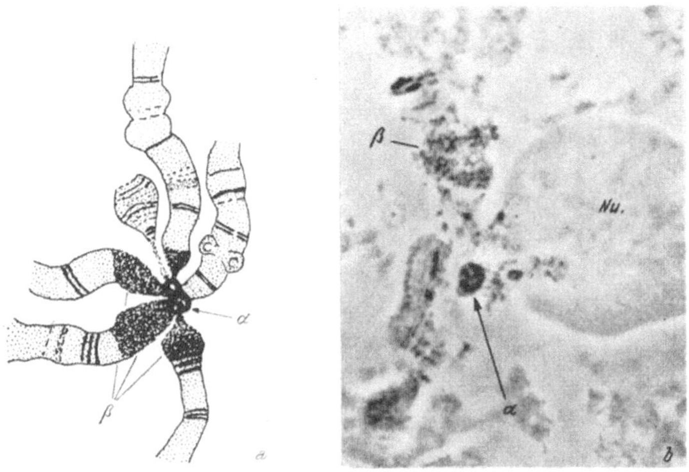

Abb. 85. Das Sammelchromozentrum von *Drosophila virilis*, links nach HEITZ 1934, mit α- und β-Heterochromatin. Rechts Photo.

C. thummi thummi heterochromatische Blöcke verschiedener Ausdehnung in der engeren und weiteren Nachbarschaft der Kinetochoren auf.

b) Die verschiedenen Typen des Kinetochoren-Heterochromatins

Die Struktur des Kinetochoren-Heterochromatins (der konstant heteropyknotischen Chromosomenabschnitte im Bereich der Kinetochoren) ist variabel. Man kann kompaktes „α" oder Block-Heterochromatin und in verschiedenem Grad aufgelockertes „lockeres" oder „β"-Heterochromatin unterscheiden (HEITZ 1934). Das kompakte Heterochromatin ist sowohl im Leben wie auch im fixierten Zustand homogen und stark lichtbrechend: es ist intensiv Feulgen-positiv. Charakteristisch für das kompakte Heterochromatin ist seine Neigung, Vakuolen zu bilden: im Extremfall gleicht es einem Feulgen-positiven Schaum. Das kompakte Heterochromatin verhält sich also in den Riesenchromosomen morphologisch genau so wie in den homologen „Chromozentren" der nicht-polytänen Interphasekerne. Nur erweisen sich die polytänen Chromozentren meist viel offenkundiger als Chromosomenabschnitte. Ebenso wie in normalen Ruhekernen können durch die Verklebung oder Verschmelzung kompakt heterochromatischer Kinetochorenbereiche Sammelchromozentren gebildet werden (siehe weiter unten).

Neben dem kompakten Heterochromatin tritt im Bereich der Kinetochoren polytäner Chromosomen das lockere „β"-Heterochromatin auf. In den Speicheldrüsenkernen von *Drosophila virilis* (Abb. 85) besteht das eigentliche „Zentrum" des Sammelchromozentrums aus intensiv feulgenpositivem α-Heterochromatin, das, wie HEITZ nachgewiesen hat, durch die Verschmelzung der Kinetochorenbereiche aller Chromosomen und des ganzen Y-Chromosoms entsteht. Der voluminöse Rest des Sammelchromozentrums setzt sich aus einer fädigen Masse zusammen, die sich bei näherer Untersuchung als ein Aggregat von an das Kinetochor angrenzenden Chromosomenabschnitten erweist. Die polytäne Struktur dieser Abschnitte verrät sich nicht nur in ihrem fädigen Aufbau, sondern gelegentlich auch in „einer schwachen Andeutung von Chromomeren". BAUER (1936 a und b) hat aus Untersuchungen an *Trichotanypus (Chironomidae)* und am X-Chromosom von *Drosophila pseudoobscura* (Abb. 86) ebenfalls den Schluß gezogen, daß das lockere Heterochromatin aus unregelmäßig gebündelten Längselementen besteht; einzelne knotige und vakuolisierte Verdickungen werden von BAUER als „Heterochromomeren" gedeutet. Nach PROKOFIEVA (1935 a) soll das β-Heterochromatin bei *Drosophila* im Gegensatz zum kompakten α-Heterochromatin noch Querscheibengliederung erkennen lassen, doch ist diese Interpretation ziemlich willkürlich (Abb. 87).

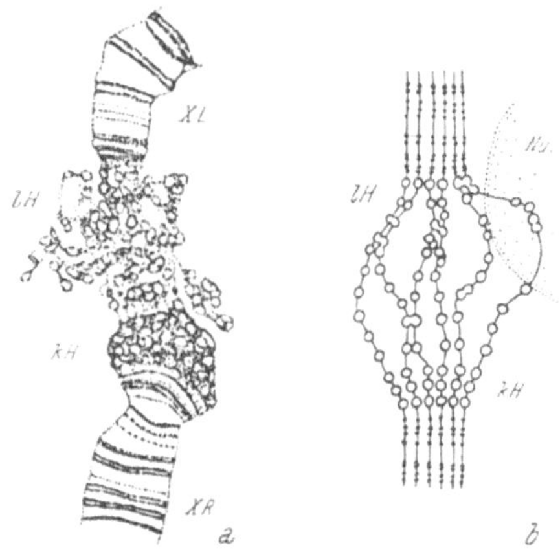

Abb. 86. Heterochromatin im Kinetochorbereich des zweiarmigen X (XL und XR) von *Drosophila pseudoobscura*, nach BAUER 1936b. *a*: Naturalistische Darstellung von lockerem (lH) und kompaktem Heterochromatin (kH); *b*: Interpretation. Näheres im Text.

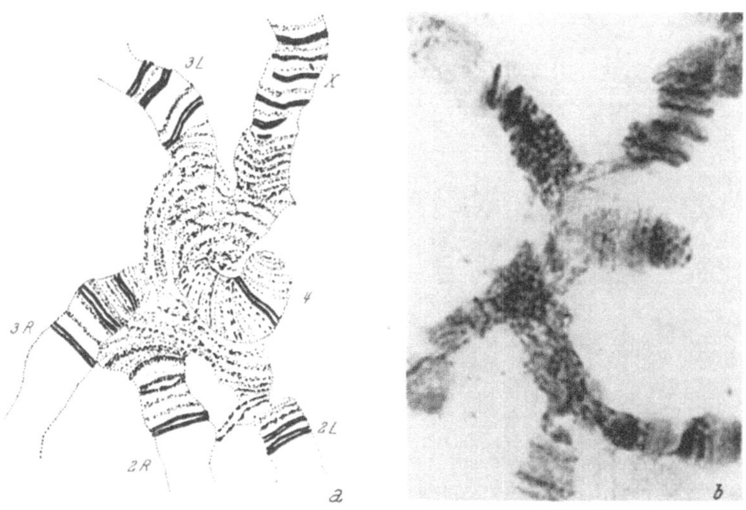

Abb. 87. Sammelchromocentren der Speicheldrusenchromosomen von *Drosophila melanogaster*. Links nach PROKOFIEVA 1930, rechts eigenes Photo.

In der Frage der allmählichen Heterochromatisierung der Kinetochorenbereiche sind zwei Phänomene voneinander zu trennen: Die Heterochromasie des engeren Kinetochors selber, und die Heterochromatisierung

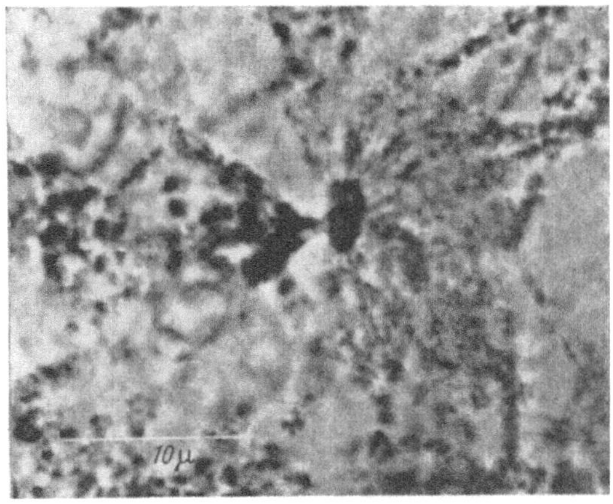

Abb. 88. Kinetochor im Chromosom 3 der Nahrzellen von *Calliphora erythrocephala*. Die Einschnurung ist beiderseits von α-Heterochromatin eingefaßt, rechts schließt sich eine Auflockerungszone an. Nach Bier 1960.

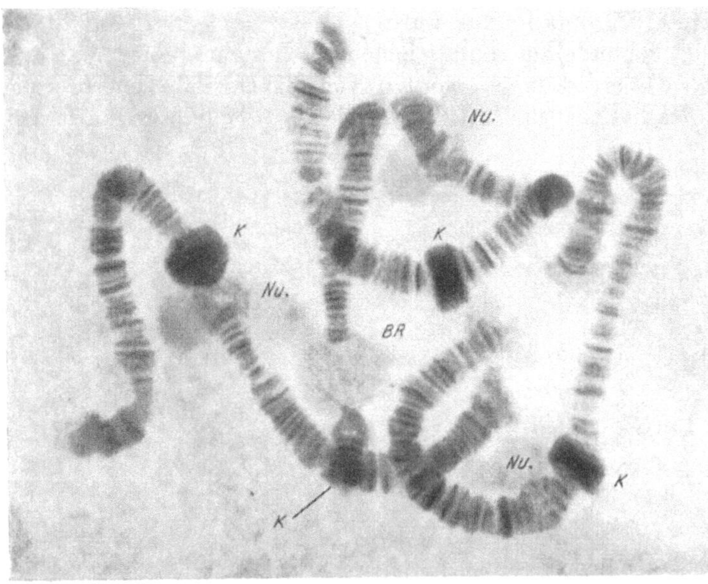

Abb. 89. Auftreibungszonen (Heterochromatintrommeln) im Bereich der Kinetochore (K). Speicheldrusenchromosomen von *Glyptotendipes barbipes*. Vergroßerung 640fach. Nu = Nukleolen, BR = Balbianiring.

weiterer Chromosomenabschnitte in seiner Umgebung. Wie nämlich die Beobachtungen an *Drosophila virilis* (Heitz l. c.) oder an *Camptochironomus* zeigen, scheint ein vergleichsweise kleiner, morphologisch vom Kinetochor selbst nicht trennbarer Bereich (das „Leitkörperchen", nach Frolova) von vorneherein stets (a-) heterochromatisch zu sein. Das Kinetochor ist, wie das auch die mitotischen Chromosomen demonstrieren, wahrscheinlich immer ein heterochromatisches Element. BAUER (1936 b) lokalisiert z. B. den Spindelansatz in die Zone, die im X-Chromosom von *Drosophila pseudoobscura* die Grenze zwischen dem kompakten und dem losen Heterochromatin bildet (vgl. Abb. 86). BIER (1960) findet im Kinetochorenbereich der Nährzellchromosomen von *Calliphora* regelmäßig „eine sich wenig anfärbende innere Region, die beiderseits von α-Heterochromatin eingefaßt ist" (Abb. 88). Diese (sich gewöhnlich als Einschnürung manifestierende) innere Region identifiziert BIER mit dem eigentlichen Kinetochor. An das α-Heterochromatin kann sich dann distal noch lockeres β-Heterochromatin (siehe unten) anschließen. Auch bei vielen anderen Dipteren (*Phryneiden, Limnobiiden,* und bei manchen *Drosophila*-Arten) bildet das Kinetochoren-Heterochromatin dünne, fadenartige Brücken zwischen den Chromosomenschenkeln, die leicht zerreißen (vgl. WOLF 1956, sowie die alten Angaben von VAN GEHUCHTEN, S. 4, über die „variable" Anzahl der Kernfäden von *Liriope).* Bei *Prosimulium* (BASRUR 1959) wird das Kinetochor in der stark heterochromatischen Querscheibe inmitten der Auftreibungszonen (s. unten) vermutet.

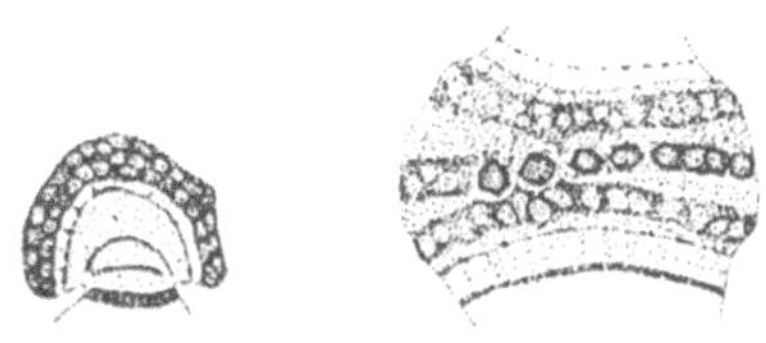

Abb 90. Struktur der Heterochromatintrommeln in den Speicheldrüsenchromosomen von *Glyptotendipes*, nach BAUER 1936a.

Die Heterochromatisierung des weiteren Kinetochorenbereiches nimmt ihren Anfang mit den besonders bei *Nematoceren* zu beobachtenden trommelförmigen Anschwellungen, Auftreibungszonen, „flared regions", „expanded regions", „spread-out regions" usw., die bei *Chironomiden* (BAUER 1935, 1936 a), bei *Simuliiden* (PAINTER und GRIFFEN 1937, KUNZE 1953, ROTHFELS und DUNBAR 1953, bei *Culiciden* (GRELL 1941) und in den Nährzellen von *Calliphora* (BIER 1960) vorkommen. Die Evolution geht anscheinend zwei Wege: Zunächst kann es, wie bei *Chironomus thummi thummi,* zugleich mit der Erweiterung des Chromosomenquerschnitts, zu einer Verdichtung der „Grundsubstanz" kommen, die sich als Erhöhung der allgemeinen Färbbarkeit manifestiert (vgl. Abb. 38). Dabei bleibt aber die Scheibenstruktur noch erkennbar, indem sich beiderseits des vermuteten Kinetochors und in ihm selber die Querscheiben zu dicken, stark färbbaren Aggregaten zusammenschließen. So entstehen „Trommeln" mit drei oder fünf meist symmetrisch angeordneten heterochromatischen Scheiben oder Doppelscheiben, von denen die mittlere oft die dickste ist (*Glyptotendipes,* Abb. 89, 90 und verschiedene *Simulium*-Arten, nach BAUER 1936 a, ROTHFELS und DUNBAR 1953). Auf der anderen Seite kann aber die Heterochromatisierung auch mit einer allgemeinen Strukturauflockerung einhergehen: Sie ist dann als solche nur an der „Disorganisation" (ROTHFELS und DUNBAR) der Querscheibenstruktur zu erkennen. Dies Phänomen ist für die *Culiciden* typisch, kommt aber auch bei *Simuliiden* vor, z. B. bei *Simulium vittatum* (PAINTER und GRIFFEN 1937). Gegenüber der extremen Strukturauflockerung, die ROTHFELS als „cottony" bezeichnet, wird bei anderen Simulien (*S. vittatum)* auch eine Variante beobachtet, die sich als „loose large-chromomeric, tufted" manifestiert. Hier schimmern die heterochromatischen Querscheiben noch durch. Es ist besonders interessant, daß diese „tufted"-Variante bei ein- und derselben Spezies (*S. vittatum*) in heterozygoter Kombination zusammen mit den normalen, kompakten Trommeln auftreten kann, was den genetischen Charakter der verschiedenen Varianten bezeugt. In der Gattung *Prosimulium* (BASRUR 1959) werden Arten mit „normalen" und mit „abgewandelten Kinetochorenbereichen" („transformed centromeres") unterschieden. Die Unterschiede sind quantitativer Natur. Bei Arten mit „transformed centromere" (*P. fontanum*) nehmen die Auftreibungszonen beider-

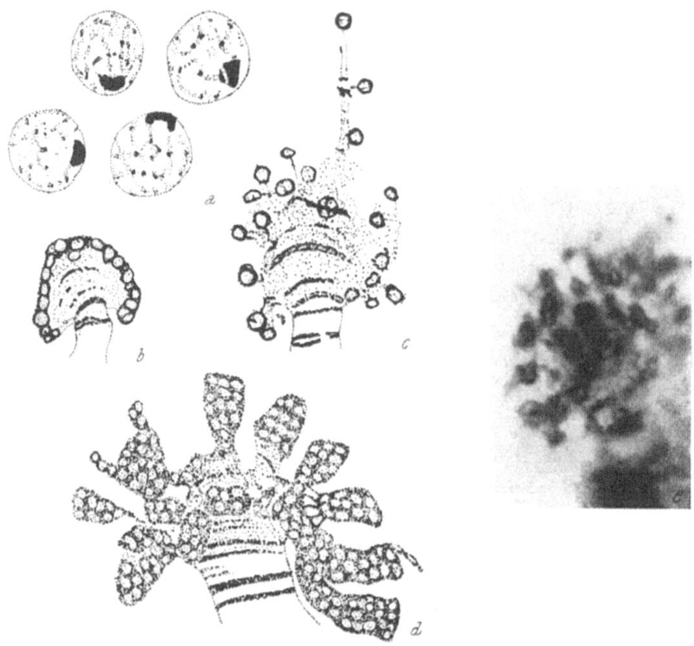

Abb. 91. Heterochromatin in den Speicheldrusenkernen von *Trichotanypus pectinatus*, nach BAUER 1936a. *a*: Kleine somatische Kerne mit Chromozentren. *b*—*d*: Terminale Heterochromatinstrukturen, die wahrscheinlich Kinetochorenregionen entsprechen. *b*: von Chromosom 3, *c*. Chromosom 4 und *d*. Chromosom 5. *e*: Photo von Chromosom 4. Vergroßerung etwa 1500fach.

seits des eigentlichen Kinetochors fast ein Fünftel der Chromosomenlänge ein, gegenüber höchstens einem Zehntel bei „normalen" Arten (*P. mixtum*).

Sehr locker sind auch die Auftreibungszonen beiderseits der Kinetochoren der Nährzellchromosomen von *Calliphora* gebaut. Diese Auftreibungen sind stets auf bestimmte Zonen begrenzt, aber in ihrer tatsächlichen Ausdehnung variabel. BIER (1960) stellt sie zum β-Heterochromatin.

Typisches β-Heterochromatin hat sich bei *Nematoceren* nie finden lassen. Es ist aber denkbar, daß sich hinter irgendeiner der bei den *Chironomiden* usw. beobachteten Varianten der Heterochromatisierung, auch dort, wo äußerlich noch eine Querscheibenstruktur vorliegt, doch β-Heterochromatin verbirgt. Dies setzt eine von morphologischen Kriterien unabhängige Definition voraus, so wie sie bereits von HEITZ (1934) geliefert worden ist. Das β-Heterochromatin ist ebenso wie das α-Heterochromatin genetisch inert, aber im Gegensatz zu diesem noch wachstumsfähig (siehe unten). Bisher wurde keine dieser Möglichkeiten systematisch geprüft.

Schließlich können sich größere Bereiche in der Umgebung der Kinetochoren auch dem α-heterochromatischen Zustand nähern, wobei allerdings die Abgrenzung zur vorhergehenden Stufe noch schwieriger durchzuführen ist als beim Übergang zum β-Heterochromatin. Das einzige nicht-morphologische Kriterium bildet der Verlust der Wachstumsfähigkeit, der aber kaum direkt nachzuweisen ist (siehe unten). Vom morphologischen Standpunkt aus müssen die dicken, heteropyknotischen und vakuolisierten Heterochromatinmassen an den Kinetochoren der Speicheldrüsenchromosomen von *C. crassimanus* und *C. melanotus*. vgl. Abb. 84, *Metriocnemus hygropetricus* und anderen Chironomiden (Abb. 91) als α-heterochromatisch gelten. Aber die Existenz morphologischer Zwischenstufen zum β-Heterochromatin läßt sich nicht ausschließen, so wie auch die Unterscheidung zwischen den beiden Heterochromatinsorten mit abnehmender Polytäniestufe immer undeutlicher wird.

c) Chromozentren (Sammelchromozentren)

Durch die Verschmelzung der heterochromatischen Kinetochorenbereiche entstehen „Sammelchromozentren" (vgl. Abb. 85). Typische Sammelchromozentren besitzen die Zellkerne der meisten *Drosophila*-Arten („*Drosophila*-Typus", Bauer 1935). Sie fehlen bei den meisten *Chironomiden, Simuliiden* und *Cecidomyiden,* ebenso bei *Bibio* („*Bibio*-Typus"). In den Sammelchromozentren kann der Zusammenschluß der Kinetochorenbereiche so eng sein, daß die Zusammengehörigkeit der Chromosomenschenkel im cytologischen Quetschpräparat nicht zu erkennen ist (*Drosophila melanogaster*). In anderen Fällen wie z. B. bei den *Drosophila*-Arten der *virilis*- oder *obscura*-Gruppe, lösen sich die Kinetochorenbereiche der Einzelchromosomen gewöhnlich schon unter dem Druck des Deckglases oder nach leichtem Klopfen auf das Deckglas voneinander. Mit dieser einfachen Methode hat Bauer (1936 b) die von Painter (1935) begründete Auffassung, die Chromozentren bestünden aus „akzessorischem" Material. ad absurdum geführt und damit noch einmal die Heitzsche Version (1934), wonach es sich um heterochromatische Chromosomenabschnitte handelt. bestätigt.

Painter (1935) hatte im Zusammenhang mit der Lokalisation des *bb*-Locus im X von *D. melanogaster* angenommen, das Chromozentrum sei ein „undifferentiated magma" (Koller 1935), ein Stoffwechselprodukt ähnlich dem Nukleolus. welches von dünnen achromatischen Verbindungssträngen der Chromosomenarme durchzogen würde. Wenn diese Auffassung richtig wäre, dann müßte sich das „Magma" mechanisch in beliebige Teilstücke zersprengen lassen. Das ist aber keineswegs so. Nach Bauer zerfällt das Chromozentrum bei *D. pseudoobscura* gesetzmäßig in der Weise, daß seine Hauptmasse stets die „Basen" der zwei Autosomen III und IV bildet. Bei den Chromosomen II und V besteht das ganze Heterochromatin nur aus einer Querscheibe, während das Heterochromatin des X etwas lockerer, aber auch nicht besonders voluminös erscheint und sich gleichmäßig auf

XL und XR verteilt. Damit ist die chromosomale Natur des Chromozentrums demonstriert.

Ob es im einzelnen Falle zur Entstehung von Sammelchromozentren kommt, hängt sicher nicht ausschließlich von der Menge des Kinetochoren-Heterochromatins ab. Bei vielen Dipteren stünde im Bereich der Kinetochoren genügend Heterochromatin zur Verfügung, z. B. bei manchen *Chironomiden, Cecidomyiden, Simuliiden,* und doch werden Chromozentren garnicht oder nur sehr unregelmäßig gebildet. Auf der anderen Seite ist die Chromozentrenbildung auch bei solchen *Drosophila*-Arten die Regel, die kein β-Heterochromatin und nur geringfügige Mengen von α-Heterochromatin besitzen oder wo das β-Heterochromatin nur auf die Geschlechtschromosomen beschränkt ist (z. B. *D. funebris, D. repleta, D. robusta).* Die Qualität des α-Heterochromatin — von welchem die Chromozentren-Entstehung stets ausgeht — und vielleicht auch kernphysiologische Faktoren müssen den Ausschlag geben (Bauer 1935, 1936 a, b). Frolova (1936, 1938) will deshalb von vorneherein nur das kompakte α-Heterochromatin der „Leitkörperchen" dem Chromozentrum zurechnen. Nach Pavan und Breuer (1952) finden sich Chromozentren bei *Rhynchosciara angelae* in den Kernen der Malpighischen Gefäße, nicht aber in denen der Speicheldrüsen. Bauer verweist auf das abweichende Verhalten des kurzen Chromosoms V von *Prodiamesa olivacea*, das sich niemals an der Chromozentrenbildung beteiligt, obwohl es viel basales α-Heterochromatin besitzt (vgl. Abb. 41 *e*). Die telophasische Annäherung der Kinetochoren in der mitotischen Metaphase scheint die Chromozentrenbildung weniger zu beeinflussen, denn bei *Drosophila* beteiligen sich die heterochromatischen „Basen" der Chromosomen auch dann regelmäßig an der Chromozentrenbildung, wenn sie durch Inversion an das Chromosomenende verlagert werden (Bauer 1936 a). Deshalb schließt Bauer auf eine „spezifische Attraktion bestimmter heterochromatischer Chromosomenabschnitte" als Ursache für die Chromozentrenbildung oder noch genauer, auf eine spezifische Attraktion zwischen genetisch nicht unbedingt homologen „Heterochromomeren" (Bauer 1936 b). Im Grunde ist die Attraktion der Kinetochoren das gleiche Phänomen, das uns auch als nicht-spezifisches „end-to-end attachment" der Telomeren begegnet (siehe unten).

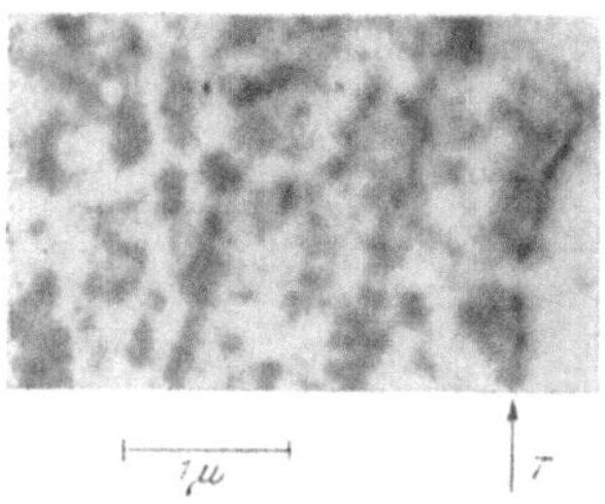

Abb. 92. Telomeren-Heterochromatin am rechten Ende des 2. Speicheldrusenchromosoms von *C. tentans*. Dunnschnitt, elektronenoptische Vergroßerung 12000fach.

d) Telomeren-Heterochromatin

Aus der experimentellen Cytogenetik ist bekannt, daß die natürlichen Chromosomenenden in besonderer Weise „stabilisiert" sein müssen. Durch Chromosomenbruch neugeschaffene Enden „verheilen" im allgemeinen nicht, sondern schließen sich mit anderen offenen Bruchenden früher oder später wieder zu völlig intakten Chromosomen zusammen. Dies gilt sowohl für euchromatische wie für heterochromatische Chromosomenabschnitte und spricht für die Bipolarität des genetischen Materials (MULLER 1935). Die hypothetischen Terminalsegmente der Chromosomen, die die Stabilität der Chromosomenenden bedingen sollen, werden als „Telomeren" bezeichnet (MULLER, PROKOFIEVA-BELGOVSKAJA und RAFFEL 1938; PROKOFIEVA 1939). Morphologisch erweisen sich die Chromosomenendabschnitte ebenso wie die Kinetochorenbereiche der mitotischen und meiotischen Chromosomen als heterochromatisch. Das gilt auch für die polytänen Chromosomen. Es ist möglich, daß das terminale Heterochromatin der Riesenchromosomen mit

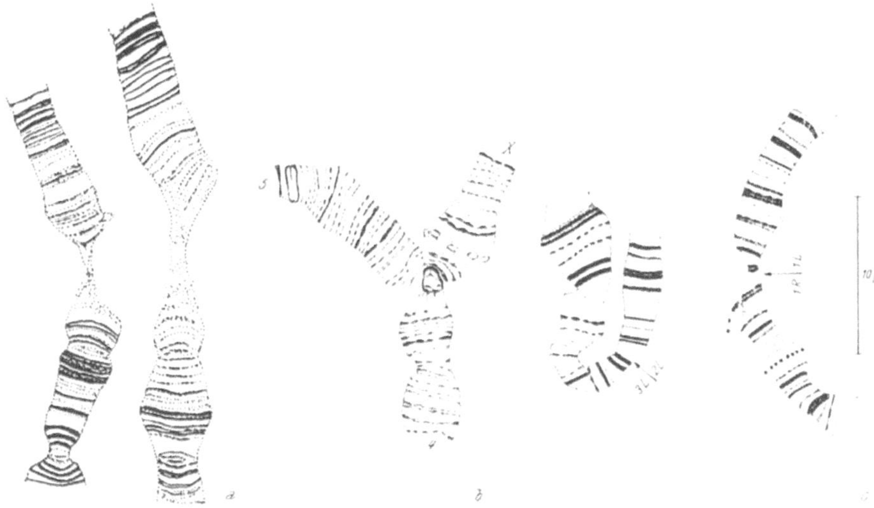

Abb. 93. Verklebung der Chromosomenenden in Speicheldrüsenkernen. *a*: Bei *Chironomus thummi*, nach BAUER 1935; *b*: Bei *Drosophila virilis*, nach WARTERS und GRIFFEN 1950; *c*: Bei *Chironomus tentans*, nach BEERMANN 1952a.

den Telomeren selbst identisch ist (GRIFFEN und WARTERS 1950). Vielleicht sind die Bedingungen zur Stabilisierung von neu erzeugten Chromosomenenden überhaupt nur im Heterochromatin zu finden. Nach DEMEREC und HOOVER (1936) und nach SUTTON (1940) bleiben bei *Drosophila* einzelne neu erzeugte Bruchenden (terminale Defizienzen) stabil. Diese neuen Enden zeigen sich durch die Bildung von nukleolenartigen Absonderungen („nucleolus-like exudates") mit den heterochromatischen „weak-spots" (siehe unten) verwandt.

Die heterochromatischen Endabschnitte der Riesenchromosomen sind bei weitem nicht so voluminös wie das Kinetochoren-Heterochromatin. Das „Telomer" ist oft nicht dicker als eine einzelne Querscheibe, fällt aber durch die intensivere Färbung und unter Umständen auch durch Vakuolisierung auf (Abb. 92, 93). Es besteht wohl stets aus α-Heterochromatin. In zahlreichen Fällen bleiben die heterochromatischen Telomeren der Chromosomen unerkannt, weil sie zu dünn sind bzw. weil sie der letzten euchromatischen Querscheibe dicht anliegen. Bei *Chironomus tentans* (BEERMANN und BAHR 1954) wird das Telomer des Chromosomenarmes 2R durch eine 0,05 μ dicke, also lichtoptisch nicht wahrnehmbare Schicht von α-Heterochromatin gebildet (Abb. 92). Die physikalischen Eigenschaften (Viskosität, „Klebrigkeit") des Telomeren-Heterochromatins spiegeln sich in der Form der Chromosomenenden wider (vgl. Bauer 1936 b). In einigen Fällen fließt das Heterochromatin zu terminalen Knöpfchen zusammen, z. B. bei *Drosophila virilis* (Griffen und Warters 1950), und das Chromosomenende erscheint „geknöpft" bzw. „zugespitzt" (Bridges 1935 a, b, Bauer 1936 b, vgl. die Ausführungen über Chromosomenenden S. 65 ff. und Abb. 41). In anderen Fällen bildet das terminale Heterochromatin glatte Schichten, die sich sekundär wieder in zahlreiche endständige Granula, Scheibchen oder „Terminalringe" auflösen können (Bauer 1936 a, vgl. Abb. 91; Frolova 1936 u. a.).

Durch Verklebung der Telomeren verschiedener Chromosomen entstehen im Zellkern „end-to-end"-Kontakte von großer Festigkeit, die auch im Quetschpräparat nicht reißen (Abb. 93). Nach Bauer (1936 b) sind in den Speicheldrüsenkernen von *Chironomus thummi* im allgemeinen nicht mehr als zwei Chromosomenenden miteinander in Kontakt. Dabei ist keine Kombinationen besonders bevorzugt. Auch Verklebungen mit dem Chromozentrum kommen vor (Prokofieva 1937 b). Bei *Drosophila virilis* (Bauer l. c.) waren in 40 untersuchten Zellkernen 35% der freien Enden in Gruppen von 2 bis 4 vereinigt. Obwohl die Menge des Telomeren-Heterochromatins bei *D. virilis* von Chromosom zu Chromosom spezifisch variiert, beteiligen sich nach Bauer auch hier alle Chromosomenenden mit der gleichen Häufigkeit. Nach Taylor und Hinton (1942) bestehen (entgegen den Bauerschen Schlußfolgerungen) bei *D. melanogaster* doch spezifische Unterschiede in der Neigung zu chromosomalen end-to-end-Kontakten, denn bestimmte Kombinationen sind häufiger als andere. Bei *Chironomus tentans* (Beermann 1952) treten ebenfalls bestimmte Kombinationen von Chromosomenenden besonders häufig auf. Die „Spezifität" wird in diesem Falle zwanglos durch eine verschieden starke, aber ungerichtete Verklebungstendenz der Chromosomenenden gedeutet, die auf Unterschieden in der Menge und Beschaffenheit des Telomeren-Heterochromatins beruhen könnte. Es kommen gelegentlich auch Verklebungen mit dem Sammelchromozentrum und mit interkalarem Heterochromatin vor. Bei *Chironomus* sind die „end-to-end"-Kontakte in den Zellkernen des Mitteldarmes und der Malpighischen Gefäße häufiger als in den Zellkernen der Speicheldrüsen. Hier spielt wahrscheinlich der Polytäniegrad eine Rolle.

Eine eigentümliche Neigung zu endweiser Vereinigung macht sich am Kinetochorenende des kurzen Chromosoms IV von *Chironomus tentans* bemerkbar, besonders wenn die Homologenpaarung durch Strukturheterozygotie gestört ist. Die beiden Homologen schließen sich in diesem Fall „Kopf an Kopf" so eng zusammen, daß ein freies Ende garnicht erkennbar wird (Bauer und Beermann 1952 a, vgl. Abb. 30). Als Folge einer endweisen Paarung der homologen Chromosomenenden deutet Bauer (1936 b) auch die terminalen Ring- und Knöpfchen-Konfigurationen (vgl. Abb. 41).

e) Interkalares Heterochromatin

Das Vorkommen interkalaren Heterochromatins ist schwieriger nachzuweisen als die Existenz von Heterochromatin an den Kinetochoren und Telomeren. Man bleibt auf eine Reihe von morphologischen und genetischen

Indizien angewiesen, deren Bedeutung umstritten ist. Größere interkalare Heterochromatinblöcke in Riesenchromosomen sind selten. Sie bestehen stets aus α-Heterochromatin und sehen wie ungewöhnlich dicke Querscheiben aus. Die europäische Spezies *Drosophila lacicola* unterscheidet sich z. B. in einem Chromosom von ihrer amerikanischen Verwandten *Drosophila virilis* durch eine dicke, heterochromatische „Querscheibe“ (Patterson und Stone 1952). Auch intraspezifische Unterschiede dieser Art werden beobachtet (Abb. 94). Es sei ferner an die beiden bereits in anderem Zusammen-

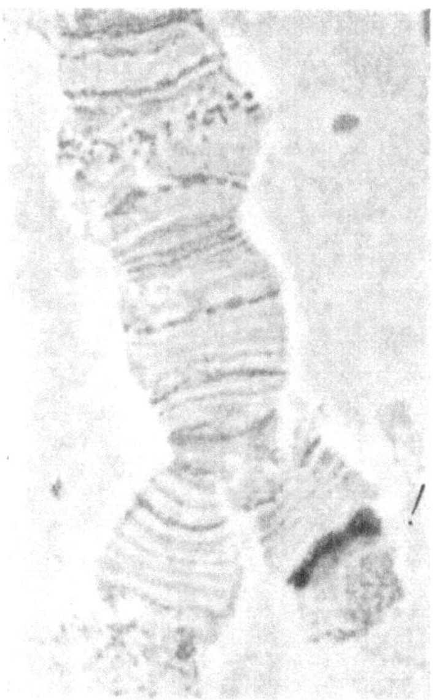

Abb. 94

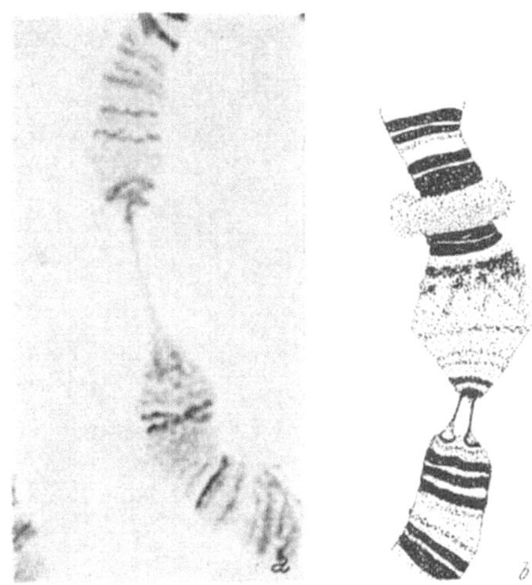

Abb. 95

Abb. 94. Heterozygotie fur interkalares Heterochromatin bei *Acricotopus lucidus*.

Abb. 95. Einschnurungen im interkalaren Heterochromatin. Links im X von *Drosophila melanogaster*, rechts im langen Arm des 2. Chromosoms von *Phryne cincta* (Wolf 1957).

hang öfter genannten Subspezies *C. thummi thummi* und *C. thummi piger* erinnert.

Ein gutes Indiz für interkalares Heterochromatin ist die besondere mechanische Empfindlichkeit bestimmter Chromosomenorte. Sie äußert sich in extremen Einschnürungen (*Drosophila virilis*, Heitz; *Phryne cincta*, Wolf 1956, Abb. 95) oder in der Bildung von „weak points“ (Bridges 1938; Dobshansky 1944; Abb. 96). An „schwachen Punkten“ brechen die Chromosomen bei der Präparation besonders leicht auseinander. Eine Einschnürung bildet sich gewöhnlich nicht, doch sind die in den weak points zusammenstoßenden Chromosomenabschnitte in charakteristischer Weise gegeneinander versetzt oder abgeknickt („offset“ in 19E, Bridges 1938); manchmal wird auch eine durch chromatische Fäden überbrückte Lücke erkennbar, und außerdem scheidet sich an den weak points oft nukleolenartiges Material („exudates“, Bridges 1938) ab. Geradezu typisch ist interkalares Heterochromatin in Form „schwacher Stellen“ für die somatischen Riesenchromosomen von Musciden und ihren Verwandten (Abb. 97). Hier ist es deshalb un-

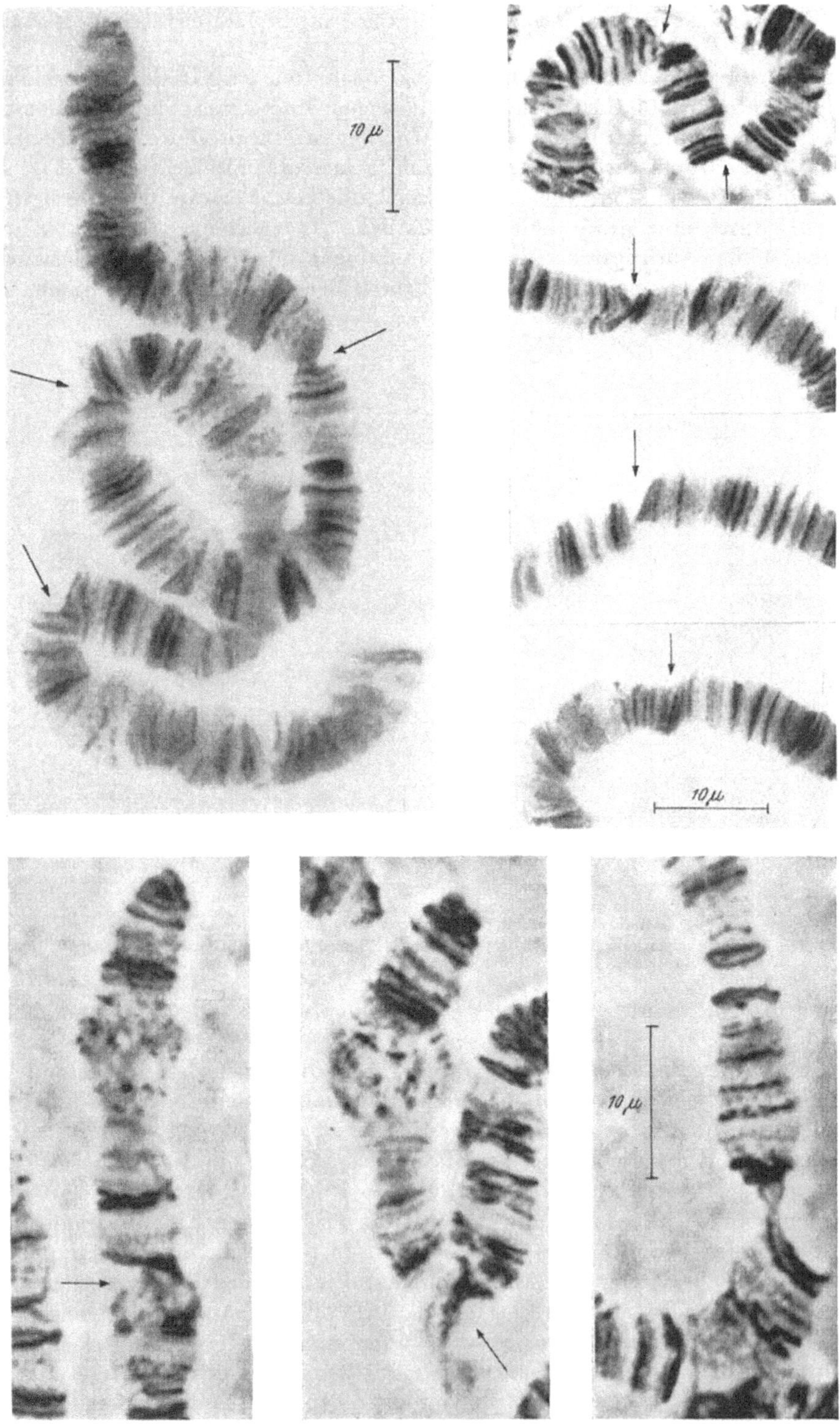

Abb. 96. „Weak points“ (Pfeile) in Speicheldrüsenchromosomen von *D. funebris* (oben) und im Speicheldrüsen-X-Chromosom von *D. melanogaster* (unten). Unten links und Mitte: Weak point innerhalb der white-facet-Region.

möglich, zusammenhängende Chromosomenkarten zu entwerfen oder auch nur die Anzahl der Riesenchromosomen zu ermitteln. Um so merkwürdiger erscheint die Tatsache, daß die Nährzellchromosomen der gleichen Arten mechanisch völlig stabile und einheitliche polytäne Bündel darstellen. Die Viskosität des interkalaren Heterochromatins ist offensichtlich variabel. Daher kann man aus der Tatsache, daß „schwache Stellen“ in den Riesenchromosomen mancher Dipterengruppen, z. B. der *Chironomiden* oder der

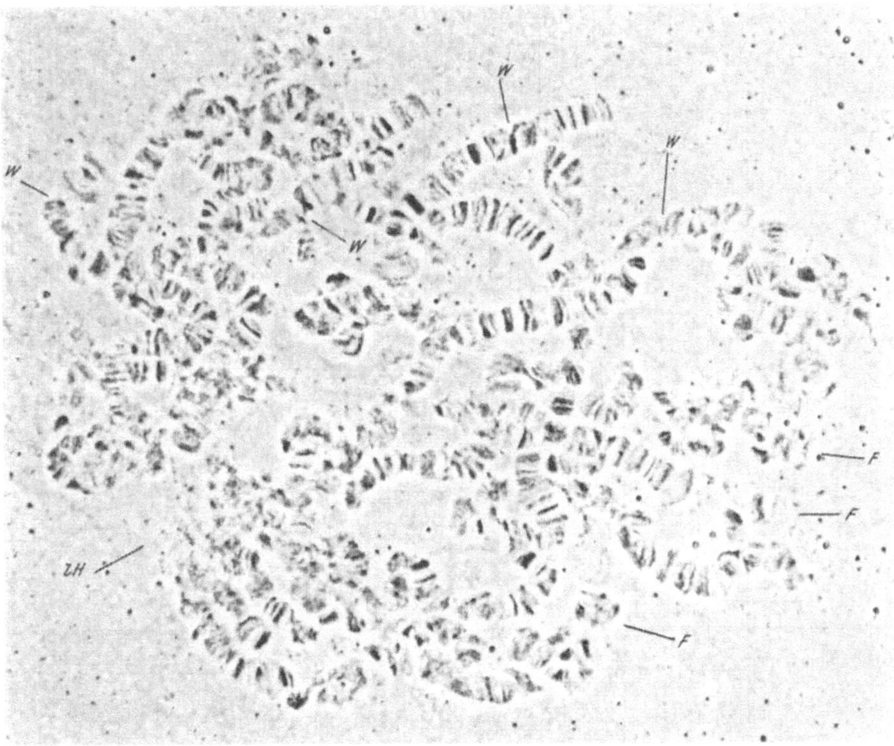

Abb. 97. Speicheldrüsenchromosomen von *Musca domestica* mit zahlreichen „weak points“ (w), z. T. fragmentiert. z. T. verklebt. lH = lockeres Heterochromatin. F = Fragmente. Vergrößerung 750fach.

Simuliiden nie beobachtet werden, nicht ohne weiteres auf das Fehlen von interkalaren Heterochromatin schließen.

Slizynski (1945), Prokofieva (1939 b), sowie Kaufmann et al. (1948) betrachten die als „ectopic pairing“ bezeichnete Tendenz bestimmter interkalarer Abschnitte, untereinander oder mit den Kinetochoren bzw. den Telomeren zu verkleben, als Kriterium für interkalares Heterochromatin (Abb. 98). Diese Eigenschaft teilen mit den „weak points“ noch zahlreiche weitere Querscheiben, die demnach ebenfalls als heterochromatisch anzusehen wären, z. B. (nach Prokofieva 1939 b) im X-Chromosom 2 B, 3 C 3, 3 C 6, 4 C 3-7, 11 A, 12 EF, 13 F, 19 E 3-4 (Abb. 98). Ein weiteres Verdachtsmoment bildet die Tatsache der gesteigerten Bruchhäufigkeit nach Röntgenbestrah-

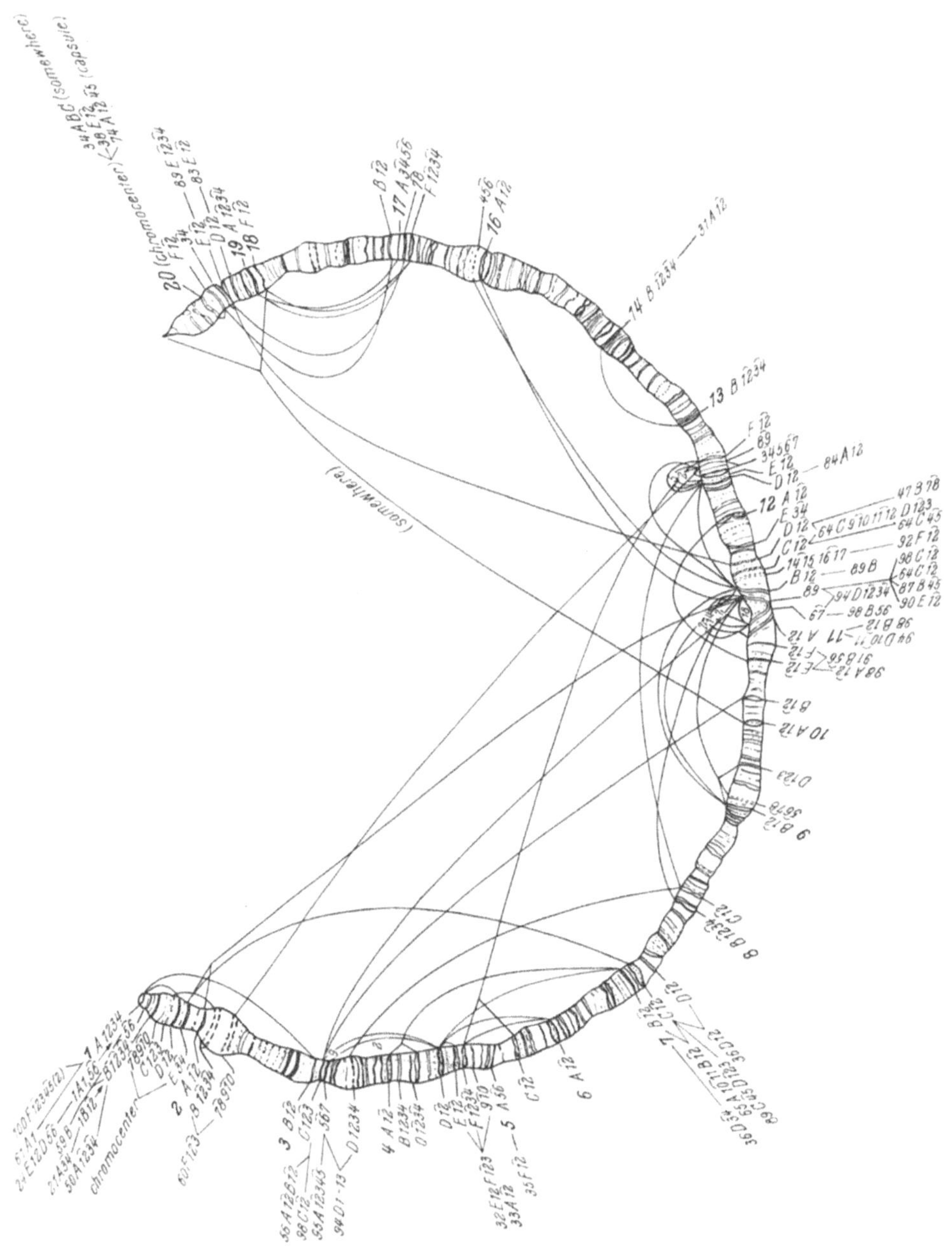

Abb. 98. Verklebung von interkalarem Heterochromatin („ectopic pairing“) im X-Chromosom von *Drosophila melanogaster*. Nach KAUFMANN et al. 1948.

lung, durch welche sich die gleichzeitig durch „ectopic pairing“ und in ihrer Eigenschaft als „weakpoints“ definierten Orte besonders auszeichnen (Abb. 99). Auch genetische Kriterien, z. B. die Tendenz zur Mutation mit „minute“-Effekt, oder die hohe Mutabilität der benachbarten Gene (PROKOFIEVA 1941: *y, w, ct, lz, f*) decken sich oft mit den morphologischen und physiologischen.

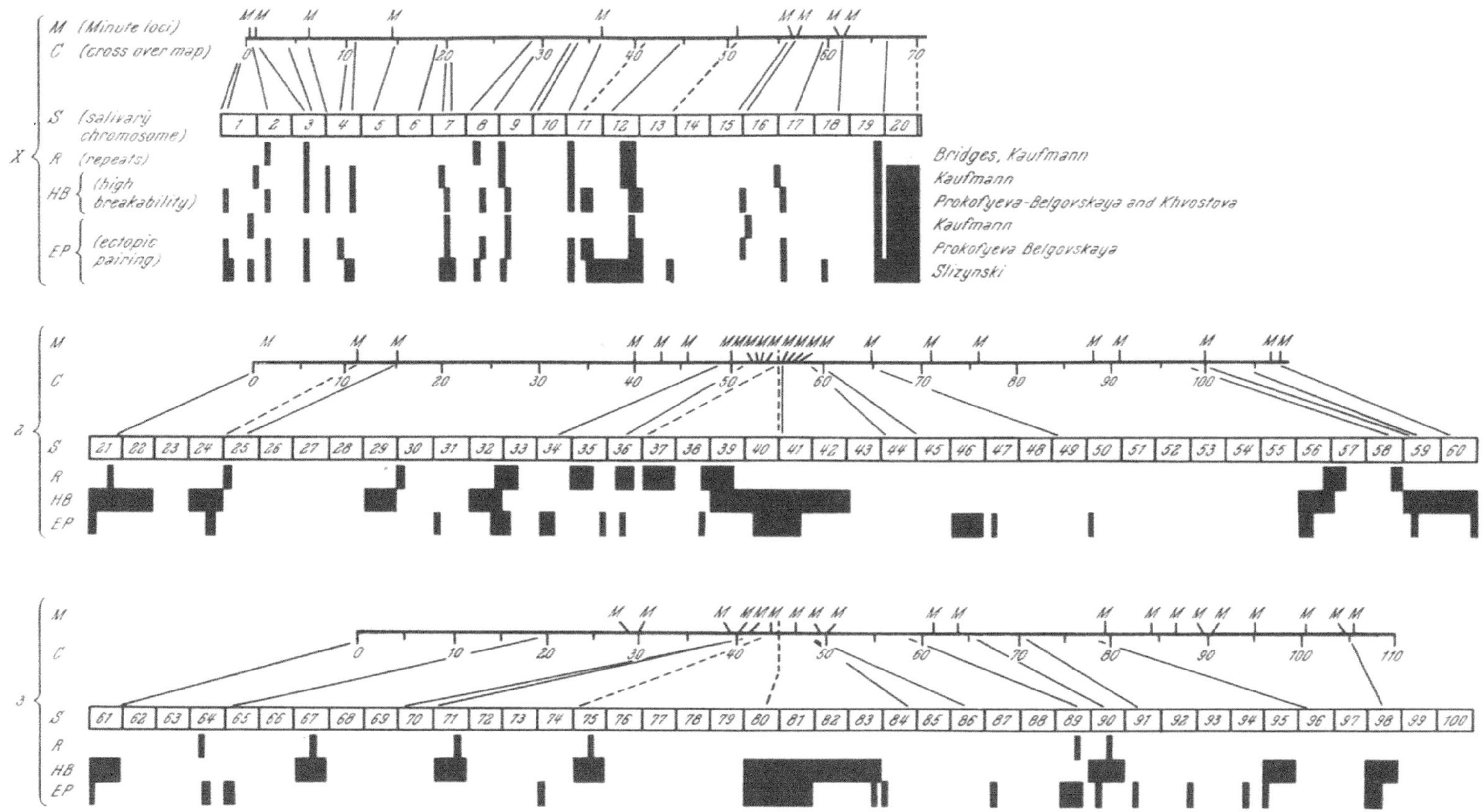

Abb. 99. Verteilung des interkalaren Heterochromatins im X, im 2. und im 3. Speicheldrüsenchromosom von *Drosophila melanogaster*, beurteilt nach den Bruch-Koeffizienten (HB) und der Verklebungstendenz (ectopic pairing, EP), im Vergleich zu der Lokalisation von repeats (R) und Minute-Loci (M). S = schematisierte Speicheldrüsen-Chromosomenkarten nach der Einteilung von BRIDGES. C = genetische cross over-Karte. Nach HANNAH 1951.

Von HANNAH (1951) wird die Frage diskutiert, ob die von BRIDGES (1937) und von anderen Autoren als „doublets" bezeichneten Querscheiben und eventuell auch die sogenannten „reverse repeats" bei *Drosophila melanogaster* heterochromatisch sind. Daß „doublets", insbesondere „Kapseln", Kunstprodukte darstellen können, wurde schon erwähnt (S. 71). Sie bilden sich vorzugsweise in besonders dicken, intensiv gefärbten und deshalb möglicherweise wirklich heterochromatischen Querscheiben. BRIDGES (1937) spricht von einer „special class of bands" (z. B. 60 E 1 bei *D. melanogaster*). Nach BRIDGES et al. (1936) zeichnen sich manche „doublets" auch durch erhöhte Bruchtendenz aus (44 F 1, 45 E 1, „notopleural deficiency").

f) Total heteropyknotische Chromosomen

Die Y-Chromosomen zahlreicher Dipteren sind in der Mitose und Meiose total heteropyknotisch. Dies gilt dann auch für den polytänen Zustand. Aus α-Heterochromatin besteht beispielsweise das Y-Chromosom von *Drosophila virilis*. Das schließt HEITZ (1934) aus der Tatsache, daß das α-heterochromatische Chromocentrum embryonaler Zellkerne im wesentlichen aus dem Y hervorgeht. Bei anderen *Drosophila*-Arten, z. B. *D. pseudoobscura* und *D. melanogaster* (PROKOFIEVA 1935 b, BAUER 1936 b) ist das polytäne Y-Chromosom hauptsächlich aus lockerem β-Heterochromatin aufgebaut. Vollständig aus kompaktem Heterochromatin besteht das Y-Chromosom der Phryne-Arten in polytänen Speicheldrüsenkernen (WOLF 1957). Es bildet einen isoliert liegenden, unregelmäßig geformten, vakuolisierten Chromatinklumpen. Bei den *Tipuliden* und bei den *Limnobiiden* scheinen auch die X-Chromosomen total heterochromatisch zu sein.

g) Wachstum der konstant heteropyknotischen Chromosomenabschnitte

In jedem normalen Mitosecyclus werden die heterochromatischen Chromosomenabschnitte zusammen mit den euchromatischen verdoppelt. Wenn man mit BAUER (1936 a) voraussetzt, daß im Polytänisierungsrhythmus kein Unterschied zwischen Eu- und Heterochromatin besteht, so müßten die heterochromatischen Abschnitte der Riesenchromosomen die gleiche Anzahl von Längselementen enthalten wie die euchromatischen. Dem steht die Tatsache gegenüber, daß das Volumen der heterochromatischen Abschnitte im Laufe der Polytänisierung meist wesentlich weniger zunimmt als das des Euchromatins. Dieser Sachverhalt ist erstmalig von HEITZ (1933, 1934) festgestellt und näher untersucht worden.

Nach HEITZ bestehen die mitotischen Chromosomen von *Drosophila virilis* in der Pro- und Metaphase proximal je etwa zur Hälfte aus Heterochromatin (davon macht nur das kugelige 6. Chromosom eine Ausnahme). Das gesamte Heterochromatin verschmilzt in mitotischen Interphasekernen zu einem kompakten Chromozentrum. Im Sammelchromocentrum der polytänen Speicheldrüsenkerne bildet dieses mitotische (α-) Heterochromatin nach HEITZ nur den kleinen „Binnenkörper". Der voluminöse Rest ist β-Heterochromatin. Das Mengenverhältnis der beiden Heterochromatinsorten wäre also im polytänen Zustand stark zugunsten des β-Heterochromatins verschoben, wie sich besonders schön aus dem Umstand ableiten läßt, daß das β-Heterochromatin in den Speicheldrüsen sehr verschieden weit in die Chromosomenarme hineinreicht (vgl. Abb. 85), während das mitotische Heterochromatin bei allen fünf Chromosomen gleich ist. Fast die Hälfte des Chromosomenvolumens der Metaphase würde nach HEITZ in den Riesenkernen als vergleichsweise winziger heteropyknotischer Körper erscheinen. Mit anderen Worten: Während sich das kompakte α-Hetero-

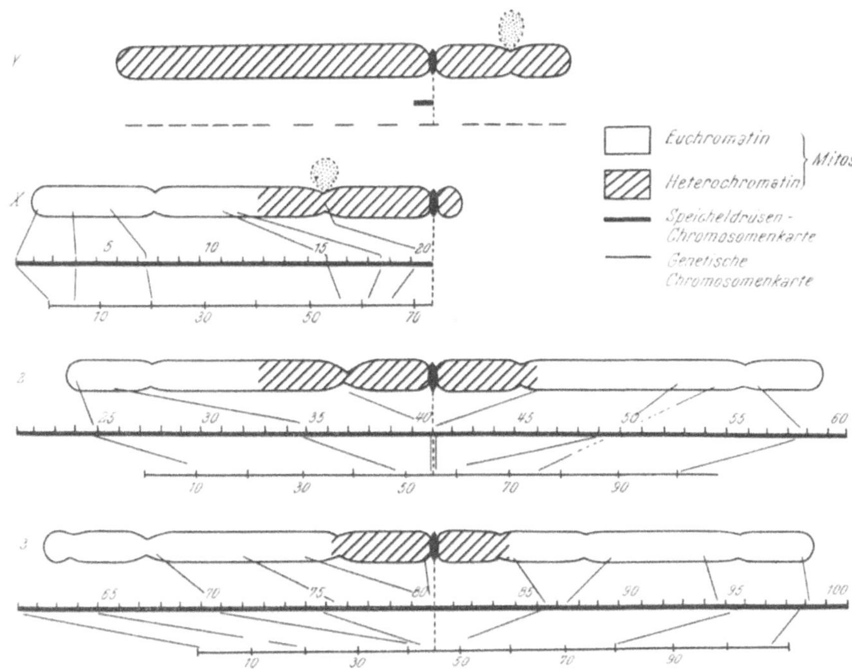

Abb. 100. Längenvergleich des mitotischen Heterochromatins mit dem Heterochromatin der Speicheldrüsenchromosomen von *Drosophila melanogaster*; homologe Orte wurden durch Translokationen ermittelt. Zum Vergleich ist auch die genetische Chromosomen-Karte eingezeichnet, Spindelansätze auf die Mittellinie orientiert. Nach HANNAH 1951.

chromatin während der Polytänisierung überhaupt nicht vermehrt, wächst das lockere β-Heterochromatin im gleichen Maße wie das Euchromatin heran. Man kann die cytologischen Bilder mit BAUER (1936 a) und FROLOWA (1938) aber auch weniger extrem deuten, nämlich in dem Sinne, daß ein Teil des β-Heterochromatins in kleineren Zellkernen noch an der Bildung des Chromocentrums beteiligt ist, daß also der mengenmäßige Unterschied zwischen den beiden Heterochromatinsorten zum Teil erst bei höheren Polytäniestufen manifest wird.

Unbestritten bleibt jedoch die Tatsache, daß das Volumen des kompakten Heterochromatins viel langsamer zunimmt als das der locker heterochromatischen Abschnitte. Dies haben MULLER und GERSHENSON (1935), HINTON (1942) und PAVAN (1946) cytogenetisch mit Translokationen und Inversionen direkt bewiesen (Abb. 100). Nach MULLER entsprechen wenige Querscheiben des Speicheldrüsen-X-Chromosoms von *Drosophila melanogaster* langen heterochromatischen Blöcken des mitotischen X-Chromosoms. HINTON (1942) stellt fest, daß ein heterochromatischer Abschnitt von etwa einem Fünftel der Länge des metaphasischen Chromosomenarmes 2 R bei *Drosophila melanogaster* im polytänen Zustand auf eine einzige Querscheibe reduziert ist, während ein anderer, mitotisch ebenso langer Abschnitt zu dem ziemlich voluminösen Kinetochoren-Heterochromatin des zweiten Chromosoms heranwächst (Abb. 101) [1]. Bei *D. nebulosa* (PAVAN 1946) besteht das Sammelchromocentrum der Speicheldrüsen-Chromosomen fast ausschließlich aus dem lockeren Kinetochoren-Heterochromatin des zweiten Chromosoms, obwohl die heterochromatischen Bereiche des X und die des zweiten Chromosoms in der Mitose etwa die gleiche Länge besitzen. Das Heterochromatin des X und des total heteropyknotischen Y bilden in den Speicheldrüsen-

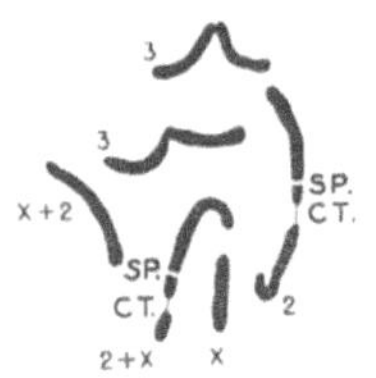

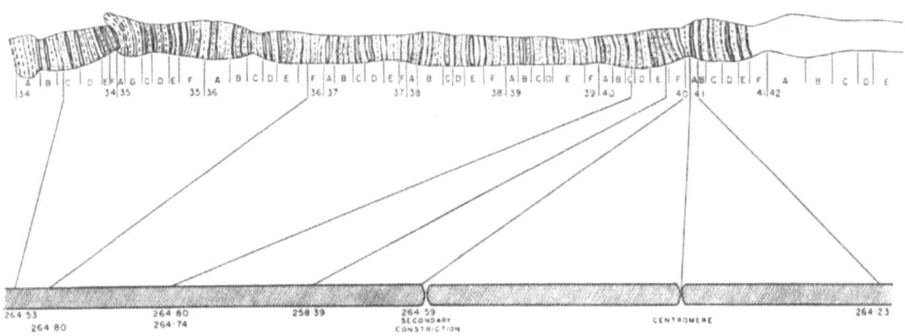

Abb. 101. Lokalisation des mitotischen Heterochromatins im 2. Speicheldrüsenchromosom von *Drosophila melanogaster*. Oben links: Mitotischer Chromosomensatz bei Heterozygotie für die Translokation 264—59, bei welcher fast der ganze linke Arm des 2. Chromosoms (40 F bis zum Ende) ausgetauscht ist gegen ein Stück des X (3 C 8 bis zur Spitze). Nicht transloziert ist die sekundäre Einschnürung (CT) und das Heterochromatin zwischen dieser und dem Spindelansatz (SP). Unten: Lokalisation der Translokation 264—59 und anderer Translokationen in den Speicheldrüsen. Das Heterochromatin erscheint auf eine Querscheibe reduziert. Nach HINTON 1942.

kernen von *D. nebulosa* nur einzelne „Heterochromomeren", also Tröpfchen von kompaktem α-Heterochromatin.

Der geringere Volumenzuwachs des kompakten Heterochromatins braucht nicht unbedingt gleichbedeutend zu sein mit einem geringeren Zuwachs an Masse, d. h. an DNS und Protein. Offensichtlich unterbleibt bei der Polytänisierung des kompakten α-Heterochromatins das Längenwachstum. Ein in der Mitose relativ langer Abschnitt von α-Heterochromatin wird deshalb, je mehr das polytäne Chromosom heranwächst, immer kürzer erscheinen und schließlich scheinbar bis auf eine „Querscheibe" zusammenschrumpfen, obwohl er an Masse vielleicht ebenso zunimmt wie ein vergleichbarer Abschnitt des Euchromatins. Bei Vergleichen mit mitotischen Chromosomen ist außerdem die metaphasische Spiralisierung des Euchromatins zu berücksichtigen. Andererseits muß im Heterochromatin auch mit echten Wachstumsverzögerungen gerechnet werden. Einbauversuche mit tritiummarkiertem Thymidin zeigen, daß die DNS-Replikation in heterochro-

[1] In der Chromosomenkarte der Abb. 101 ist das lockere Kinetochoren-Heterochromatin nicht dargestellt.

matischen Chromosomenabschnitten gegenüber derjenigen in euchromatischen Abschnitten zeitlich verschoben ist und unter Umständen sogar einem anderen Rhythmus folgt (LIMA DE FARIA 1960, vgl. Abb. 82)). FREED (nach SCHULTZ 1956) hat bei *Drosophila* den DNS-Gehalt des Y-Chromosoms in Nährzellkernen von XXY-Weibchen gemessen und findet, daß dieser nicht mit der Polyploidisierung Schritt hält. Wie frühere Beobachtungen von SCHULTZ (1947) gezeigt hatten, nimmt das Y, das in den Nährzellkernen ein kompaktes Chromozentrum darstellt, während des Nährzellwachstums auch an Umfang kaum zu. Neuere Befunde von BIER (1962) bestätigen, daß

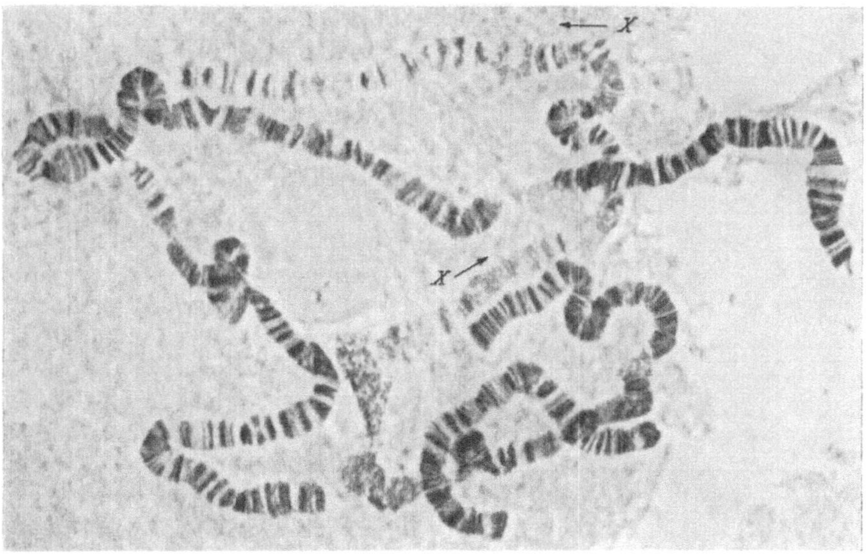

Abb. 102. Speicheldrüsenchromosomen des Männchens von *Drosophila funebris* mit dem blassen, hemizygoten X.

die DNS im Heterochromatin der Nährzellkerne tatsächlich einem verlangsamten Replikationsrhythmus unterliegt. In den Ovarien von *Musca* werden nämlich Kerne, in welchen das vom X-Heterochromatin gebildete Chromozentrum Tritium-Thymidin einbaut, mit steigender Polyploidie immer seltener; hierbei ist die Häufigkeit zugrunde gelegt, mit welcher in den entsprechenden Kernklassen ein Einbau in das Euchromatin festgestellt werden konnte.

3. „Allocyklische" Riesenchromosomen

a) Geschlechtschromosomen

Abgesehen von den *Chironomiden, Simuliiden* und *Culiciden* besitzen die meisten Dipteren deutlich heteromorphe Geschlechtschromosomen. Das Y-Chromosom ist in allen bekannten Fällen total heteropyknotisch (siehe oben) und in Einzelfällen fehlt es überhaupt. Der größere Teil des X ist demgegenüber in der Regel in Querscheiben gegliedert und genetisch aktiv (*Drosophila, Sciara*), weicht aber doch im cytologischen Verhalten von dem normaler euchromatischer Autosomen ab. Im männlichen Geschlecht, in welchem der „euchromatische“ Teil des X-Chromosoms in der Haplophase vorliegt (die heteropyknotischen Abschnitte des X können demgegenüber als homolog zum Y angesehen werden), führt seine Polytänisierung zu einem Element von eigentümlich aufgelockerter Struktur, so daß das „haploide“ X viel voluminöser wirkt als „haploide“ (ungepaarte) Autosomen (OFFERMANN 1936, DOBZHANSKY 1959; Abb. 102—104). Eine Zunahme an genetischer Substanz (DNS) liegt der Schwellung des haploiden X in XY- oder XO-Genotypen nicht zugrunde (ARONSON, SCHULTZ und RUDKIN 1957). Im XX-Genotypus verhalten sich ungepaarte, „haploide“ Stränge des X normal (Abb. 104). Es liegt nahe, zwischen der genphysiologischen Situation im ♂, wo ein X zwei Automensätzen gegenübersteht, und dem eigentümlichen Strukturzustand des X im ♂ einen Zusammenhang zu konstruieren. Die „Allocyklie“ wäre demnach entweder funktionsbedingt oder würde selbst erst die Voraussetzung schaffen für die verstärkte Funktion des X („dosage compensation“). Nach Angaben von YASUZUMI und KONDO (1951) macht sich der besondere Strukturzustand der Speicheldrüsen-X-Chromosomen von *Drosophila* auch in dem Verhalten gegenüber Ultraschall geltend. Mit Ultraschall vorbehandelte X-Chromosomen sollen sich nach dem Platzen des Zellkerns beim Quetschen besonders leicht strecken.

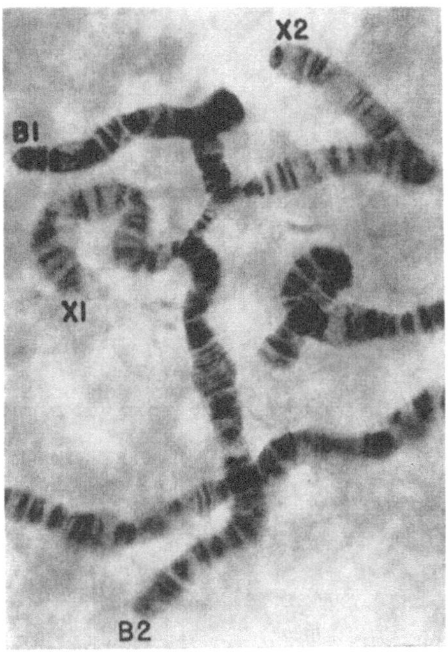

Abb. 103. Reziproke Translokation zwischen dem X und dem B-Chromosom von *Sciara reynoldsi* im Männchen. Das hemizygote X ist ebenso breit, aber blasser als die gepaarten Autosomen. Nach CROUSE 1943.

Einen gänzlich anderen Fall von „Allocyklie“ bei X-Chromosomen hat WOLF (1956) beschrieben (Abb. 105). Das X-Chromosom von *Phryne cincta* (*Nematocera, Phryneidae*) ist wesentlich kürzer als die Autosomen. In der mitotischen Metaphase beträgt seine Länge nur ein Viertel von der des Chromosoms IV. Nach seinem mitotischen und meiotischen Verhalten ist das X „allocyklisch“, d. h. es erscheint zuweilen heterochromatisch und zuweilen euchromatisch. Im polytänen Zustand manifestiert sich die Allocyklie in beiden Geschlechtern, also homo- und hemizygot, darin, daß das X (bei Standard-Kulturbedingungen) im Vergleich zu den Autosomen sehr kurz (ein Zehntel der Länge des Chromosoms IV), breit und flach erscheint. Sein Querscheibenmuster läßt Einzelheiten kaum noch erkennen (Abb. 100 a). Zieht man die *Phryne*-Larven dagegen bei tiefen Temperaturen (4° C) auf, so wird das X-Chromosom (in verpuppungsreifen Larven) seiner Gestalt, seinem Streckungszustand und der Klarheit seiner Querscheibengliederung nach den Autosomen vergleichbar (Abb. 105 *b*). Das Zustandekommen des Temperatureffekts ergibt sich aus Beobachtungen über den Formwechsel des X-Chromosoms während der Larvenentwicklung. Zu

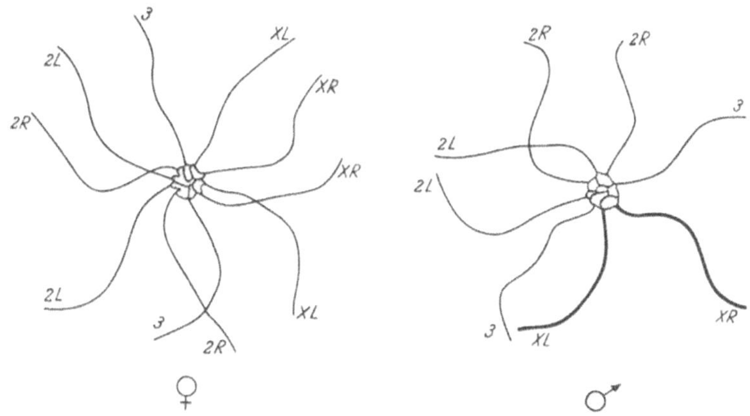

Abb. 104. Speicheldrüsenchromosomen (schematisch) des Bastards *Drosophila insularis/tropicalis*. Alle Chromosomen sind ungepaart. Im Männchen ist das haploide X auf die doppelte Breite der haploiden Autosomen angeschwollen. Im Weibchen verhalten sich die beiden X-Chromosomen normal. Nach DOBZHANSKY 1957.

Beginn der Polytänisierung ist das X immer „gestaucht" (kontrahiert), auch bei tiefer Temperatur, holt aber mit steigender Polytänie langsam auf, d. h. gleicht sich in seinem Streckungszustand den Autosomen immer mehr

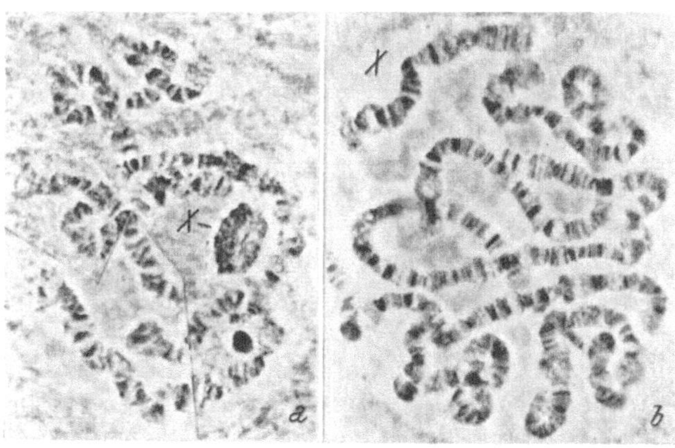

Abb. 105. Allocyklie des Speicheldrüsen-X von *Phryne cincta* (♀). Zustand kurz vor der Verpuppung. *a* Aufzucht bei 20—22°, X extrem gestaucht und blattförmig. *b*: Aufzucht bei 10—14°, X gestreckt und zylindrisch. Nach WOLF 1957. Vergrößerung 500fach.

an. Bei Normaltemperatur wird der Angleichungsvorgang durch die Verpuppung unterbrochen, lange bevor er abgeschlossen ist: bei niedrigen Temperaturen dagegen kommt er zum Abschluß, vielleicht weil die Polytänisierung im Vergleich zur Streckung des X stärker verzögert ist, und weil überhaupt höhere Polytäniestufen bis zur Verpuppung erreicht werden.

Eigentümlich verhält sich das normalerweise total heteropyknotische Y von *Drosophila buscki* im polytänen Zustand (KRIVSHENKO 1950). In einem bestimmten Stamm („Curled-Y"), in welchem eine reziproke Translokation zwischen dem rechten Arm des Y und dem rechten Arm des Autosoms II vorlag, wurden die beiden Teile des Y als quergestreifte und auch in ihren Dimensionen den euchromatischen Bereichen ähnliche, aber fast ungefärbte Gebilde erkennbar. Welche Rolle der Translokation zukommt, ist unbekannt, da weitere Translokationen nicht untersucht wurden. Innerhalb des Stammes „Curled-Y" war die Erkennbarkeit des polytänen Y nach KRIVSHENKO von der Zusammensetzung des Futterbreies und von schonender Präparationstechnik abhängig. In Normalstämmen von *D. buscki* ist das polytäne Y niemals beobachtet worden.

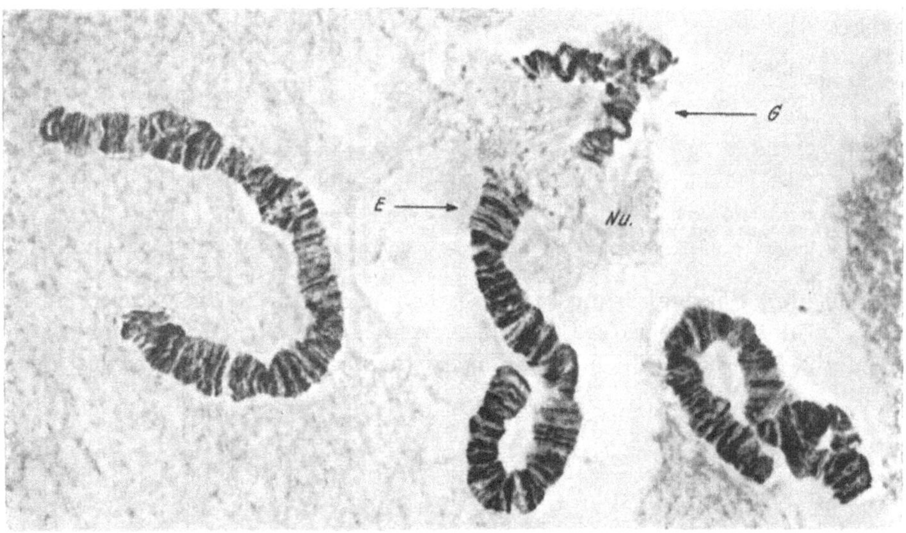

Abb. 106. Speicheldrusenchromosomen von *Chironomus commutatus Str.* Das kurze Chromosom 4 (Element G) ist an das freie Ende des Armes E transloziert (KEYL 1960), behält aber das abweichende Paarungsverhalten bei.

b) Kurze Autosomen

Der haploide Chromosomenbestand der Dipteren wechselt zwischen n = 2 und n = 6. Haploide Sätze von n = 3 und mehr enthalten bei vielen Arten ein sehr kurzes Chromosom, aber merkwürdigerweise niemals mehrere kurze Chromosomen. Das kurze Chromosomenpaar kann als Heterosomenpaar fungieren (*Tipuliden, Limnobiiden, Phryneiden,* vgl. WOLF 1941 und s. o.), ist aber in vielen Familien autosomal (*Chironomiden, Drosophiliden*). Zwischen den kurzen Chromosomen und den übrigen Autosomen besteht meistens ein deutlicher Unterschied, und zwar in der Gestalt, im Aufbau und zuweilen auch in der Färbung.

Das kurze Chromosom von *Drosophila melanogaster* (und vieler anderer *Drosophila*-Arten, z. B. *pallidipennis,* DOBZHANSKY 1944) ist diffuser strukturiert als die langen Chromosomen. Genetische Indizien, z. B. die Lebensfähigkeit von Haplo- und Triplo-IV-Individuen oder bestimmte Positionseffekte, deuten ebenfalls daraufhin, daß die kurzen Chromosomen nicht ohne weiteres beliebigen Teilstücken der langen Chromosomen gleichwertig sind. Fujii (1937) hat einen Stamm von *Drosophila virilis* entdeckt, dessen kurzes Chromosom deutlich blasser gefärbt ist als das der Normalstämme. Hier handelt es sich wahrscheinlich um zwei verschiedene Grade der Allocyklie. Der Unterschied ist autonom: Bei crossing-over zwischen Chromosomen des blassen und des normalen Typs behalten die ausgetauschten Stücke ihr charakteristisches Aussehen unverändert bei.

Deutliche Allocyklie zeigen die kurzen Chromosomen der *Chironomiden*. Bei *Anatopynia spec.* (Melland 1941) erscheint das kurze Chromosom gegenüber den drei langen Chromosomen beispielsweise ungewöhnlich verdickt, ähnlich wie das X-Chromosom von *Phryne* (siehe oben). Daß dies nicht, wie Melland glaubt, auf einer differentiellen Polytänisierung beruhen

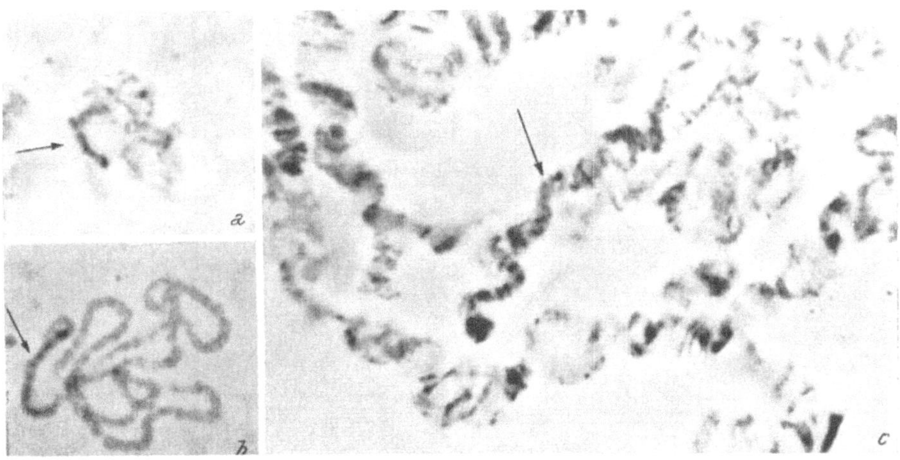

Abb. 107. Allocyklie des kurzen Chromosoms 4 (Pfeile) bei *Chironomus*. *a*: Spermatogonienkerne von *C. tentans*; *b*: Pachytan von *C. melanotus* (Keyl 1961): *c*: Malpighigefäßchromosomen von *C. tentans*. Vergrößerung etwa 2000fach.

muß, zeigen Translokationen des kurzen Chromosoms. Das vierte Chromosom von *Sergentia longiventris* (Bauer 1946) unterscheidet sich im polytänen Zustand von den langen Chromosomen durch seine schlanke Gestalt und die weniger vollständige somatische Paarung: Bei *Sergentia coracina* sitzt einem der drei langen Chromosomen ein Endabschnitt an, der, wie sich aus den Dimensionen, der Struktur und dem Paarungsverhalten ergibt, das vierte Chromosom von *longiventris* repräsentiert. Es liegt also eine totale Translokation des vierten Chromosoms an eines der langen Chromosomen vor. Da die Besonderheiten in der Struktur des vierten Chromosoms auch nach der Translokation erhalten bleiben und auf das lange Chromosom nicht übergreifen, können sie weder durch Unterschiede im Polytäniegrad noch durch die geringe Länge an sich noch durch die unterschiedliche Produktion irgendwelcher Matrix-Substanzen erklärt werden (Bauer 1946). Ein Parallelfall ist in der Gattung *Chironomus* beobachtet worden (Abb. 106). Die Autonomie der Struktureigentümlichkeiten des vierten Chromosoms und die Unmöglichkeit, sie auf autonome Abweichungen des Polytäniegrades zurückzuführen, werden durch strahleninduzierte

Translokationen bestätigt. Bei *C. tentans* behält z. B. jeder translozierte Teilabschnitt des kurzen Chromosoms sein charakteristisches Paarungsverhalten ohne Rücksicht auf seine jeweilige Lage bei. Das vierte Chromosom von *Chironomus* erweist sich auch durch sein Verhalten in der Mitose und Meiose (WOLF 1941), sowie während der Polytänisierung als allocyklisch (Abb. 107). Es ist in den Frühstadien der Polytänisierung oft so stark kondensiert, daß ein Querscheibenbau nicht einmal andeutungsweise zu erkennen ist; dieser Zustand kommt also der „totalen Heteropyknose" nahe.

Die kugelige Gestalt mancher sehr kurzer Riesenchromosomen, etwa des fünften Chromosoms von *Diamesa olivacea* (Abb. 41 *e*, BAUER 1936 a) oder der

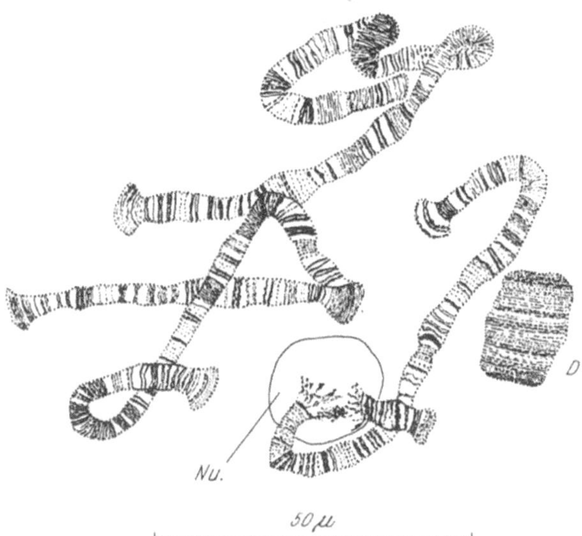

Abb. 108. Speicheldrusenchromosomen von *Camptomyia sp.* (Diptera, Cecidomyidae) mit dem kurzen breiten Chromosom D. Nu = Nukleolus. Nach WHITE 1948.

kurzen Chromosomen von *Drosophila repleta, D. funebris* und *D. hydei* (FROLOVA 1936), ist hauptsächlich durch die geringe Länge bedingt, die es den Einzelelementen ermöglicht, sich radiär um ein heteropyknotisches, ursprünglich terminales Zentrum anzuordnen. Auch in diesen Fällen manifestiert sich die Allocyklie in dem weniger straffen Aufbau der Chromosomen.

c) Andere Fälle

Bei den *Cecidomyiden* (WHITE 1948) sind allocyklische Riesenchromosomen häufig. Ob es die kürzeren oder die längeren Chromosomen sind, die sich abweichend verhalten, bleibt meist offen, weil die mitotischen Chromosomensätze noch untersucht werden müssen. Bei *Camptomyia spec.* (Abb. 108) finden sich in den larvalen Speicheldrüsen drei lange, schlanke Chromosomen („A, B, C") neben einem kurzen, aber sehr dicken Chromosom („D"). Bei stärkerem Druck auf das Präparat zerfällt das Element D in eine fädige Masse, was zeigt, daß seine Längselemente nur sehr locker gebündelt sind. Bei *Dasyneura affinis* sind die Chromosomen A und B im polytänen Zustand schmal und lang, die Chromosomen C und D dagegen kurz und dick. In den Übergangszonen zwischen polytänen und „polyploiden" Zellkernen (vgl. S. 32) gehen die Chromosomen C und D im Zerfall voran, so daß man außer zwei polytänen Chromosomen lockere Massen von Einzelfäden vorfindet.

F. Die stoffliche Zusammensetzung der Riesenchromosomen

1. Physikalische und morphologische Grundlagen

Im lebenden oder im überlebenden Zustand sind die Riesenchromosomen nach übereinstimmender Auskunft aller Autoren, die mit dem Mikromanipulator gearbeitet haben, weiche, leicht deformierbare Gele von hoher Elastizität (z. B. Vonwiller und Audova 1933, Doyle und Metz 1935, Buck 1942, Glancy 1946). Sie lassen sich im Leben bis zum Zehnfachen ihrer ursprünglichen Länge reversibel strecken (Glancy). Dabei vergrößert sich ihr Volumen, weil die Quer-Kontraktion nicht der Streckung entspricht (Buck). Die Streckung und das eventuelle Zerreißen finden ausschließlich in den Zwischenscheiben statt. Die Zwischenscheiben müssen also eine lockere, schwammige Struktur besitzen, was durch die licht- und elektronenoptischen Befunde (S. 64 ff.) und durch Massenbestimmungen (Engström und Ruch 1957) auch direkt belegt ist. Durch Zusatz verdünnter Alkalien zum Präparations-Medium wird die Dehnbarkeit unfixierter Riesenchromosomen erhöht und ihre Elastizität erniedrigt. Verdünnte Säuren und Calcium wirken sich wie die Fixierung mit Formol oder OsO_4 umgekehrt in einer Steigerung der Viskosität und Rigidität aus (Glancy 1946; über die Wirkung verschiedener Fixierungen vgl. Doyle und Metz 1935). Als optimales Präparations-Medium zur Isolierung lebender Speicheldrüsenchromosomen von *Chironomus* gibt Glancy folgende Lösung an: KCl 0,09 M, NaCl 0,06 M, Phosphatpuffer 0,005 M, pH 7,0.

Auf die strukturerhaltende Funktion von zwei- oder mehrwertigen Kationen weisen Versuche von Mazia (1954) hin. Behandelt man Speicheldrüsenchromosomen von *Drosophila* mit Citrat oder mit Äthylendiamintetraacetat (Versen), so lösen sich die Chromosomen bei bestimmten Ionenkonzentrationen vollständig auf. Möglicherweise bestehen nach Mazia die Fibrillen des Chromosoms aus Untereinheiten von Desoxyribonukleoprotein, die durch Ca- oder Mg-Ionen miteinander verkettet sind. Die Angaben von Mazia über die Versenwirkung werden allerdings von Kaufmann et al. (1957) bestritten.

Als typische Gele lassen sich die Riesenchromosomen mit hypertonischen Elektrolyt-, Zucker- oder Glycerinlösungen dehydratisieren und mit hypotonischen Lösungen zum Quellen bringen. Die Quellung ist stark anisotrop, sie vollzieht sich hauptsächlich in der Quer-, etwas auch in der Längsrichtung (Doyle und Metz 1935). Isotonisch für *Sciara*-Speicheldrüsenchromosomen ist eine 0,9%ige NaCl-Lösung. Wiederholter Wechsel der Tonizität, also wiederholte Quellung und Schrumpfung haben bei lebenden Chromosomen schließlich den Effekt, daß eine dauernde Schrumpfung zurückbleibt („syneresis“, DOYLE und METZ). Dies kann durch Auslaugen osmotisch aktiver Substanzen erklärt werden.

Längere Behandlung der Speicheldrüsen (*Drosophila*) mit starken Kochsalzlösungen (0,4 M, 30 min) führt zu einem „granulären Zerfall“ der Chromosomen (PAINTER 1941) oder, in manchen Fällen, zu „alveolärer Degeneration“ (extreme Form der „Kapsel“-Bildung, vgl. S. 71). Zucker hat diese Wirkung nicht. Wahrscheinlich greift NaCl die Nukleinsäuren an. Starke Alkalien (NaOH n/10—1 n) lösen die Chromosomen rapide auf; dabei bilden sich vorübergehend lampenbürsten-ähnliche Strukturen (KODANI 1941; PAINTER 1941).

Morphologisch sind die Riesenchromosomen als Bündel von identisch gebauten, homologen „Elementarfibrillen“, d. h. Einzelchromatiden aufzufassen. Die Annahme, daß außer den Elementarfibrillen weitere (morphologisch-lichtoptisch definierbare) Strukturelemente am Aufbau der Riesenchromosomen beteiligt sind, ist sachlich unbegründet. Zwar wird auch heute noch gern mit Begriffen wie „Matrix“ und „Pellicula“ operiert, doch ist der der klassischen Cytologie entlehnte (und inzwischen überholte) Matrix-Begriff auf Riesenchromosomen schon deshalb nicht anwendbar, weil er sich auf Verhältnisse in mitotischen Chromosomen bezieht (BAUER 1936 a). Als „Matrix“ wurde bei mitotischen Chromosomen eine hypothetische Feulgen-positive Hüllsubstanz bezeichnet. Eine etwaige amorphe „Grundsubstanz“ oder „Matrix“ der Riesenchromosomen müßte aber auf jeden Fall Feulgen-negativ („achromatisch“) sein; sie würde im wesentlichen nur die Zwischenscheibenbereiche erfüllen können (siehe unten). Damit wird eine methodische Trennung vom „Kernsaft“ bzw. von in diesem suspendierten oder gelösten Stoffen, Nukleolarsubstanzen etc. unmöglich, denn alle diese Substanzen können ja das Riesenchromosom wie einen Schwamm durchdringen. Als Argument für die Existenz einer „Matrix“ ist auch angeführt worden, daß sich die Riesenchromosomen nach Pepsinverdauung stark kontrahieren, ohne sich aufzulösen (MAZIA 1941, siehe unten). Eindeutiger und einleuchtender würde dieser Befund aber als Herauslösung bzw. Veränderung pepsinempfindlicher Abschnitte der Elementarfibrillen beschrieben werden. Was die Frage der „Pellicula“ angeht, so hat GLANCY (1946) nach der Injektion von Tusche-Suspensionen in lebende *Chironomus*-Speicheldrüsenchromosomen tatsächlich festgestellt, daß die Tusche-Partikel nach der Injektion nicht in den Kernsaft abdiffundieren (Abb. 109). Das Chromosom bildet an der Injektionsstelle mit Tusche gefüllte Blasen, die bei einer kritischen Größe schließlich platzen. Der Schluß auf die Existenz einer „Pellicula“ ist aber nicht zwingend, denn es kann nicht ausgeschlossen werden, daß das Häutchen sich infolge der Injektion von Fremdsubstanz erst nachträglich bildet, daß also ein kolloid-chemisches Artefakt vorliegt. In elektronenoptischen Untersuchungen (vgl. Abb. 18, 49) war jedenfalls bisher die Existenz einer Chromosomen-Pellicula niemals festzustellen. Lichtoptisch zeigen die Chromosomen manchmal eine feine äußere Begrenzungslinie, sowohl im Leben (DOYLE und METZ 1935) wie auch im fixierten Präparat (FAUSSEK 1913). BAUER (1935) hält Chromosomenmembranen in fixierten Präparaten für

Artefakte, die durch Gerinnsel des Kernsaftes entstehen. Die „Membranen" lebender Chromosomen sind wahrscheinlich optische Phasengrenzen.

Das Problem der stofflichen Zusammensetzung des Riesenchromosoms reduziert sich also auf die chemische Zusammensetzung seiner Elementarfibrillen, der Chromatiden. In der Praxis ist die Differenzierung zwischen den Fibrillen und Stoffen, die sich den Fibrillen nur temporär anlagern oder die den Fibrillenverband durchdringen, allerdings schwierig, wenn nicht unmöglich. Die Elementarfibrillen sind submikroskopisch dünn; ihre Feinstruktur und ihre Anordnung sind noch weitgehend unbekannt. Es besteht die Möglichkeit, daß Teile des im elektronenoptischen Bilde erkennbaren Fibrillenmaterials garnicht dem Chromosom angehören, sondern Stoffwechselprodukte darstellen (vgl. die Feinstruktur von Balbianiringen, Abb. 71). Granuläre Elemente wird man wohl ohne weiteres als nichtchromosomal ansprechen dürfen. Es kommt aber eine weitere Schwierigkeit

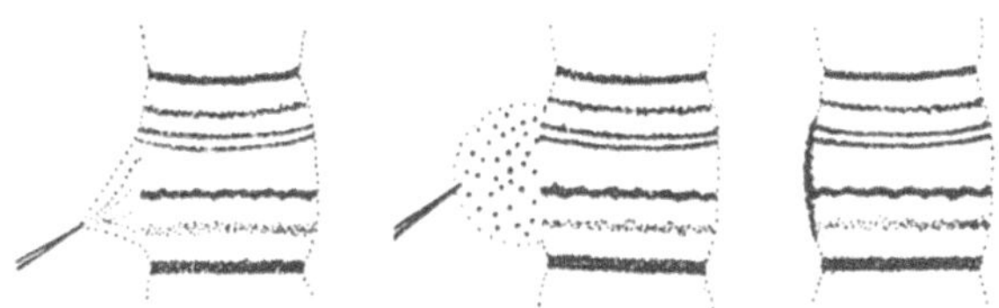

Abb. 109. Mikro-Injektion von Tusche in lebende Speicheldrusenchromosomen von *Chironomus*. Es entstehen periphere, mit Tusche gefüllte Blasen. Nach D'ANGELO-GLANCY 1943.

hinzu: Selbst dort, wo man morphologisch sauber trennen kann, fehlen uns meist die Mittel, die morphologisch definierten Komponenten auch chemisch zu charakterisieren, denn die elektronenoptische Histochemie steckt noch in den Kinderschuhen. Wenn man z. B. findet, daß die großen Balbianiringe des vierten Speicheldrüsenchromosoms von *C. tentans* reichlich RNS und reichlich höhere Proteine enthalten (vgl. Abb. 77 u. a.), so ist die Frage, wie sich diese Stoffe und mit ihnen die DNS und die Histone auf die elektronenoptisch erkannten Strukturelemente (vgl. Abb. 67) verteilen, doch bislang nur für die Granula beantwortbar, die mit Sicherheit einen Hauptteil der RNS enthalten (BEERMANN, unveröffentlicht).

Trotz aller Schwierigkeiten kann die licht- und elektronenoptische Morphologie der Riesenchromosomen einige allgemeine Anhaltspunkte über mögliche Verfälschungen der chemischen Daten durch Stoffwechselprodukte etc. liefern. So zeigen die elektronenoptischen Schnittbilder von Riesenchromosomen, daß die Querscheiben im Gegensatz zu den Zwischenscheiben eine außerordentlich hohe Strukturdichte besitzen (vgl. Abb. 42), ein Befund, der sich auch aus der Messung der Röntgenabsorption ergibt (ENGSTRÖM und RUCH 1953). Solange also kein Puff gebildet wird, ist in den Querscheiben kaum Platz für eventuelle Stoffwechselprodukte oder „Grundsubstanzen". Da das Querscheibenmaterial elektronenoptisch zudem sehr einheitlich strukturiert ist, wird man bei einer chemischen Analyse in der Annahme wohl nicht fehlgehen, nur wirkliches „Chromomeren"-Material zu erfassen. Ganz anders verhält es sich mit den Zwischenscheiben, und selbstverständlich, wie oben schon angedeutet, mit den Puffs. Während elektronenoptisch definierbare chromosomale Fibrillen in den Zwischenscheiben so dünn gesät sind, daß man mit der Verfälschung der chemischen Daten durch den Kernsaft und seine Inhaltsstoffe fast mit Sicherheit rechnen muß, bietet die Feinstruktur der Puffs wenigstens die Gewähr dafür, daß die chemische Charakterisierung sich wirklich auf chromosomale Strukturelemente bezieht, wenn diese sich auch sicher in einem besonderen Zustand befinden. Eine Aussage über das einzelne Strukturelement ist aber auch hier vorläufig unmöglich.

Weitere methodische Probleme stellen die heterochromatischen Abschnitte der Riesenchromosomen. Da sie nicht in Querscheiben gegliedert sind, ist das morphologische Bild von vorneherein einheitlicher. Für das kompakte Heterochromatin läßt sich die Feststellung der völligen Homogenität auch auf den submikroskopischen Bereich erweitern (Aufbau aus einheitlichem Fibrillenmaterial, BEERMANN, unveröffentlicht), so daß man hier wirklich von einer homogenen „Substanz" reden kann. Über die anderen Formen der Heteropyknose weiß man aber, was die Feinstruktur betrifft, noch nichts. Besonders beim lockeren Heterochromatin ist mit der Möglichkeit der Durchdringung mit Stoffwechselprodukten zu rechnen. Es sei daran erinnert, daß z. B. die Nukleolen bei vielen Spezies an heterochromatischen Chromosomenabschnitten entstehen, und daß man bei *Drosophila* auch die Abscheidung von nukleolenartigen „Exudaten" an interkalar oder terminal gelegenen heterochromatischen Abschnitten der Riesenchromosomen beobachtet hat (S. 130).

2. Nukleinsäuren

Der charakteristische Bestandteil der Chromosomen ist die Desoxyribose-Nukleinsäure (DNS). Sie ist wohl mit Sicherheit in ihrem Vorkommen auf die eigentlichen Strukturelemente der Chromosomen beschränkt (bei Riesenchromosomen also auf die Elementarfibrillen). Mit der Möglichkeit, daß die DNS auch als Stoffwechselprodukt auftritt, braucht man jedenfalls normalerweise überhaupt nicht zu rechnen (über mögliche Ausnahmen vgl. S. 108). In den Riesenchromosomen ist die DNS fast oder ganz ausschließlich auf die chromatischen Querscheiben konzentriert (HEITZ und BAUER 1933). In den Zwischenscheiben erhält man keine deutlich positive Feulgen-Reaktion; HEITZ und BAUER sprechen von einer schwach positiven Reaktion. Sicher beantwortbar ist die Frage der Zwischenscheiben-DNS bis heute nicht. Das liegt hauptsächlich an der Schwierigkeit, eine „Zwischenscheibe" morphologisch zu definieren: Die elektronenoptischen Untersuchungen (vgl. S. 69) zeigen, daß lichtoptisch „leer" erscheinende Zwischenräume zwischen den Querscheiben durchaus noch weitere submikroskopische Querscheiben enthalten können. Die cytochemischen Nachweismethoden der DNS sind aber ohnehin nicht empfindlich genug, um das Vorkommen von DNS in einer der niedrigen Massendichte der Zwischenscheiben entsprechenden Konzentration zu demonstrieren (siehe unten).

Quantitative Daten über die DNS in den Riesenchromosomen wurden zum Teil schon im Zusammenhang mit der Polytänisierungsfrage besprochen (S. 46). Diese Daten geben aber über die DNS-Konzentration und den absoluten DNS-Gehalt in einzelnen Quer- und Zwischenscheiben keine Auskunft. Die lokale DNS-Konzentration in Riesenchromosomen hat zum ersten Male CASPERSSON (1940 a) mit Hilfe der UV-Spektroskopie bestimmt. Danach enthält das lockere Heterochromatin des Chromozentrums von *Drosophila*-Speicheldrüsen-Kernen im fixierten Präparat 20—30% DNS (Gewichtsprozente pro Volumen, bezogen auf Na-DNS). In den Querscheiben der euchromatischen Bereiche, wo die Bestimmung allerdings schwieriger ist, scheint ungefähr die gleiche DNS-Konzentration vorzuliegen. Dagegen tritt in den Zwischenscheiben die UV-Absorptionsbande der Nukleinsäuren erwartungsgemäß überhaupt nicht auf, „was zeigt, daß diese Regionen nukleinsäurefrei sind oder jedenfalls weniger als 1% von dieser Substanz enthalten" (CASPERSSON l. c.). Der absolute DNS-Gehalt der Querscheiben ist von RUDKIN, TEMIN und SCHULTZ (1953) sowie von RUDKIN, CORLETTE und SCHULTZ (1956) für den Fall der *Drosophila*-Speicheldrüsenchromosomen näher untersucht worden. Wie schon an anderer Stelle (S. 83) ausführlich dargestellt wurde, kann man auf diese Weise die Querscheiben in eine arithmetische Reihe von DNS-Klassen einordnen, deren niedrigste, bezogen auf die einzelne Elementarfibrille (Einzelchromatide), einer DNS-Menge von $2.5 \times 10^{-5}\,\mu g$ (= 50.000 Nukleotidpaaren) entspricht.

Quantitative Unterschiede in der Intensität der Färbung könnten durch reale Unterschiede in der Konzentration der DNS zustande kommen; es ist aber nicht bekannt, ob verschiedene Querscheiben des gleichen Chromosoms trotz gleicher Trockenmassen (und unabhängig vom *puffing*) verschiedene Mengen von DNS enthalten. Die meisten Unterschiede in der Färbungsintensität sind wohl nur scheinbare und resultieren aus der verschiedenartigen Körnelung der Querscheiben, also einer mehr oder minder feinen Verteilung der gefärbten Strukturelemente. Wie die Erfahrungen an Strukturmodifikationen zeigen, führen schon geringe Grade der Auflockerung zu einer erheblichen Herabsetzung der Färbungsintensität.

Auch Ribosenukleinsäure (RNS) kommt in den Riesenchromosomen vor. Die Bestimmung der RNS ist schwieriger als die der DNS, weil es eine einfache cytochemische Nachweismethode für die RNS nicht gibt. Man verwendet basische Farbstoffe (z. B. Toluidinblau) in Verbindung mit dem spezifischen Ferment Ribonuklease. Die Doppelfärbung nach UNNA (Methylgrün-Pyronin, vgl. BRACHET 1944, PAVAN und BREUER 1955) kann ebenfalls zum Nachweis der RNS dienen. Als besonders empfindlich haben sich metachromatische Färbungsmethoden mit basischen Farbstoffen erwiesen, z. B. mit Azur B (FLAX und HIMES 1950) oder mit Toluidinblau (PELLING 1959). Die Anwendung dieser Verfahren zeigt, daß die RNS stets in den als Puffs, Balbianiringen oder „diffuse Querscheiben" beschriebenen Strukturmodifikationen lokalisiert ist. Einbauversuche mit radioaktiv markierten Vorstufen der RNS weisen auf einen raschen Umsatz der chromosomalen RNS hin (McMASTER und TAYLOR 1958, PELLING 1959 u. a., vgl. S. 107). Dies kommt in großen Schwankungen der nachweisbaren RNS-Menge auch indirekt zum Ausdruck (PELLING, in Vorbereitung). Es ist daher sehr zweifelhaft, ob die RNS überhaupt stationär am Aufbau der Riesenchromosomen beteiligt ist, etwa in Form einer dauerhaften Einlagerung oder Anlagerung an die

Elementarfibrillen. Wahrscheinlich bildet der größte Teil der nachgewiesenen RNS nur ein Stoffwechselprodukt. Dies würde auch die Ergebnisse von RUDKIN (1955) erklären, der in *Drosophila*-Puffs gegenüber dem Normalzustand keine signifikante Erhöhung der Nukleinsäure messen konnte.

3. Proteine

Prozentual bilden die Proteine den stofflichen Hauptbestandteil des Chromosomenmaterials. Daß sie auch als Strukturträger eine entscheidende Rolle spielen, ergibt sich daraus, daß die Entfernung der Nukleinsäuren durch Enzyme oder durch heiße Trichloressigsäure (MAZIA und JÄGER 1939, SERRA und QUEIROZ-LOPEZ 1943, FROLOVA 1944, u. a.) nicht zum Zusammenbruch der Querscheibengliederung der Chromosomen führt. Künstlich Nukleinsäure-frei gemachte Riesenchromosomen bieten im gefärbten Präparat (Hämatoxylin) ein auch in den äußeren Dimensionen kaum verändertes Bild. Die Proteinkomponente der Riesenchromosomen läßt sich naturgemäß mit verschiedenen Aminosäurereaktionen auch direkt nachweisen, z. B. erzielten SERRA und QUERROZ-LOPEZ (1943) eine positive Argininreaktion und DANIELLI (1949) Reaktionen auf Tryptophan, Tyrosin und Histidin. CASPERSSON (1940 a) hat das Vorkommen von Proteinen in den Riesenchromosomen durch die UV-Spektrographie untersucht. Das Arginin ist nach den Ergebnissen von SERRA und QUEIROZ-LOPEZ im Protein der Querscheiben wie auch im Protein der Zwischenscheiben prozentual ungefähr im gleichen Verhältnis enthalten, d. h. die Sakaguchi-Farbreaktion ergibt das gleiche Bild wie jede normale Chromosomenfärbung. CASPERSSON unterscheidet nach der Form des UV-Absorptionsspektrums zwei Klassen von Eiweißkörpern in den Riesenchromosomen, das sogenannte Eiweiß vom „Histon-Absorptionstyp“ und das Eiweiß vom „höheren“ Typ. Die UV-Absorption der beiden Eiweißtypen beruht auf den Aminosäuren Tryptophan und Tyrosin. Bei den Histonen ist im Gegensatz zu den höheren Eiweißkörpern die Absorptionsbande des Tyrosins mit ihrem Maximum um etwa 100—150 Å weiter zum langwelligen Bereich hin verschoben. nach CASPERSSON infolge des hohen Gehaltes der Histone an basischen Diaminosäuren. Aus den Absorptionsspektren schließt CASPERSSON, daß das Heterochromatin des Chromozentrums der *Drosophila*-Speicheldrüsenkerne nur Eiweiß vom Histontyp enthält, mit etwa 6% Tyrosin und 2% Tryptophan und möglicherweise 25% Diaminosäuren. Das in den Zwischenscheiben vorgefundene Eiweiß soll dem „höheren“ Typ (Albumin-Globulin-Gruppe) angehören. Das Protein der Querscheiben soll sich dadurch von dem des Chromozentrums unterscheiden, daß hier beide Klassen von Eiweißkörpern nebeneinander vorkommen. Die Konzentration (Trockengewicht pro Volumeneinheit) der Eiweißkörper im Chromozentrum wird auf etwa 10% geschätzt. Da derselbe Wert auch für die Zwischenscheiben gelten soll, muß man für die Eiweißkonzentration in den Querscheiben wesentlich höhere Werte annehmen, um zu erklären, daß die Unterschiede zwischen Quer- und Zwischenscheiben auch nach der Extraktion der Nukleinsäuren bestehen bleiben. Vielleicht ist deshalb der Wert für die Zwischenscheiben zu hoch gegriffen.

ALFERT und GESCHWIND (1956) haben eine histochemische Farbreaktion ausgearbeitet, die Eiweißkörper vom Histontyp selektiv darstellt. Diese Reaktion (Färbung mit Fastgreen im pH-Bereich von 8 bis 11 nach Extraktion der Nukleinsäuren mit Trichloressigsäure) ergibt eine Färbung, die sich topographisch genau mit dem Ausfall der Feulgen-Reaktion deckt. Dies gilt auch für Riesenchromosomen (HORN und WARD 1957). Die DNS ist also stets und wahrscheinlich sogar in konstantem stöchiometrischen Verhältnis mit Eiweißkörpern vom Histontyp gekoppelt (BLOCH und GOODMAN 1955). Daraus darf man wohl schließen, daß die Elementarfibrillen der Riesenchromosomen (die Einzelchromatiden) primär aus Desoxyribonukleo-Histon bestehen.

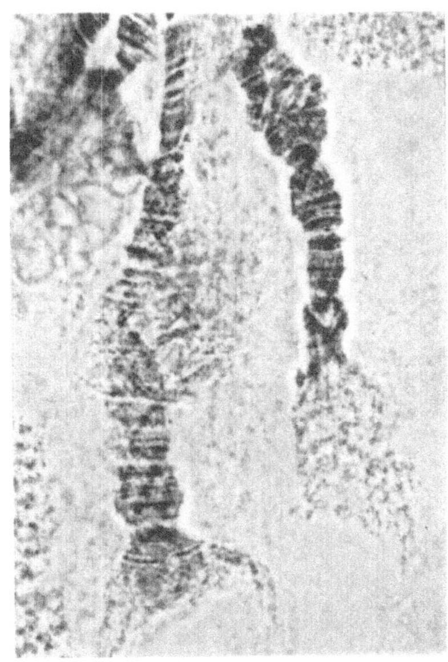

Abb. 110. Verdauung unfixierter Speicheldrüsen von *Chironomus* mit Trypsin (0,1 mg/ml Phosphatpuffer pH 6, 2 Std., bei 37°). Die Chromosomen (Färbung mit Orcein-Essigsäure) quellen bzw. zerfallen in Einzelfibrillen, Verdeutlichung der Fibrillenstruktur.

Die Beantwortung der Frage, ob am Aufbau der Elementarfibrillen der Riesenchromosomen auch andere Eiweißkörper als die Histone beteiligt sind, hängt wiederum davon ab, ob sich Elementarfibrillen und Stoffwechselprodukte der Chromosomen morphologisch und cytochemisch voneinander trennen lassen. So handelt es sich bei den von CASPERSSON (siehe oben) in den Zwischenscheiben nachgewiesenen „höheren" Eiweißkörpern wahrscheinlich um Inhaltsstoffe des Kernsaftes oder um Stoffwechselprodukte der Chromosomen. Anders ist die Situation sicher in den Puffs. In Verbindung mit dem „puffing" tritt, wie schon erwähnt, regelmäßig ein höheres Protein auf, das sich durch Anfärbung mit sauren Farbstoffen, z. B. Lichtgrün oder Säurefuchsin im neutralen oder schwach sauren pH-Bereich spezifisch darstellen läßt (SCHULTZ 1947). Markierungsversuche mit radioaktiven Aminosäuren zeigen jedoch im Gegensatz zu dem Verhalten der RNS (siehe oben) keinen intensiven Einbau, d. h. keinen lebhaften Umsatz. Dasselbe kommt in der im Vergleich zu RNS-Färbungen viel größeren Verläßlichkeit der Lichtgrünfärbung zum Ausdruck (CLEVER 1961). Das Puff-Protein ist also kein rasch umgesetztes Stoffwechselprodukt, sondern (für die Dauer des puffing) stationär. Ob das Puff-Protein sich den aus DNS-Histon bestehenden Elementarfibrillen des Chromosoms nur anlagert oder ob es das Histon vollständig ersetzt, ist noch nicht entschieden.

Histone und „höhere" Proteine lassen sich auch durch die Anwendung von verschiedenen proteolytischen Enzymen gegeneinander abgrenzen (Abb. 110, 111). Pepsin katalysiert die Spaltung von Peptidbindungen, bei welchen die NH-Gruppe von Tyrosin oder Phenylalanin geliefert wird, also Aminosäuren, die hauptsächlich in höheren Proteinen zu finden sind. Trypsin katalysiert die hydrolytische Spaltung von Peptidbindungen, deren CO-Gruppe einer basischen Aminosäure (Arginin oder Lysin) angehört. Da Arginin und Lysin in den Histonen besonders häufig sind, sollte also Trypsin Histone schneller als Eiweiße vom höheren Typ hydrolysieren, und umgekehrt verhält es sich mit dem Pepsin. In gepufferten Trypsinlösungen lösen sich die Riesenchromosomen sehr schnell vollständig auf

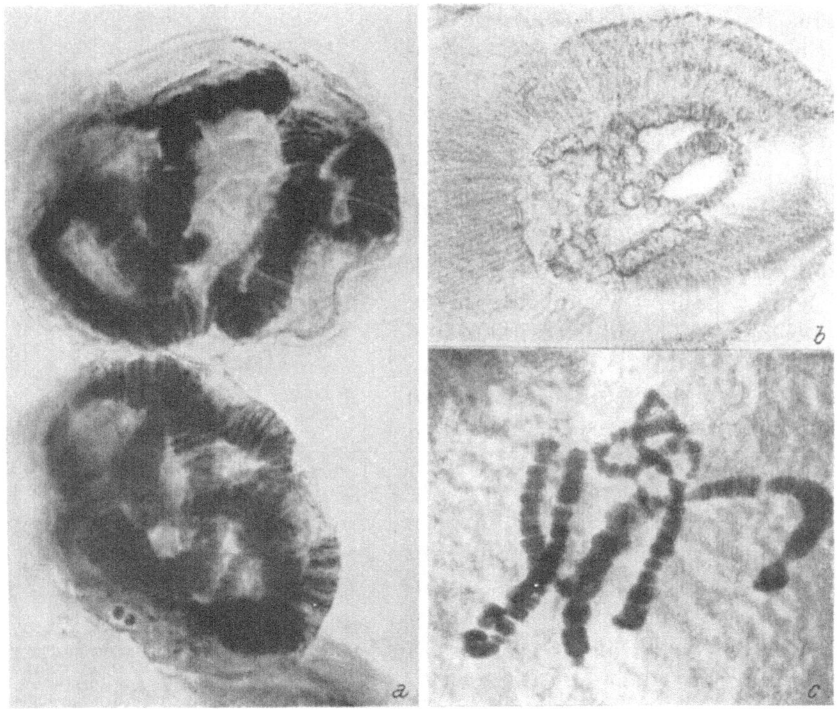

Abb. 111. Verdauungsversuche an fixierten Speicheldrusen. *a* Trypsin. Fixierung mit Formol (gepuffert), dann 2 Stunden Trypsin (0,1 mg/ml Phosphatpuffer pH 6 bei 37°), Färbung mit Orcein-Essigsaure. Isolierte Zellkerne mit gut erhaltenen Chromosomen und deutlicher Kernmembran. *b*, *c* Pepsin: Fixierung mit Essigsaure, dann 2 Stunden Pepsin (3 mg/ml 0,02 n-HCl pH 1,6 bei 37°); *b* ungefarbt, *c* Farbung mit Orcein-Essigsaure. Starke Schrumpfung. Vergrößerung 450fach.

(CASPERSSON 1936, MAZIA und JÄGER 1939, FROLOVA 1944. KAUFMANN und Mitarbeiter 1951). Läßt man den Puffer weg, so tritt keine Änderung ein: sobald man aber auf die Behandlung mit reinem Trypsin eine Pufferbehandlung folgen läßt, quillt das Chromosom und löst sich, wenn man anschließend mit Wasser wäscht. völlig auf (KAUFMANN und Mitarbeiter 1950). Mit Pepsin und Salzsäure (pH 1.5) erzielt man auch nach sehr langer Behandlung keine völlige Auflösung der Chromosomen. Das liegt aber (CASPERSSON 1940 a) zum Teil einfach an dem extrem sauren pH. wodurch die Nukleinsäuren ausgefällt werden. Werden die Nukleinsäuren zuerst entfernt und dann die Chromosomen mit Pepsin verdaut, so lösen sie sich vollständig auf (FROLOVA 1944). Die Schrumpfung, die man in jedem Fall bei der Behandlung von Riesenchromosomen mit Pepsin und Salzsäure erhält (Abb. 111), mag zum Teil auf die Salzsäure zurückgehen; jedoch beschränkt sich die Schrumpfung merkwürdigerweise hauptsächlich auf die Zwischenscheibenbereiche, so daß die Chromosomen schließlich nur noch ein Zehntel ihres ursprünglichen Volumens besitzen (MAZIA, HAYASHI und YUDOVITCH 1947, KAUFMANN und Mitarbeiter 1950). Deshalb wäre es denkbar, daß das Protein der die Chromomeren verbindenden Fibrillenabschnitte kein Histon darstellt. Bei der sehr geringen Massendichte der Zwischenscheiben würde dies Nichthiston-Protein cytochemisch kaum nachweisbar sein. Das Verhalten der Proteine in Puffs und Balbianiringen ist noch nicht mit proteolytischen Enzymen geprüft worden. Es ist anzunehmen, daß das Pepsin besonders die Puffs angreift und daß dies zur allgemeinen Schrumpfung der Chromosomen besonders beiträgt.

Andere proteolytische Enzyme (außer Trypsin und Pepsin) hat MAZIA (1941) getestet. Papain hat keine Wirkung auf Riesenchromosomen; von anderen, aus verschiedenen Vertebratenorganen und aus Hefe extrahierten intrazellulären Proteasen gab nur ein mit Cystin aktiviertes Enzym aus Froschleber ein positives Resultat.

G. Der Ursprung der Riesenchromosomen[8]

Es ist eine auffallende Tatsache, daß alle Dipteren, mit Ausnahme vielleicht der *Tipuliden,* in den somatischen Ruhekernen höherer Wertigkeit durch den Besitz polytäner Chromosomen ausgezeichnet sind, während die polyploiden Zellkerne der taxonomisch den Dipteren am nächsten stehenden Insekten, etwa der Neuropteren, Lepidopteren, Siphonapteren usw. stets nur normale (einwertige) Chromosomen in polyploider Anzahl enthalten. Auch bei den übrigen Insekten, ja bei allen Arthropoden und im gesamten übrigen Tierreich ist die Polytänie in dieser Form niemals beobachtet worden. Die einzige Ausnahme von dieser Regel bildet (falls sich der Befund bestätigt) eine indische Collembolenspezies, die der Gattung *Womersleya* angehört (PRABHOO und NAYAR 1961). Da sich die echten Polytänchromosomen zweifellos von normalen, einwertigen Chromosomen ableiten, wäre zu erwarten, daß sich im übrigen Organismenreich (außerhalb der Dipteren) wenigstens phylogenetische Vorstufen der Polytänie auffinden lassen. Vielwertige Chromosomen, die derartige Zwischenformen auf dem Wege von der Polyploidie zur Polytänie hin repräsentieren und die morphologisch in vieler Hinsicht den in den Nährzellen der Dipteren beobachteten Übergangsstadien (S. 32 ff.) vergleichbar sind, kommen überraschenderweise bei den Blütenpflanzen vor (TSCHERMAK-WOESS 1956, 1957; HASITSCHKA 1956). Bereits OSTERWALDER (1898) hatte bemerkt, daß der Chromatingehalt der sogenannten Antipodenkerne im Embryosack von *Aconitum napellus* außerordentlich erhöht ist, und daß das Chromatin dabei Strukturen zeigen kann, die den „Kernfäden" der Speicheldrüsenzellen von *Chironomus* auffallend ähneln. Die Nachuntersuchung durch TSCHERMAK-WOESS (1956) ergab Folgendes: Die Antipodenzellkerne verschie-

[8] Vgl. COOPER (1938): „Concerning the *origin* of the polytene chromosomes of the Diptera."

dener *Aconitum*-Arten enthalten wurstartige Chromosomenaggregate in diploider Anzahl (Abb. 112, 113). Diese Aggregate sind offensichtlich Bündel von endomitotisch entstandenen Tochterchromosomen, die sich nicht voneinander getrennt haben. Die Bündelung dieser Elemente ist im allgemeinen ziemlich locker und außerdem sehr variabel. Zum Teil ist sie aber so eng, daß sich die Andeutung einer Querscheibengliederung ergibt. Diese „Querscheiben" werden allerdings von dickeren heterochromatischen Abschnitten der Einzelelemente gebildet, die etwa auf gleicher Höhe liegen und miteinander verklebt sind. Nach TSCHERMAK-WOESS kann dabei jedoch „nicht

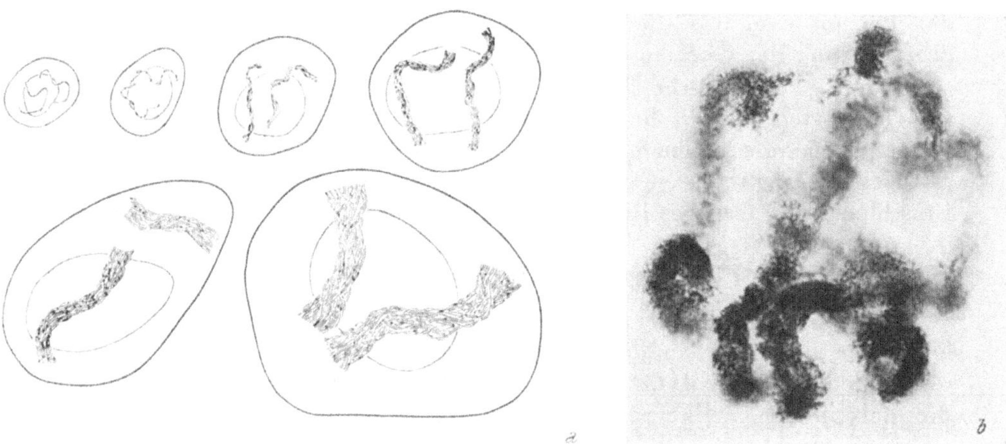

Abb. 112. Pflanzliche „Riesenchromosomen". *a*: Synergidenkerne von *Allium ursinum*. Schematische Darstellung der verschiedenen Polytäniegrade, nach HASITSCHKA-JENSCHKE 1957. *b*: Antipodenzellkern von *Aconitum ranunculifolium*. Vergrößerung 760fach. Nach TSCHERMAK-WOESS 1956.

die Verklebungstendenz des Heterochromatins maßgebend sein, sondern es muß eine spezifische, über eine gewisse Distanz hinweg wirksame Anziehungskraft bestehen". HASITSCHKA (1956) hat die Verhältnisse in den Antipodenzellkernen von *Papaver* näher analysiert. Hier ist die Bündelung der „Einzelfibrillen der Riesenchromosomen" allgemein ziemlich locker; die Fibrillen, d. h. die Einzelchromatiden, sind nur etwa zehnmal so lang wie mitotische Metaphasechromosomen. Ähnlich wie in den Speicheldrüsenkernen der *Cecidomyiden* oder wie in den Nährzellkernen von *Calliphora* gibt es alle Übergänge zwischen sehr lose gebündelten Chromosomenaggregaten (nach GEITLER als „Endochromozentren" bezeichnet) und Stadien mit relativ straffer Bündelung. Bei *Aconitum variegatum* z. B. kommen auf rund 200 Antipodenkerne „7 mit typischen und 12 mit etwas atypischen Riesenchromosomen" (TSCHERMAK-WOESS 1956). Regelmäßig werden nach TSCHERMAK-WOESS (1957) in den hoch-endopolyploiden Kernen der Endospermhaustorien von *Rhinanthus* Riesenchromosomen gebildet. Auch diese Riesenchromosomen sind somatisch nicht gepaart und treten, da es sich um Endospermzellkerne handelt, in triploider Anzahl auf. Querscheibenähnliche Strukturen wurden nicht gefunden.

Die Beobachtungen an den Blütenpflanzen zeigen, daß die Tendenz zur Bildung von polyploiden Chromatidenbündeln durchaus weit verbreitet ist.

Ebenso wie in den Nährzellkernen von *Calliphora* und anderen Dipteren äußert sich diese Tendenz zunächst darin, daß die endomitotische Kontraktion der Chromatiden mehr oder minder unterdrückt wird. Diese Tendenzen sind auch schon bei den ebenfalls besonders im Pflanzenreiche verbreiteten sogenannten „Diplochromosomen", „Quadruplo-Chromosomen" usw. zu beobachten (vgl. auch Geitler 1953).

Obwohl die Entwicklung in Richtung auf die echten Riesenchromosomen bei den Blütenpflanzen ziemlich weit fortgeschritten ist, so scheint doch der letzte Schritt, die Vereinigung der Einzelfibrillen zu homogenen Bün-

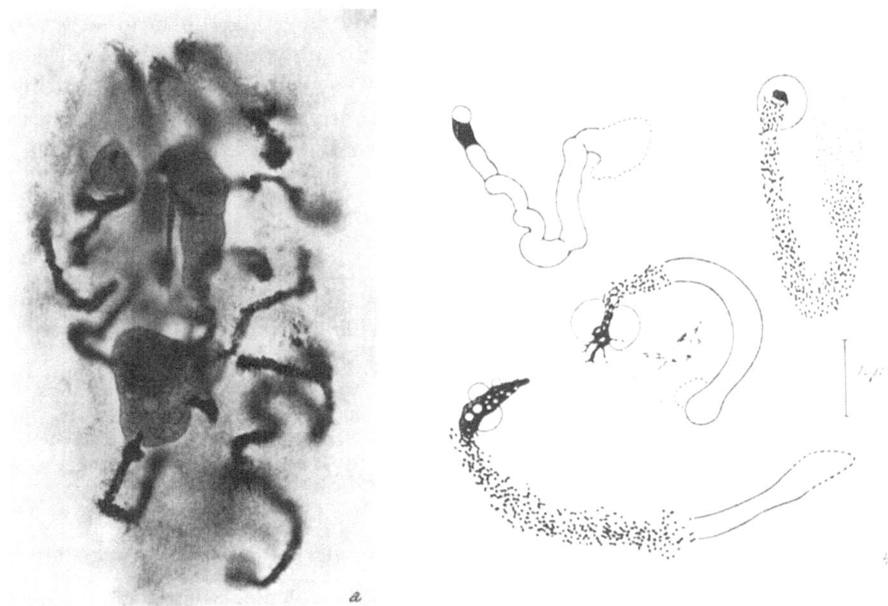

Abb. 113. *Rhinanthus alectorolophus*. Riesenchromosomen in den Kernen des *Chalazahaustoriums*. *a*: ein 192-ploider Kern 490fach. *b*: Einzelne Riesenchromosomen mit Heterochromatin und Nukleolen. Nach Tschermak-Woess 1957.

deln mit durchgehender Querscheibenstruktur, in der Regel nicht realisiert zu werden. Die entscheidende, bei Dipteren regelmäßig gegebene Voraussetzung liegt wohl in der extremen interphasischen Entspiralisierung bzw. Streckung der Chromosomen. Daß zwischen der Intimität der Fibrillenbündelung, der Exaktheit der Paarung und dem Streckungszustand polytäner Chromosomen ein direkter Zusammenhang besteht, wird durch zahlreiche Beobachtungen bezeugt (vgl. S. 61). Je weiter sich die einzelne Chromatide entspiralisiert, desto mehr Kontaktpunkte werden frei. Auf diesen Zusammenhang hat bereits Cooper (1938) bei der Diskussion der ebenfalls für die Dipteren-Chromosomen charakteristischen somatischen Paarung hingewiesen. Beide Phänomene, die somatische Paarung und die Bildung von Polytänchromosomen, haben wahrscheinlich primär die gleiche Ursache (Bauer 1935, Cooper l. c.). Wie eng der Zusammenschluß der Homologen in Dipterenkernen ist, zeigt die Möglichkeit, beide Homologen gleichzeitig und an der gleichen Stelle mit Röntgenstrahlen zu zerbrechen (S. 42).

Die erste Voraussetzung für das Entstehen von Riesenchromosomen mit durchgehender Querscheibenstruktur scheint also die Fähigkeit zu einer besonders weitreichenden interphasischen Entspiralisierung zu sein, und diese ist anscheinend in den Dipteren-Chromosomen generell verwirklicht. Die zweite Voraussetzung, die Unterdrückung oder der völlige Wegfall des endomitotischen Kontraktions- und Zerfallszyklus, ist auch bei anderen Organismen häufiger gegeben.

Ob die Polytänie und die somatische Chromosomenpaarung irgendwelche zellphysiologischen Vorteile bieten, ist noch völlig offen. Gegenüber der gewöhnlichen endomitotischen Polyploidisierung fällt in den Dipterenkernen der endomitotische Formwechsel ganz weg. Da die mitotische Kontraktion der Chromosomen mit Sicherheit die physiologische Aktivität der Chromosomen blockiert (vgl. z. B. TAYLOR 1959), bedeutet ein Wegfall dieser Vorgänge eine Ersparnis an Zeit und an Energie. Damit würde ein besonders rasches Wachstum larvaler Organe ermöglicht werden.

Literatur

ACTON, A. B., 1959: A study of the differences between widely separated populations of *Chironomus* (= *Tendipes*) *tentans* (Diptera). Proc. of the Royal Society B **151**, 277—296.

ALFERT, M., 1954: Composition and structure of giant chromosomes. Internat. Rev. Cytol. **3**, 131—176.

— and I. I. GESCHWIND, 1953: A selective staining method for the basic proteins of cell nuclei. Proc. Nat. Acad. Sci. (Wash.) **39**, 991—999.

ALIKHANIAN, S. J., 1937: A study of the lethal mutations in the left end of the sex chromosome in *Drosophila melanogaster*. Zool. Zhur. **16**.

ALVERDES, F., 1912: Die Kerne in den Speicheldrüsen der *Chironomus*-Larve. Arch. exper. Zellforsch. **9**, 168—204.

AMBROSE, E. J., and A. R. GOPAL-AYENGAR, 1953: Molecular orientation and chromosome breakage. Heredity Suppl. **6**, 277—292.

ARONSON, J. F., G. T. RUDKIN and J. SCHULTZ, 1954: A comparison of giant X-chromosomes in male and female *Drosophila melanogaster* by cytophotometry in the ultraviolet. J. Histochem. a. Cytochem. **2**, 458—459.

BAHR, G. F., and W. BEERMANN, 1954: The fine structure of the nuclear membrane in the larval salivary gland and midgut of *Chironomus*. Exper. Cell Res. **6**, 519—522.

BALBIANI, E. G., 1881: Sur la structure du noyau des cellules salivaires chez les larves de *Chironomus*. Zool. Anz. **4**, 637—641.

BARIGOZZI, C., 1950: A general survey on heterochromatin. Portugal. Acta Biol., Ser. A, R. B. Goldschmidt Volume, pp. 593—620.

— and SEMENZA, 1952: A preliminary note on the biology and chromosome cycle of *Aphiochaeta xanthina* Sp. Amer. Naturalist **86**, 123—124.

BASRUR, V. R., 1957: Inversion polymorphism in the midge *Glyptotendipes barbipes* (Staeger). Chromosoma **8**, 597—608.

— The salivary gland chromosomes of seven segregates of *Prosimulium* (Diptera: Simuliidae) with a transformed centromere. Canad. J. Zool. **37**, 527—570.

BAUER, H., 1935: Der Aufbau der Chromosomen aus den Speicheldrüsen von *Chironomus Thummi* Kiefer (Untersuchungen an den Riesenchromosomen der Dipteren I). Z. Zellforsch., Vol. **23**, 280—313.

— 1936 a: Beiträge zur vergleichenden Morphologie der Speicheldrüsenchromosomen (Untersuchungen an den Riesenchromosomen der Dipteren II). Zool. Jb. Physiol. **56**, 239—276.

— 1936 b: Structure and arrangement of salivary gland chromosomes in *Drosophila* species. Proc. Nat. Acad. Sci. **22**, 216—222.

BAUER, H., 1938 a: Die polyploide Natur der Riesenchromosomen. Naturwiss. **26**, 77.
— 1938 b: Cytogenetik (einschließlich Chromosomenforschung). Fortschr. Zool. NF. **3**, 434—460.
— 1945: Chromosomen und Systematik bei Chironomiden. Arch. Hydrobiol. **40**, 994—1008.
— 1957: Chromosomenstruktur und -funktion. Ergebnisse der Untersuchungen an Riesenchromosomen. Jb. der Max-Planck-Gesellschaft, S. 23—39.
— und W. BEERMANN, 1952 a: Die Polytänie der Riesenchromosomen. Chromosoma (Berlin) **4**, 630—648.
— — 1952 b: Der Chromosomenzyklus der Orthocladiinen (Nematocera; Diptera). Z. Naturforsch. **7 b**, 557—563.
BECKER, H. J., 1959: Die Puffs der Speicheldrüsenchromosomen von *Drosophila melanogaster*. 1. Mitteilung. Beobachtungen zum Verhalten des Puffmusters im Normalstamm und bei zwei Mutanten, Giant und Lethal-Giant-Larvae. Chromosoma (Berlin) **10**, 654—678.
BEERMANN, W., 1950: Chromomerenkonstanz bei *Chironomus*. Naturwiss. **37**, 543—544.
— 1952 a: Chromomerenkonstanz und spezifische Modifikation der Chromosomenstruktur in der Entwicklung und Organdifferenzierung von *Chironomus tentans*. Chromosoma (Berlin) **5**. 139—198.
— 1952 b: Chromosomenstruktur und Zelldifferenzierung in der Speicheldrüse von *Trichocladius vitripennis*. Z. Naturforsch. **7 b**. 237—242.
— 1953: Chromosomenpolymorphismus und Bastardierung zweier *Chironomus*-Arten. Zool. Anz. Suppl. **17**, 290—295.
— 1955: Cytologische Analyse eines *Camptochironomus*-Artbastards. I. Kreuzungsergebnisse und die Evolution des Karyotypus. Chromosoma (Berlin) **7**, 198—259.
— 1959: Chromosomal differentiation in insects. In: Developmental Cytology, ed. D. Rudnick, pp. 83—103. Ronald, New York.
— 1960: Der Nukleolus als lebenswichtiger Bestandteil des Zellkerns. Chromosoma **11**, 263—296.
— 1961: Ein Balbianiring als Locus einer Speicheldrüsen-Mutation. Chromosoma (Berlin) **12**. 1—25.
— and G. F. BAHR, 1954: The submicroscopic structure of the Balbiani-Ring. Exper. Cell Res. **6**, 195—201.
— und C. PELLING: Thymidin-Markierung einzelner Chromatiden in Riesenchromosomen. (In Vorbereitung.)
BELAR, K., 1929: Beiträge zur Kausalanalyse der Mitose. II. Untersuchungen an den Spermatocyten von *Chorthippus* (*Stenobothrus*). *lineatus* Panz. Roux Arch. **118**, 359—484.
BELLING, J., 1928: The ultimate chromomeres of *Lilium* and *Aloë* with regard to the numbers of genes. Univ. Calif. Publ. Bot. **14**, 307—318.
BERGER, C. A., 1938: Multiplication and reduction of somatic chromosome groups as a regular development process in the mosquito, *Culex pipiens*. Publ. Carnegie Inst. **476**, 209—232.
— 1940: The uniformity of the gene complex. J. Hered. **31**, 3—4.
BESSERER, S., 1956: Das Wachstum der Speicheldrüsen- und Epidermiskerne in der Larvenentwicklung von *Chironomus*. Biol. Zbl. **75**, 205—226.
BIER, K., 1957: Endomitose und Polytänie in den Nährzellkernen von *Calliphora erythrocephala* Meigen. Chromosoma (Berlin) **8**, 493—522.
— 1958: Beziehungen zwischen Wachstumsgeschwindigkeit, endometaphasischer Kontraktion und der Bildung von Riesenchromosomen in den Nährzellen von *Calliphora*. Z. Naturforsch. **13 b**. 85—93.
— 1959: Quantitative Untersuchungen über die Variabilität der Nährzellkernstruktur und ihre Beeinflussung durch die Temperatur. Chromosoma (Berlin) **10**, 619—653.
— 1960: Der Karyotyp von *Calliphora erythrocephala* Meigen unter besonderer Berücksichtigung der Nährzellkernchromosomen im gebündelten und gepaarten Zustand. Chromosoma (Berlin) **11**. 335—364.
— 1960: Über den Wechsel von polytäner und retikulärer Kernstruktur in den Nährzellen einiger Kalyptraten. Verh. Dtsch. Zool. Ges. Bonn, S. 298—304.
— 1962: Unterschiedliche Reproduktionsraten im Eu- und Heterochromatin: ein Weg zur Kerndifferenzierung? Zool. Anz. Suppl. **25**. 102—110.
BLOCH, D. P., and G. C. GODMAN, 1955: A microphotometric study of the synthesis of desoxyribonucleic acid and nuclear histone. J. Biophys. Biochem. Cytol. **1**, 17—28.

BOGOJAWLENSKI, K. S., 1935: Studien über Zellengröße und Zellenwachstum: Über Beziehungen zwischen Struktur und Volumen der somatischen Kerne der Larven von *Anopheles maculipennis*. Z. Zellforsch. **22**, 47.
BOLSIUS, H., 1911: Sur la structure spirale ou discoïde de l'élement chromatique dans les glandes salivaires des larves de *Chironomus*. Cellule **27**, 73—83.
BORYSKO, E., 1953: An electron microscope study of the giant chromosomes of Diptera by means of sections. Bull. Johns Hopkins Hospital **92**, 151—169.
BRACHET, J., 1944: Embryologie chimique. Paris.
BREUER, M. E., and C. PAVAN, 1955: Behavior of polytene chromosomes of *Rhynchosciara angelae* at different stages of larval development. Chromosoma (Berlin) **7**, 371—386.
BRIDGES, C. B., 1935 a: Cytological data on chromosome four of *Drosophila melanogaster*. Trans. Dynam. Developm. USSR. **10**, 463—473.
— 1935 b: The structure of salivary chromosomes and the relation of the banding to the genes. Amer. Naturalist. **69**, 59.
— 1935 c: Salivary chromosome maps. J. Hered. **26**, 60—64.
— 1936: The examination of salivary chromosomes. DIS **6**, 37—40.
— 1937: Correspondences between linkage maps and salivary chromosome structure, as illustrated in the tip of chromosome 2 R of *Drosophila melanogaster*. Cytologia Fujii Jub. Vol., pp. 745—755.
— 1938: A revised map of the salivary gland X-chromosome of *Drosophila melanogaster*. J. Hered. **29**, 11—13.
— and K. S. BREHME, 1944: The mutants of *Drosophila melanogaster*. Carnegie Institution Publ. **552**. Washington. D. C.
— and P. N. BRIDGES, 1939: A revised man of the right limb of the second chromosome of *Drosophila melanogaster*. J. Hered. **30**, 475—476.
— E. N. SKOOG, and J. C. LI, 1936: Genetical and cytological studies of a deficiency (notopleural) in the second chromosome of *Drosophila melanogaster*. Genetics **21**. 788—795.
BRIDGES, P. N., 1942: A new map of the salivary gland 2 L-chromosome of *Drosophila melanogaster*. J. Hered. **33**. 403—408.
BUCK, J. B., 1937: Growth and development of the salivary gland chromosomes in *Sciara*. Proc. Nat. Acad. Sci. **23**. 423—428.
— 1942: Micromanipulation of salivary gland chromosomes. Heredity **33**. 3—10.

CALLAN, H. G., and L. LLOYD, 1960: Lampbrush chromosomes of crested newts *Triturus cristatus* (Laurenti). Proc. Roy. Soc. of London. Ser. B **243**, 135—219.
CARLSON, E. A., 1959: Comparative genetics of complex loci. Quart. Rev. Biol. **34**, 33—67.
CARSON, H. L., and H. D. STALKER, 1947: Gene arrangements in natural populations of *Drosophila robusta* Sturtevant. Evolution **1**. 113—133.
CASPERSSON, T., 1936: Über den chemischen Aufbau der Strukturen des Zellkerns. Skand. Arch. Physiol. **73** (Suppl. 8), 1—151.
— 1940 a: Die Eiweißverteilung in den Strukturen des Zellkerns. Chromosoma (Berlin) **1**, 562—604.
— 1940 b: Nukleinsäureketten und Genvermehrung. Chromosoma **1**. 605—619.
CLEVER, U., 1961: Genaktivitäten in den Riesenchromosomen von *Chironomus tentans* und ihre Beziehungen zur Entwicklung. I. Genaktivierungen durch Ecdyson. Chromosoma **12**. 607—675.
— und P. KARLSON, 1960: Induktion von Puff-Veränderungen in den Speicheldrüsenchromosomen von *Chironomus tentans* durch Ecdyson. Exper. Cell Res. **20**, 623—626.
COOPER, K. W., 1938: Concerning the origin of the polytene chromosomes of the Diptera. Proc. Nat. Acad. Sci. USA **24**, 452—458.
— The evidence for long-range specific attractive forces during the somatic pairing of Dipteran chromosomes. J. exp. Zool. **108**. 327—335.
CROUSE, H. V., 1943: Translocations in *Sciara:* their bearing on chromosome behavior and sex determination. Univ. Missouri Coll. Agric. Res. Bulletin **379**, 1—75.

DANIELLI, J. F., 1949: Studies on the cytochemistry of proteins. Cold Spring Harbor Symp. Quant. Biol. **14**, 32—39.
DARLINGTON, C. D., 1937: Recent Advances in Cytology. 2nd ed. Churchill, London.
— 1950: Physical and chemical breakage of chromosomes. Publ. Staz. zool. Napoli (Suppl.) **22**. 22—31.

Dawydoff, W., 1930: Die Entwicklung des Kernes in den Zellen der Rochschen Organe ... der Larve von *Mycetobia pallipes* Meig. Z. Zellforsch. **10**, 625—641.
Demerec, M., and M. E. Hoover, 1936: Three related X-chromosome deficiencies in *Drosophila melanogaster*. J. Hered. **27**, 206—212.
Dobzhansky, T., 1944: Distribution of heterochromatin in the chromosomes of *Drosophila pallidipennis*. Amer. Naturalist **78**. 193—213.
— 1937: The X-chromosome in the larval salivary glands of hybrids *Drosophila insularis* × *Drosophila tropicalis*. Chromosoma (Berlin) **8**, 691—698.
Doyle, W. L., and C. W. Metz, 1935: Structure of the chromosomes in the salivary gland cells in *Sciara*. Biol. Bull. **69**. 126—135.
Dubinin, N. P., N. N. Sokolov, and G. G. Tiniakov, 1937: Crossing over between the genes y, ac. and sc. DIS **8**, 76.
Dunbar, R. W., 1959: The salivary gland chromosomes of seven forms of black flies included in *Eusimulium aureum Fries*. Canad. J. Zool. **37**, 495—525.

Edström, J. E., and W. Beermann, 1962: Purine-pyrimidine analysis of chromosomes, puffs, nucleoli, and cytoplasma of the salivary gland cells of *Chironomus tentans*. J. Cell Biol.
Engström, A., und F. Ruch, 1951: Distribution of mass in salivary gland chromosomes. Proc. Nat. Acad. Sci. **37**. 459—461.
Erhard, H., 1910: Über den Aufbau der Speicheldrüsenkerne der *Chironomus*-Larve. Arch. mikr. Anat. **76**.

Faussek, W., 1913: Zur Frage über den Bau des Zellkerns in den Speicheldrüsen der Larve von *Chironomus*. Arch. mikr. Anat. **82**. 39—60.
Flax, M. H., and M. H. Himes, 1952: Microspectrophotometric analysis of metachromic staining of nucleic acids. Physiol. Zool. **25**. 297—311.
Flemming, W., 1882: Zellsubstanz, Kern und Zellteilung. Leipzig.
Frizzi, G., 1947: Cromosomi salivary in *Anopheles maculipennis*. Sci. genet. **3**. 67—79.
Frolova, S. L., 1936: Struktur der Kerne in den Speicheldrüsen einiger *Drosophila*-Arten. Biol. Zhur. **5**, 271—292.
— 1938: Development of the giant nuclei of salivary gland type in different organs of *Drosophila* and their comparison with metabolic nuclei of larva and imago. Biol. Zhur. **7**. 703—736.
— 1944: Study of fine chromosome structure under enzyme treatment. J. Hered. **35**, 235—246.
Fujii, S., 1940: An abnormal staining capacity of the sixth salivary gland chromosome of a strain of *Drosophila virilis*. Cytologia **10**. 294—301.

Gay, H., 1956: Nucleocytoplasmic relations in *Drosophila*. Cold Spring Harbor Symp. Quant. Biol. **21**. 257—269.
Gehuchten, A. van, 1889: L'axe organique du noyau. La Cellule **5**. 175—183.
— 1890: Recherches histologiques sur l'appareil digestif de la larve de la *Ptychoptera contaminata*. La Cellule **6**. 183—289.
Geitler, L., 1934: Die Schleifenkerne von *Simulium*. Zool. Jb. (Abt. allg. Zool) **54**. 237—248.
— 1938 a: Chromosomenbau. Protoplasma-Monographie **14**, Berlin: Borntraeger.
— 1938 b: Über den Bau des Ruhekerns mit besonderer Berücksichtigung der Heteropteren und Dipteren. Biol. Zbl. **58**. 152—179.
— 1939: Die Entstehung der polyploiden Somakerne der Heteropteren durch Chromosomenteilung ohne Kernteilung. Chromosoma (Berlin) **1**. 1—22.
— 1953: Endomitose und endomitotische Polyploidisierung. Protoplasmatologia **6** C. Wien: Springer.
Geyer-Duszinska, I., 1955: X-ray induced fragmentation of salivary gland chromosomes in *Drosophila melanogaster*. Zoologica polonia **6**. 250—282.
Glancy-d'Angelo, E., 1946: Micrurgical studies on *Chironomus* salivary gland chromosomes. Biol. Bull. **90**, 71—87.
Goldschmidt, E., 1942: The pattern of salivary gland chromosomes in a hybrid in the genus *Chironomus*. J. Hered. **33**. 265—272.
— 1947: Studies on the synapsis in salivary chromosomes of hybrid *Chironomus* larvae. J. Genetics **48**. 194—203.
— 1952: The influence of temperature on synapsis in hybrid salivary glands. Biol. Bull. **103**. 67—73.
Green, M. M., 1959: Non-homologous pairing and crossing over in *Drosophila melanogaster*. Genetics **44**. 1243—1256.

GRELL, S. M., 1946: Cytological studies in *Culex*. I. Somatic reduction divisions. Genetics **31**, 60—76.
GROSS, R., 1916: Beobachtungen und Versuche am lebenden Zellkern. Arch. Zellforsch. **14**, 279—351.

HANNAH, A., 1951: Localization and function of heterochromatin in *Drosophila melanogaster*. Adv. in Genetics **4**, 87—125.
HASITSCHKA-JENSCHKE, G., 1956: Bildung von Chromosomenbündeln nach Art der Speicheldrüsenchromosomen, spiralisierte Ruhekernchromosomen und andere Struktureigentümlichkeiten in den endopolyploiden Riesenkernen der Antipoden von *Papaver rhoeas*. Chromosoma (Berlin) **8**, 87—113.
— 1957: Die Entwicklung der Samenanlage von *Allium ursinum* mit besonderer Berücksichtigung der endopolyploiden Kerne in Synergiden und Antipoden. Österr. bot. Z. **104**. 1—24.
HEIDENHAIN, M., 1901: Plasma und Zelle. Jena.
HEITZ, E., 1929: Heterochromatin, Chromocentren, Chromomeren. Ber. dtsch. bot. Ges. **47**, 274—284.
— 1931: Die Ursache der gesetzmäßigen Zahl, Lage, Form und Größe pflanzlicher Nukleolen. Planta **12**. 775—844.
— 1933: Über totale und partielle Heteropyknose sowie strukturelle Geschlechtschromosomen bei *D. funebris*. Z. Zellforsch. **19**, 720—742.
— 1934: Über α- und β-Heterochromatin sowie Konstanz und Bau der Chromomeren bei *Drosophila*. Biol. Zbl. **54**, 588—609.
— und H. BAUER, 1933: Beweise für die Chromosomennatur der Kernschleifen in den Knäuelkernen von *Bibio hortulanus* L. Z. Zellforsch. **17**, 67—82.
HERTWIG, G., 1935: Die Vielwertigkeit der Speicheldrüsenkerne und -chromosomen bei *Drosophila melanogaster*. Z. indukt. Abst. u. Vererbungsl. **70**, 517—523.
HERWERDEN, M. A. VAN, 1910: Über die Kernstruktur in den Speicheldrüsen der *Chironomus*-Larven. Anat. Anz. **36**.
— 1911: Über den Kernfaden und den Nucleolus in den Speicheldrüsenkernen von *Chironomus*-Larven. Anat. Anz. **38**.
HINTON, T., 1942: A comparative study of certain heterochromatic regions in the mitotic and salivary gland chromosomes of *Drosophila melanogaster*. Genetics **27**, 119—127.
— 1946: The physical forces involved in somatic pairing in Diptera. J. exper. Zool. **102**, 237—252.
— and K. C. ATWOOD. 1941: Terminal adhesions of salivary gland chromosomes in *Drosophila*. Proc. Nat. Acad. Sci. USA **27**, 491—496.
HOLT, C. M., 1917: Multiple complexes in the alimentary tract of *Culex pipiens*. J. Morph. and Physiol. **19**.
HOOVER, M. E., 1938: Cytogenetic analysis of nine inversions in *Drosophila melanogaster*. Z. indukt. Abst. u. Vererbungsl. **74**, 420—434.
HORN, E. C., and C. L. WARD. 1957: The localization of basic proteins in the nuclei of larval *Drosophila* salivary glands. Proc. Nat. Acad. Sci. USA **43**, 776—779.
HOVANITZ, W., 1956: Cytological demonstration of the helical structure of giant chromosomes. Proc. Nat. Acad. Sci. USA **42**, 609—613.

JUDD, B. H., 1959: Studies on some position pseudoalleles at the white region in *Drosophila melanogaster*. Genetics **44**, 34—42.

KAUFMANN, B. P., 1931: Chromosome structure in *Drosophila*. Amer. Nat. **65**. 535—558.
— 1938: Nucleolus organizing regions in salivary gland chromosomes of *Drosophila melanogaster*. Z. Zellforsch. **28**, 1—11.
— 1939: Distribution of induced breaks along the X-chromosome of *Drosophila melanogaster*. Proc. Nat. Acad. Sci. USA **25**. 571—577.
— M. R. McDONALD, H. GAY, K. WILSON, R. WYMAN, and N. OKUDA. 1948: Organization of the chromosome. Carnegie Inst. Washington Y. B. **47**, 144—155.
— H. GAY, and M. R. McDONALD. 1950: Localization of cellular proteins by enzymatic hydrolysis. Cold Spring Harbor Symp. Quant. Biol. **14**, 85—91.
— M. R. McDONALD, H. GAY, C. GHOSH, A. SILBERZAHN, and K. FUSCALDO. 1955: Organization of cellular materials. Carnegie Inst. Year Book **54**. 255—262.
— and M. R. McDONALD. 1956: Organization of the chromosome. Cold Spring Harbor Symp. Quant. Biol. **21**. 233—244.
— — 1957: The nature of the changes effected in chromosomal materials by the chelating agent EDTA. Proc. Nat. Acad. Sci. USA **43**. 262—270.

KEYL, H. G., 1958: Untersuchungen am Karyotypus von *Chironomus thummi*. II. Mitteilung. Strukturveränderungen an den Speicheldrüsenchromosomen nach Röntgenbestrahlung von Embryonen und Larven. Chromosoma (Berlin) **9**, 441—483.

— 1960 a: Erhöhung der chromosomalen Replikationsrate durch Mikrosporidieninfektion in Speicheldrüsenzellen von *Chironomus*. Naturwiss. **47**, 212—213.

— 1960 b: Die cytologische Diagnostik der Chironomiden. II. Diagnosen der Geschwisterarten *Chironomus acidophilus* n. sp. und *Ch. uliginosus* n. sp. Arch. Hydrobiol. **57**, 187—195.

— 1960 c: Chromosomenumbau und Evolution in der Gattung *Chironomus*. Verh. dtsch. zool. Ges. Bonn, Zool. Anz. (Suppl.) **24**, 280—283.

— Die cytologische Diagnostik der Chironomiden. III. Diagnose von *Chironomus parathummi* n. sp. und Ergänzungen zur Bestimmungstabelle. Arch. Hydrobiol. **58**, 1—6.

— 1961 b: Chromosomenevolution bei *Chironomus*. I. Strukturabwandlungen an Speicheldrüsenchromosomen. Chromosoma (Berlin) **12**. 26—47.

— und K. STRENZKE, 1956: Taxonomie und Cytologie von zwei Subspezies der Art *Chironomus thummi*. Z. Naturforsch. **11 b**. 727—735.

— und I. KEYL, 1959: Die cytologische Diagnostik der Chironomiden. I. Bestimmungstabelle für die Gattung *Chironomus* auf Grund der Speicheldrüsenchromosomen. Arch. Hydrobiol. *56*. 43—57.

— und C. PELLING, 1962: Differentielle DNS-Replikation in den Speicheldrüsenchromosomen von *Chironomus thummi* (in Vorber.).

KING. R. L., and H. W. BEAMS. 1934: Somatic synapsis in *Chironomus* with special reference to the individuality of the chromosomes. J. Morph. **56**. 577—586.

KODANI. M., 1941: The structure of the salivary gland chromosomes of *Drosophila melanogaster*. II. Effects of urea-alkali mixture and other chemicals on the structure of salivary gland chromosomes. J. Hered. **32**. 115—133.

KOLLER. P. C.. 1935: The internal mechanics of the chromosomes. IV. Pairing and coiling in salivary gland nuclei of *Drosophila*. Proc. Roy. Soc. London. Ser. B **118**. 371—397.

KOLTZOFF, N. K.. 1934: The structure of the chromosomes in the salivary glands of *Drosophila*. Science **80**. 312—313.

KORSCHELT, E.. 1884: Über die eigentümlichen Bildungen in den Zellkernen der Speicheldrüse von *Chironomus plumosus*. Zool. Anz. **7**, 189—194.

KOSSWIG, C., und A. SENGÜN. 1947: Neuere Untersuchungen über den Bau der Riesenchromosomen der Dipteren. Rev. Fac. Sci. Univ. Istanbul B. 107—121.

KOSTOFF. D., 1930: Discoid structure of the spireme and irregular cell division in *Drosophila melanogaster*. J. Hered. **21**. 323—324.

KRACZKIEWICZ. Z.. 1959: Recherches cytologiques sur les chromosomes de *Lasioptera rubi* Heeg. (Cecidomyidae). Zool. Poloniae **5**. 73—117.

— und B. MATUSZEWSKI. 1958: Observations sur une structure atypique des chromosomes salivaires de certains Cécidomyides. Chromosoma (Berlin) **9**. 484—492.

KRIVSHENKO. J. D.. 1950: The structure of the heterochromatic part of the Y-chromosome in *Drosophila buscki*. Proc. Nat. Acad. Sci. USA **36**. 703—707.

— 1959: The divisibility of the nucleolus organizer and the structure of the nucleolus in *Drosophila buscki*. Genetics **44**. 520—521.

KULAGIN. N., 1905: Zur Frage über die Struktur der Zellkerne der Speicheldrüsen und des Magens bei *Chironomus*. Z. wiss. Insektenbiol. **1**.

KUNZE, E.. 1953 a: Untersuchungen über die Paarungsaffinität bei Riesenchromosomen. Chromosoma (Berlin) **5**, 501—510.

— 1953 b: Artunterschiede im Bau der Riesenchromosomen in der Gattung *Simulium* Latr. Österr. Zool. Z. **4**. 23—32.

KURNICK, N. B., and I. H. HERSKOWITZ. 1952: The estimation of polyteny in *Drosophila* salivary gland nuclei based on determination of desoxyribonucleic acid content. J. Cell. Comp. Physiol. **39**. 281—299.

LEYDIG. F.. 1883: Untersuchungen zur Anatomie und Histologie der Tiere. Bonn.

LIMA DE FARIA. A.. 1959: Incorporation of tritiated thymidine into meiotic chromosomes. Science **130**. 503—504.

LIPP. C.. 1953: Über Kernwachstum, Endomitosen und Funktionszyklen in den trichogenen Zellen von *Corixa punctata* Illig. Chromosoma (Berlin) **5**. 454—486.

LOWMAN. F. G.. 1956: Electron microscope studies of *Drosophila* salivary gland chromosomes. Chromosoma (Berlin) **8**, 30—52.

MAINX, F., 1948: The structure of the giant chromosomes in some Diptera. 8th Intern. Congr. Genet. Stockholm, Abstracts, pp. 89—90.
MACKENSEN, O., 1935: Locating genes on salivary chromosomes. J. Hered. **26**, 163—174.
MAZIA, D., 1941: Enzyme studies on chromosomes. Cold Spring Harb. Symp. Quant. Biol. **9**, 40—46.
— 1954: The particulate organization of the chromosome. Proc. Nat. Acad. Sci. USA **40**, 521—527.
— and L. JAEGER, 1939: Nuclease action, protease action and histochemical tests on salivary chromosomes of *Drosophila melanogaster*. Proc. Nat. Acad. Sci. USA **25**, 456—461.
— T. HAYASHI, and K. YUDOWITCH, 1947: Fiber structure in chromosomes. Cold Spring Harb. Symp. Quant. Biol. **12**, 122—130.
McCLINTOCK, B., 1931: Cytological observations of deficiencies involving known genes, translocations and an inversion in *Zea Mays*. Univ. Missouri-Coll. Agric. Res. Bull. **163**, 1—30.
— 1933: The association of non-homologous parts of chromosomes in the mid-prophase of *Zea Mays*. Z. Zellforsch. u. mikr. Anat. **19**, 191—237.
— 1934: The relation of a particular chromosomal element to the development of the nucleoli in *Zea Mays*. Z. Zellforsch. u. mikr. Anat. **21**, 294—328.
McMASTER-KAYE, R., and J. H. TAYLOR, 1958: Evidence for two metabolically distinct types of ribonucleic acid in chromatin and nucleoli. J. Biophys. Biochem. Cytol. **4**, 5—11.
MECHELKE, F., 1953: Reversible Strukturmodifikationen der Speicheldrüsenchromosomen von *Acricotopus lucidus*. Chromosoma (Berlin) **5**, 511—543.
— 1960: Strukturmodifikationen in Speicheldrüsenchromosomen von *Acricotopus* als Manifestation eines Positionseffektes. Naturwiss. **47**, 334—335.
— 1961: Das Wandern des Aktivitätsmaximums im BR_4-Locus von *Acricotopus lucidus* als Modell für die Wirkungsweise eines komplexen Locus. Naturwiss. **48**, 29.
MELLAND, A. M., 1941: The salivary glands of *Prodiamecia olivacea*. J. Hered. **32**, 165—167.
METZ, C. W., 1916: Chromosome studies on the Diptera. II. The paired association of chromosomes in the Diptera, and its significance. J. exp. Zool. **21**, 213—279.
— 1935: Structure of the salivary gland chromosomes in *Sciara*. J. Hered. **26**, 177—188.
— 1937: A note on salivary chromosome knots in relation to problems of mutation and chromosome structure. Cytologia Fujii Jub. Vol., pp. 614—616.
— 1938: Observations on evolutionary changes in the chromosomes of *Sciara* (Diptera). Carnegie Inst. Wash. Publ. No. **501**. pp. 275—294.
— 1941: Structure of salivary gland chromosomes. Cold Spring Harbor Symp. Quant. Biol. **9**. 23—39.
— 1947: Duplication of chromosome parts as a factor in evolution. Amer. Naturalist **81**. 81—103.
— and E. H. GAY, 1934: Organization of salivary gland chromosomes in Sciara in relation to genes. Proc. Nat. Acad. Sci. **20**. 617—621.
— and E. G. LAWRENCE, 1937: Studies on the organization of the giant chromosomes of Diptera. Quart. Rev. Biol. **12**, 135—151.
MONOD, J., 1960: Information, induction, répression dans la biosynthèse d'un enzyme. 10. Coll. Ges. Physiol. Chem. Mosbach, S. 120—140. Springer: Heidelberg.
MOSES, M. J., 1960: Patterns of organisation in the fine structure of chromosomes. Verh. 4. Int. Kongr. Elektr.-Mikr., Berlin 1958. S. 199—211.
MULLER, H. J., 1935: On the dimensions of chromosomes and genes in dipteran salivary glands. Amer. Naturalist **69**. 405—411.
— 1956: On the relation between chromosome changes and gene mutation. Mutation, Brookhaven Symp. Biol. **8**. 126—146.
— and M. GERSHENSON, 1935: Inert regions of chromosomes as the temporary products of individual genes. Proc. Nat. Acad. Sci. USA **21**, 69—73.
— and A. A. PROKOFIEVA, 1935: The individual gene in relation to the chromomere and the chromosome. Proc. Nat. Acad. Sci. USA **21**. 16—26.
— A. A. PROKOFIEVA-BELGOWSKAJA, and D. RAFFEL, 1938: The absence of transmissible chromosome fragments resulting from simple breakage. and their simulation as a result of complex breakage involving chromocentral regions. Genetics **23**, 161.

OFFERMANN, C. A., 1936: Branched chromosomes as symmetrical duplications. J. Genetics **32**, 103—116.
OSTERWALDER, A.. 1898: Beiträge zur Embryologie von *Aconitum Napellus* L. Flora **85**, 234—292.

PÄTAU, K.. 1935: Chromosomenmorphologie bei *Drosophila melanogaster* und *Drosophila simulans* und ihre genetische Bedeutung. Naturwiss. **23**. 537—543.
PAINTER, T. S., 1933: A new method for the study of chromosome rearrangements and the plottnig of chromosome maps. Science **78**, 585—586.
— 1934 a: A new method for the study of chromosome aberrations and the plotting of chromosome maps in *Drosophila melanogaster*. Genetics **19**, 175—188.
— 1934 b: The morphology of the X-chromosome in salivary glands of *Drosophila melanogaster* and a new type of chromosome map of this element. Genetics **19**, 448—469.
— 1934 c: Salivary chromosomes and the attack on the gene. J. Hered. **25**, 465—476.
— 1935: The morphology of the third chromosome in the salivary gland of *Drosophila melanogaster* and a new cytological map of this element. Genetics **20**, 301—326.
— 1939: The structure of salivary gland chromosomes. Amer. Naturalist **73**, 315—330.
— 1941: An experimental study of salivary chromosomes. Cold Spring Harbor Symp. Quant. Biol. **9**. 47—54.
— and A. B. GRIFFEN, 1937: The structure and the development of the salivary gland chromosomes of *Simulium*. Genetics **27**, 612—633.
— and E. C. REINDORP, 1939: Endomitosis in the nurse cells of the ovary of *Drosophila melanogaster*. Chromosoma (Berlin) **1**. 276—283.
PANITZ, R., 1960: Innersekretorische Wirkung auf Strukturmodifikationen der Speicheldrüsenchromosomen von *Acricotopus lucidus* (Chironomide). Naturwiss. **47**, 383.
PATTERSON. J. T., and W. S. STONE, 1952: Evolution in the genus *Drosophila*. New York. The Macmillan Company.
PAVAN, C., 1946: Two types of heterochromatin in *Drosophila nebulosa*. Proc. Nat. Acad. Sci. USA **32**, 137—145.
— and M. E. BREUER. 1952: Polytene chromosomes in different tissues of *Rhynchosciara*. J. Hered. **43**, 152—157.
— — 1956: Differences in nucleic acids content of the loci in polytene chromosomes of *Rhynchosciara angelae* according to tissues and larval stages. Symp. Cell Secretion, ed. G. Schreiber, Belo Horizonte.
PELLING. C.. 1959: Chromosomal synthesis of ribonucleic acid as shown by the incorporation of uridine labeled with tritium. Nature (London) **184**. 655—656.
PFEFFER, H. H.. 1940: Mikrurgische Versuche im polarisierten Lichte zur Analyse des Feinbaues der Riesenchromosomen von *Chironomus*. Chromosoma (Berlin) **1**, 526—530.
POULSON. D. F.. and C. W. METZ. 1938: Studies on the structure of nucleolus-forming regions and related structures in the giant salivary gland chromosomes of Diptera. J. Morphol. **63**. 363—395.
PRABHOO, N. R., and K. K. NAYAR, 1961: Titel nicht bekannt: briefl. Mitt. (Univ. Coll. Trivandrum. India). Bull. Entomol. (Ind.).
PROKOFIEVA-BELGOVSKAJA, A. A., 1935 a: The structure of the chromocenter. Cytologia **6**, 438—443.
— 1935 b: Y-chromosome in salivary glands of *Drosophila*. C. R. Acad. Sci. URSS. Ser. Biol. 3 *(8)*, 365—366.
— 1937 a: Observations on the structure of chromosomes in the salivary glands of *Drosophila melanogaster*. Bull. Acad. Sci. URSS (math.-nat. Klasse) Nr. **2**, pp. 393—426.
— 1937 b: Inert regions in distal ends of the chromosomes of *Drosophila melanogaster*. Bull. Acad. Sci. URSS (Ser. Biol.). pp. 719—724.
— 1939 a: Cytological study of the „simple breaks" in the inert region of the scute[8] chromosome of *Drosophila melanogaster*. Bull. Acad. Sci. URSS, pp. 349—361.
— 1939: Inert regions in the inner part of the X-chromosome of *Drosophila melanogaster*. Bull. Acad. Sci. URSS (math.-nat. Klasse), Nr. 3. pp. 360—370.
— 1941: Cytological properties of inert region and their bearing on the mechanismus of mosaicism and chromosome rearrangement. DIS **15**, 33—36.

RAMBOUSEK, F., 1912: Cytologische Verhältnisse der Speicheldrüsen der *Chironomus*-Larve. Sitzungsber. königl. böhm. Ges. Wiss., math.-naturw. Klasse.
RESENDE, F., 1945: Hetérochromatine. Portugal. Acta Biol. 1, 139—136.
RIS, H., and H. CROUSE, 1945: Structure of the salivary gland chromosomes of Diptera. Proc. Nat. Acad. Sci. USA 31, 321—327.
— and A. E. MIRSKY, 1949: The state of the chromosomes in the interphase nucleus. J. gen. Physiol. 32, 489—502.
ROTHFELS, K. H., 1956: Black flies: Siblings, sex, and species grouping. J. Hered. 47, 113—122.
— and R. W. DUNBAR, 1953: The salivary gland chromosomes of the black fly *Simulium vittatum* Zett. Canad. J. of Zoology 31. 226—241.
RUDKIN, G. T., 1955: The ultraviolet absorption of puffed and unpuffed homologous regions in the salivary gland chromosomes of *Drosophila melanogaster*. Genetics 40. 593.
— H. TEMIN, and J. SCHULTZ, 1953: Evidence for the equality of chromosomal material in white and wild type bearing sections of salivary gland chromosomes of *Drosophila melanogaster*. Genetics 38. 686.
— S. L. CORLETTE, and J. SCHULTZ, 1956: The relations of the nucleic acid content in salivary gland chromosome bands. Genetics 41. 657—658.
— and S. L. CORLETTE, 1957: Disproportionate synthesis of DNA in a polytene chromosome region. Proc. Nat. Acad. Sci. 43, 964—968.
SCHMIDT, W. J., 1941: Einiges über optische Anisotropie und Feinbau von Chromatin und Chromosomen. Chromosoma (Berlin) 2. 86—110.
SCHULTZ, J., 1941: The evidence of the nucleoprotein nature of the gene. Cold Spring Harbor Symp. Quant. Biol. 9. 55—65.
— 1947: The nature of heterochromatin. Cold Spring Harbor Symp. Quant. Biol. 12. 179—191.
— 1956: The relation of the heterochromatic chromosome regions to the nucleic acids of the cell. Cold Spring Harbor Symp. Quant. Biol. 21. 307—328.
— R. C. MACDUFFEE, and TH. F. ANDERSON, 1949: Smear preparations for the electron microscopy of animal chromosomes. Science 110. 5—7.
SENGÜN, A., 1948: Vergleichend-ontogenetische Untersuchungen über die Riesenchromosomen verschiedener Gewebearten der Chironomiden. I. Comm. Fac. Sci. Univ. Ankara 1. 187—248.
— 1952: Über die Zahl der Spiralwindungen, der Blöckchen und der sekundären Querbänder. Cytologia 17. 1—5.
— und C. KOSSWIG, 1947: Weiteres über den Bau der Riesenchromosomen in verschiedenen Geweben von *Chironomus*-Larven. Chromosoma (Wien) 3. 195—207.
SERRA, J. A., und A. QUEIROZ-LOPEZ, 1943: Direkter Nachweis und Lokalisation von basischen Proteinen in den Chromosomen und im Nukleolus. Chromosoma (Berlin) 2, 576—592.
SINOTO, J., and A. YUASA, 1935: Spiral structure of salivary chromosomes in *Lycoria* (*Sciara*) and *Drosophila*. Jap. J. Genet. 10. 245—248.
SLIZYNSKA, H., 1938: Salivary chromosome analysis of the white-facet region of *Drosophila melanogaster*. Genetics 23. 291—299.
SLIZYNSKI, B. M., 1945: „Ectopic" pairing and the distribution of heterochromatin in the X-chromosome of salivary gland nuclei of *Drosophila melanogaster*. Proc. Roy. Soc. Edinburgh 62. 114—119.
— 1950: Partial breakage of salivary gland chromosomes. Genetics 35. 279—287.
— 1950: *Chironomus* versus *Drosophila*. J. Genet. 50. 77—78.
STALKER, H. D., 1954: Banded polytene chromosomes in the ovarian nurse cells of adult Diptera. J. Hered. 45. 259—264.
STEFANELLI, A., 1939: Sul comportamento dei colloidi nucleari delle ghiandole salivari di *Chironomus plumosus*. Boll. Zool. 10. 149—162.
STERN, C., 1931: Cytologisch-genetische Untersuchungen als Beweise für die Morgansche Theorie des Faktorenaustauschs. Biol. Zbl. 51. 547—587.
STICH, H. F., and J. M. NAYLOR, 1958: Variation of desoxyribonucleic acid of specific chromosome regions. Exp. Cell Res. 14. 442—445.
SUTTON, E., 1940: Terminal deficiencies in the X-chromosome of *Drosophila melanogaster*. Genetics 25. 628—635.
— 1940: The structure of salivary gland chromosomes of *Drosophila melanogaster* in exchanges between euchromatin and heterochromatin. Genetics 25. 534—540.
— 1943: A cytogenetic study of the yellow-scute region of the X-chromosome in *Drosophila melanogaster*. Genetics 28. 210—217.

SWIFT, H., 1953: Quantitative aspects of nuclear nucleoproteins. Intern. Rev. Cytol. **2**, 1—77.

TÄNZER, E., 1922: Die Zellkerne einiger Dipterenlarven und ihre Entwicklung. Z. wiss. Zool. **119**, 114—153.
TAMURA, O., 1923: Morphologische Studien über Chromosomen und Zellkerne. Arch. Zellforsch. **17**.
TAYLOR, J. H., 1957: The time and mode of duplication of chromosomes. Amer. Nat. **91**, 209—222.
— 1960: Duplication of chromosomes and related events in the cell cycle. In: Cell Physiology of Neoplasm, pp. 547—575, Univ. Texas Press.
TSCHERMAK-WOESS, E., 1956: Notizen über die Riesenkerne und „Riesenchromosomen" in den Antipoden von *Aconitum*. Chromosoma (Berlin) **8**, 114—134.
— 1957: Über das regelmäßige Auftreten von „Riesenchromosomen" im Chalazahaustorium von *Rhinanthus*. Chromosoma (Berlin) **8**, 523—544.

VENDRELY, R., and C. VENDRELY, 1956: The results of cytophotometry in the study of the desoxyribonucleic acid (DNA) content of the nucleus. Intern. Rev. Cytol. **5**, 171—198.
VONWILLER, P., und A. AUDOVA, 1933: Mikrodissektion an der Speicheldrüse von *Chironomus*. Protoplasma **19**, 228—241.
WAGNER, G., 1951: Das Wachstum der Epidermiskerne während der Larvenentwicklung von *Calliphora erythrocephala*. Z. Naturforsch. **6 b**, 86—90.
WARTERS, M., and A. B. GRIFFEN, 1950: The telomeres of *Drosophila*. J. Hered. **41**, 183—190.
WELSHONS, W. J., 1958: The analysis of a pseudoallelic recessive lethal system at the Notch locus of *Drosophila melanogaster*. Cold Spring Harbor Symp. Quant. Biol. **23**, 171—176.
WHITE, M. J. D., 1946: The cytology of the Cecidomyidae (Diptera) I. Polyploidy and polyteny in salivary gland cells of *Lestodiplosis* spp. J. Morph. **78**, 201—219.
— 1948: The cytology of Cecidomyidae (Diptera). IV. The salivary gland chromosomes of several species. J. Morph. **87**, 53—79.
— 1954: Animal Cytology and Evolution. 2nd ed. Univ. Press, Cambrigde.
WOLF, B. E., 1941: Die Chromosomen in der Spermatogenese einiger Nematoceren. Chromosoma **2**, 192—246.
— 1957: Temperaturabhängige Allocyklie des polytänen X-Chromosoms in den Kernen der Somazellen von *Phryne cincta*. Chromosoma **8**, 396—435.

YAMASAKI, N., 1961: Differentielle Färbbarkeit der somatischen und meiotischen Metaphasechromosomen von *Cypridium debile* nach DNase-Behandlung. Chromosoma (Berlin) **11**, 479—483.
YASUI, K., 1935: On the structure of the chromosome in the salivary gland cell of *Drosophila melanogaster*. Cytologia **6**, 330—336.
YASUZUMI, G., and Y. YOSHIDA, 1950: The differential staining of heterochromatin and euchromatin of the salivary gland chromosome with Neutral Violet. Cytologia, Int. J. of Cytology **15**, 255—258.
— and A. KONDO, 1951: The physico-chemical properties of the sex chromosome. A study by means of ultrasonic waves. J. Hered. **42**, 219—223.
— Z. ODATE, and Y. OTA, 1951: The fine structure of salivary chromosomes. Intern. J. of Cytol. **16**, 233—242.
— and K. ITO, 1954: Electron microscopy of salivary gland chromosomes. J. Hered. **45**, 135—142.
YUASA, A., 1953: Studies on the structure of salivary gland chromosomes. III. The spiral structure of the salivary chromosome in *Chironomus* with special reference to the development. Jap. J. Genet. **28**, 195—204.

Batch number: 10578397

Printed by Printforce, the Netherlands